A Series of Food Science & Technology Textbooks
食品科技系列

普通高等教育"十三五"规划教材

U0201576

食品安全及理化检验

张双灵 主编

化学工业出版社

·北京·

本书从教学、科研和生产实际出发，结合高等农业院校的教学实际，站在农产品产前、产中和产后的角度，概述了农产品生产链中可能存在的生物化学危害因素。结合作者多年从事食品安全检测的实践经验，本书重点阐述了食品中各理化危害因素（农药残留、添加剂、非食用化学物质、重金属、环境污染物、兽药残留）的常用检测技术和方法，旨在为高等农业院校食品安全检测技术课程的理化部分提供可行的指导性的实践教学教材。

　　本书可作为各高等农业院校食品质量与安全、食品科学与工程、生物工程、粮食工程、葡萄与葡萄酒等专业的实验教学用书，以及食品厂、检测公司和广大科研人员的参考用书。

图书在版编目（CIP）数据

食品安全及理化检验/张双灵主编. —北京：化学工业
出版社，2018.5（2022.8重印）
ISBN 978-7-122-31914-2

Ⅰ.①食…　Ⅱ.①张…　Ⅲ.①食品安全-高等学校-教
材②食品检验-高等学校-教材　Ⅳ.①TS201.6②TS207.3

中国版本图书馆 CIP 数据核字（2018）第 068161 号

责任编辑：魏　巍　赵玉清　　　　　文字编辑：周　倜
责任校对：边　涛　　　　　　　　　装帧设计：关　飞

出版发行：化学工业出版社（北京市东城区青年湖南街 13 号　邮政编码 100011）
印　　装：北京七彩京通数码快印有限公司
787mm×1092mm　1/16　印张 12¼　字数 307 千字　2022 年 8 月北京第 1 版第 4 次印刷

购书咨询：010-64518888　　　　　售后服务：010-64518899
网　　址：http://www.cip.com.cn
凡购买本书，如有缺损质量问题，本社销售中心负责调换。

定　　价：35.00 元

前 言

食品是人类赖以生存和发展的基本物质基础，而食品安全关系到广大人民群众的身体健康和生命安全，关系到经济健康发展和社会稳定，关系到国家和政府的形象。目前，食品安全已经成为世界性的问题。

近年来，中国的食品安全水平有了明显的提高。但必须看到，由于剧毒农药、兽药的大量使用，添加剂的误用、滥用，各种工业污染物的存在，有害元素、微生物和各种病原体的污染，食品新技术、新工艺的应用可能带来的负效应，中国食品安全状况不容乐观。

本书从教学、科研和生产实际出发，结合高等农业院校的教学实际，概述了食品生产链中可能的危害因素，在知识点的基础上，重点阐述了食品中理化危害因素的常用检测技术和方法。本书配套数字化学习资源，读者可通过扫描附录中的二维码查看食品营养成份测定实验、理化检验常用装置的组装及常用试剂的配制等内容。本书可作为高等农业院校食品安全检测技术课程的教材。

依托青岛农业大学应用型名校建设的大背景，本书是青岛农业大学一线教师数十年的教学经验的总结和升华。本书编写过程中，得到了青岛农业大学食品学院同仁的帮助和支持，同时王立新、姜文平、韩悦同学为本书稿件的整理做了部分工作，在此一并感谢。

由于本书涉及的领域很广，编者水平有限，书中难免有不足之处，敬请广大读者提出宝贵意见，以便再版时补充修订。

编者
2018 年 1 月

目录

第一章 绪 论 /1

第二章 食品原材料中的危害因素 /5

第三章　食品加工过程中的危害因子 / 42

第六章　理化危害因子检测技术 / 79

附录　/ 191

第一章

绪 论

　　食品安全直接关系人民群众的健康和生命安全，是当今最重大的民生问题。我国是农业大国，农产品包括动物、植物以及它们的初级加工品，而食品通常是指可以食用的农产品。食品生产链是以消费者为最终目标，从种植或养殖源头起，经原料的加工、包装、分销以及物流，最终到达消费者餐桌的整个产业链过程，简称食品链。从农田到生产车间、超市和餐桌，食品链上的各个环节都可能引入食品安全危害因子，导致食品的不安全。这些环节又可以称之为"结"，食品药品、农牧、质监、工商、商务、检验检疫……每个管理部门以及生产、流通环节上的经营主体，都管理、督导或从事着这些"结"，以期保障食品的安全消费。

　　随着产业链的延长和城市化进程的加剧，食品加工的原材料、加工过程，以及包装、贮藏、流通环节等导致的食品安全案例时有发生。因此，对食品生产链中引入的危害因子的识别、研究、检测至关重要。

　　目前，我国的食品工业存在诸多问题：

　　① 食品安全问题时有发生。我国的食品安全问题是食品产业链上多个环节出现问题的结果，包括原材料上种植、安全管理不规范、各监管部门的监管力度降低、公共监管体系不完善等因素。

　　② 利益驱动及市场诱导所致。在市场经济利益驱动下，食品产业链上各环节在缺乏监管的背景下，放松对食品安全的监管，导致广大消费者的身体受到危害。另外我国消费者的食品安全意识不足，对外观的重视大于食品安全自身的问题，导致食品产业链整体不安全。

　　全球食品产业价值链分工是各环节分解后，各国家地区形成的价值等级体系。其中，完善的市场体系、充足的资金、先进的设备和高端的人才资源抢占高价值链环节，将低价值链环节外包给发展中国家，在食品价值链分工中居主导优势地位。如美国、日本以及英国、法国等欧洲发达国家。

　　产品的包装设计和其他设计环节需要人才资源，因此发达国家几乎在本国进行设计活动，将流水线生产外包给发展中国家。但由于消费者偏好不同，产品须符合当地的市场需求，所以跨国公司把设计环节放在发展中国家，在发展中国家建立研发中心，利用发展中国家庞大的市场以及技术人员，从事改良和设计，但产品核心生产环节依然被发达国家掌控。

发展中国家在食品价值链的参与环节主要是劳动密集型产业，这样形成了企业数量大、企业规模小、规模经济难以实现的局面，形成了低利润的恶性循环。因此发展中国家处于食品产业链的低端。

2020年我国将达到全面建成小康社会的目标，而现在的中国已经成为世界贸易的大国，需要进一步分析中国参与全球价值链分工的地位，从而为提升中国产品的竞争力以及走向贸易强国奠定基础。而从我国参与食品产业链环节来看，我国主要参与食品生产和大众消费的环节，这一方面是由于我国的廉价劳动力吸引国内和国际跨国公司在国内投产，并且低收入人群的消费能力不断提高。另一方面，发达国家控制着产业链的研发、设计等高利润环节。我国只有通过打造品牌效应，进一步参与世界食品产业链分工，不断争取产业链的高端环节，才能促进我国食品产业长远健康的发展。

加强食品安全保证，关键要从全产业链抓起。由生产源头或者其中任一环节所带来的污染，都将不可避免地传递到整个食品产业链上，不管是传统的肉类、乳制品类企业，还是预包装类深加工食品企业，都强调全产业链对于食品安全的重要性，凸显原料安全在整个食品链条中的重要位置。同时，建立安全可控的产业链对于企业的资金、管理、技术等综合实力有着非常高的要求。

食品从种植一直到消费者口中，期间的中间环节都存在许多影响健康甚至是危及生命的危害因子。从原材料中带入终产品的危害因子如动植物中的天然有毒物质、农药和兽药残留、转基因可能存在的危害、生物危害、有毒金属等，食品加工过程中可能带入的危害因子（超标的食品添加剂、工业化学物、加工过程中形成的化学物、非热力杀菌等），最后到包装流通过程中的食品包装存在的危害因子以及微生物或者氧化带来的危害因子，这些都严重影响消费者的健康。因此，掌握食品安全危害因子的识别知识和技能，建立健全有效的检测方法，这对食品中存在的危害因子识别和定量至关重要。

一、食品安全相关概念

"食品安全"的概念具有双重性，一是数量安全，一个国家或社会的食品保障，即是否具有足够的食物供应；另一是质量安全，食物中有毒、有害物质对人体健康影响的公共卫生问题。

食品安全学是指研究食物对人体健康危害的风险，降低或保障食物无危害风险的科学。食品中若含有可能损害或威胁人体健康的有毒、有害物质或因素，从而会导致消费者急性或慢性毒害或感染疾病，或产生危及消费者及其后代健康的隐患。美国学者Jones曾建议区分：绝对安全性和相对安全性。绝对安全性：是指确保不可能因食用某种食品而危及健康或造成伤害的一种承诺，也就是食品应绝对没有风险。由于在客观上人类的任何一种饮食消费甚至其他行为总是存在某些风险，绝对安全性或零风险是很难达到的。相对安全性：一种食物或成分在合理食用方式和正常食量的情况下不会导致对健康损害的实际确定性。一种食品是否安全，取决于：食用数量是否适当、食用方式是否合理、制作过程、食用者自身的一些内在条件。

"食源性疾病"是指通过摄食方式进入人体内的各种致病因子引起的通常具有感染或中毒性质的一类疾病，包括常见的食物中毒、肠道传染病、人畜共患传染病、寄生虫病以及化学性有毒有害物质所引起的疾病。

二、食品中的危害因素分析

1. 生物性危害

（1）来源

生物性危害包括致病菌、病毒、寄生虫。食品中的生物危害既有可能来自于原料，也有可能来自于食品的加工过程。

（2）特点

① 影响是易见和迅速的。

② 微生物危害导致了食源性疾病增加。

③ 食源性疾病的危害正在增加。

④ 危险性评估和危险性管理体系建立得并不完善，而且不是基于成果的。

（3）生物性危害的控制措施

① 致病菌：时间/温度控制（加热和蒸煮，冷却和冷冻）；发酵/pH值控制；盐或其他防腐剂的添加；干燥以及来源控制。

② 病毒：蒸煮。

③ 寄生虫：饮食控制；失活/去除。

2. 化学性危害

（1）分类

① 天然存在的化学物质：霉菌毒素、组胺、鱼肉毒素、蘑菇毒素、贝类毒素和生物碱等。

② 有意加入的化学物质：食品添加剂的过量使用（防腐剂，如亚硝酸盐和亚硫酸盐；营养强化剂、色素等）。

③ 无意或偶尔进入食品的化学物质：农用的化学物质（如杀虫剂、杀真菌剂、除草剂、肥料、抗生素和生长激素）、食品法规禁用化学品、有毒元素和化合物（如铅、砷、汞、氰化物）、多氯联苯、工厂化学用品（如润滑油、清洁剂、消毒剂、油漆）。

（2）预防措施

来源控制；生产控制；标示控制。

3. 物理性危害

（1）概念

物理性危害包括任何在食品中发现的不正常的有潜在危害的外来物。

（2）控制措施

来源控制；生产控制。

按食品产业链来分类，可以分为原材料中的危害因子、加工过程中的危害因子和包装、储藏及流通环节的危害因子。

三、食品安全危害因素的检测与监控

对食品安全危害因素的正确检测是进行食品安全控制的科学基础。目前，我国已经颁布了一系列食品安全国家标准，包括产品标准、卫生标准和检测方法标准，这些标准的颁布有力地指导了科研与生产实践中对危害因素的检测与正确识别。有关人员掌握具备与国际水平相当的食品安全检验、检测能力，依托检验检测能力形成对食品生产、加工、贮存、运输、消费全过程的主动和被动监测网络，并具有依据该网络实施管理计划的监视能力至关重要。

国际上，食品安全风险分析方法是食品安全控制的总体原则。但在中国尚未有效地实行。对目前食物链中大量使用的农药、兽药、植物生长调节剂和食品中主要的酸败与致病性生物等均尚未进行系统的风险评估、管理和交流，导致对食品安全危害物没有科学的定性，管理存在盲目性，生产者、消费者和管理者都相当程度地缺少必要的信息和知识。以风险分析为基础的食品安全控制能力包括2个方面：一是风险分析能力，在获得检验检测和监测监视数据及相关情况的基础上，有对食源性疾病、污染物、污染状态和相关因素进行风险评估、管理和交流的能力，包括针对评估结果有控制、管理，调整检验检测、监测监视计划，科学公布信息、教育引导公众的能力；二是不断制定修订完善法律、法规和标准体系的能力。这二者均需在正确地识别食品危害因素和正确定量的基础之上。

本书将对影响食品安全的危害因素进行分析，并探索相关危害因子的检测方法及预防措施，旨在加强读者对食品安全危害因素的了解，减少食品安全风险，掌握基本的检测方法和技能。

第二章

食品原材料中的危害因素

　　食物中毒是指摄入了含有生物性、化学性有毒有害物质的食品或把有毒有害的物质当作食品摄入后所出现的非传染性急性、亚急性疾病。食物中毒包含有毒动植物食物中毒、化学性食物中毒、生物性食物中毒以及其他食物中毒。

　　食物中毒其中一个重要的因素是来自食品加工原料中的各种污染，如农兽药残留、天然有毒成分、重金属等。本章将详细地阐述食品加工原料中的各种潜在危害因素的性质、来源和相应的预防措施。

第一节　农药、兽药和渔药残留

　　食品从生产到消费的各个阶段，都有可能被农药、兽药、渔药影响，但主要是在原料生产阶段。农兽药的使用是一把"双刃剑"。一方面，农药、兽药、渔药可以预防、消灭或者控制危害农业、牧业、渔业的各种因素；另一方面，农药、兽药、渔药具有各种毒性，一旦使用不当，就会对人类造成巨大危害。所以，准确掌握农药、兽药、渔药的性质、使用方法及检验方法具有重要的安全学意义。

【知识点概要】

一、农药残留及其预防

1. 农药的概况

　　农药（pesticides）是指用于防治农牧业生产的有害生物和调节植物生长的化学药品，包括天然物质和人工合成的化学药品。早在公元前1550年，人们就知道某些化学物质能驱除和杀死环境中的害虫，例如，硫磺。随着现代工业的发展，DDT（二氯二苯基三氯乙烷）、特普（焦磷酸四乙酯）、硫磷等农药陆续被合成，并在农业生产中得到了广泛的应用。农药的分类方法很多，根据其防治对象的不同，可将农药分为杀虫剂、杀螨剂、杀细菌剂、杀线虫剂、杀真菌剂、植物生长调节剂、熏蒸剂、昆虫不育剂、除草剂以及杀鼠剂等；根据农药来源的不同，可分为化学农药和生物农药等；按其化学组成可分为有机氯、有机磷、有机氟、有机氮、有机硫、有机砷、有机汞、氨基甲酸酯类等。

一方面，农药是人类用以与植物病虫害、杂草作斗争的武器，也是实现农业机械化和保证农业获得高产、稳产的主要措施。实践也证明，在一定的范围内，化学农药的单位面积用量越多，产量越高，粮食的损失率也越小。由于农药的使用，人类有效地控制了病虫害，消灭了杂草，使农作物大幅度增产，并促成了20世纪60~70年代的"绿色革命"。农药不仅仅可以防治农作物病虫害，提高农作物的产量和质量，还可以控制人畜传染。由于农药的使用，人类基本上控制了由昆虫、蜱类、鼠类为中间寄主的伤寒、鼠疫和登革热等20种传染病。

另一方面，农药具有各种毒性，随着近几十年农药的大量使用，对人类和环境造成了严重的污染。农药具有较高的稳定性，在自然界中较难降解，很容易经食物链进行生物富集，随着营养级提高，农药的浓度也逐级提高，从而导致最终受体生物的急性、慢性和神经中毒。人类处在食物链的最顶端，随食物进入人体的残留农药，将在人体内运转与积累，所受农药残留生物富集的危害也最严重，包括致突变性、致癌性和对生殖系统以及下一代的影响。目前最令人关注的是某些农药对人和动物的遗传和生殖方面的不良影响，产生畸形和引起癌症等方面的毒害作用。不仅如此，农药在杀灭病虫害的同时还杀害了其他有益的生物，不但破坏了生物界相互制约的平衡关系，而且使鱼虾等水产品大幅度减产。

农药及其代谢物对供人类食用的植物和动物均有严重的影响。在农业地区，喷施农药使大量杀虫剂直接进入环境，并通过灌溉水和雨水污染地表土壤和地下水，人类可因饮水以及用水冲洗和准备食物而摄入农药，这是食物中农药残留物对人体的直接影响。另外，农药可通过植物从土壤和水源中的吸收转移进入人体内，并通过食物链富集在食用动物体内。

有些杀虫剂在环境中可迅速降解，或同土壤紧密结合，或不易溶解、不挥发，对环境的污染程度较小。但有些杀虫剂在环境中非常稳定，如DDT在土壤中的半衰期为3~10年，在土壤中消失95%需16~33年的时间。DDT在食物链中的生物富集作用也很强。例如水鸟体内的DDT残留为25mg/kg，比DDT污染的水（0.03mg/kg）要高出800~1000倍。DDT的污染具有全球性的影响。在人迹罕至的南极的企鹅、海豹，北极的北极熊，甚至未出生的胎儿体内均可检出DDT的存在，其中南极企鹅脂肪中DDT同系物的含量可高达0.152mg/kg。

非农用杀虫剂对人类的食物也造成污染。由于各种驱虫剂、驱蚊剂、杀蟑剂逐渐进入家庭，人类食品受污染的范围得到扩大。据美国FDA统计，目前进入市场的各类农业用型和家居型杀虫剂有一半以上可造成杀虫剂残留。在森林的管理中，通常使用大量除草剂和杀昆虫剂，这些高浓度的杀虫剂经雨水冲刷流入河流，对环境造成严重的污染，进而污染人类的食物。

2. 农药污染食品的途径

食品中的农药残留可以来自施药后对食用农作物的直接污染；可以来自农作物从污染的环境（土壤、水、空气）中吸收；也可以是由于在粮食、蔬菜、水果贮藏时使用农药不当；禽畜产品中的农药主要来自饲料和对畜禽体表及厩舍使用农药等。食品在运输过程中也可能受到农药污染，如运输工具受农药污染后未经清洗消毒就用来运输食品。此外，还有事故性污染，如错用农药、乱放农药等常常引起食品严重污染。

（1）直接污染

直接污染是指直接施用农药造成食品及食品原料的污染。

① 在作物上施用农药，一部分黏附在作物的外表，一部分被作物吸收而输导分布在植株中。黏附在农作物表面上的农药可以被清除掉，称为可清除残留。被吸进作物组织中的农药则不能被清除掉，所以作物在收获时往往还带有一定量的农药残留。

② 给动物使用杀虫农药时，可在动物体内产生药物残留。

③ 粮食、水果、蔬菜等食品贮存期间为防止病虫害、抑制生长而施用农药，也可造成食品中的农药残留。

（2）间接污染

农田喷洒的农药，大部分散落在土壤上，小部分飘浮在空气中，然后缓缓落地或被雨水冲刷而进入池塘、湖泊与河流等地面水中。性质稳定的农药，如六六六可在旱地土壤中残存3～4年以上，即使停止施药，在这种土地上栽种的作物仍可吸收土壤中残存的农药，而在食品中残留。这些环境中残存的农药又会被作物吸收、富集，而造成食品间接污染。在间接污染中，一般通过大气和饮水进入人体的农药仅占10％左右，但通过食物进入人体的农药可达到90％左右。

（3）由食物链和生物富集作用造成食品污染

农药残留被一些生物摄取或通过其他的方式吸入后累积于体内，造成农药的高浓度贮存，再通过食物链转移至另一生物，经过食物链的逐级富集后，若食用该类生物性食品，可使进入人体的农药残留量成千倍甚至上万倍增加，从而严重影响人体健康。一般在肉、乳品中含有的残留农药主要是禽畜摄入被农药污染的饲料，造成体内蓄积，尤其在动物的脂肪、肝、肾等组织中残留量较高。动物体内的农药有些可随乳汁进入人体，有些则可转移至蛋中，产生富集作用。鱼虾等水生动物摄入水中污染的农药后，通过生物富集和食物链可使体内农药的残留富集至数百倍至数万倍。

（4）意外事故造成的食品污染

运输及贮存中由于和农药混放，可造成食品污染。尤其是运输过程中包装不严或农药容器破损，会导致运输工具污染，这些被农药污染的运输工具，往往未经彻底清洗，又被用于装运粮食或其他食品，从而造成食品污染。另外，这些逸出的农药也会对环境造成严重污染，从而间接污染食品。

3. 常用农药

（1）有机氯农药

我国曾经生产和使用的有机氯农药有 BHC（六六六）、DDT、林丹、毒杀酚等。在1940～1960年期间，这些化学物质被广泛用于农业和林业各方面，甚至在建筑上也用来防治害虫。长期和大量使用有机氯农药，会造成对环境、食品以及人体污染，所以，有机氯农药已于1983年停止生产，1984年停止使用。

1）环境中的降解和污染食品的特点

有机氯农药具有高度的物理、化学、生物学的稳定性，脂溶性强，在自然界不易分解，残留期长，在土壤中消失95％所需要的时间可达数年甚至数十年。

食用农作物中的六六六含量取决于土壤中的农药含量和作物种类。蔬菜中六六六的含量按下列顺序递减：苋菜＞胡萝卜＞辣椒＞黄瓜＞番茄＞芋头。食品中有机氯残留总的情况是：动物性食品高于植物性食品；含脂肪多的食品高于含脂肪少的食品；猪肉高于牛肉、羊肉、兔肉；水产品中淡水产品高于海洋产品，池塘产品高于河湖产品。植物性食品中的污染是按植物油、粮食、蔬菜、水果的顺序递减。

2）在动物体内的代谢蓄积

六六六在体内通过脱氯化氢和羟化，最后变成二氯酚、三氯苯、二氯苯基硫醚氨酸以及四氯酚。六六六各种异构体的毒性依次为乙、甲、丙、丁，这是由于各种异构体在组织内分布、相对的积累程度以及从脂肪中游离出来的速度不同。

中国医学科学院的资料表明：用含有浓度为 1mg/kg 的六六六饲料喂大鼠一年，肾小管上皮细胞有典型的颗粒状玻璃样变性，但病变是可逆的。关于致癌性，普遍同意对动物致癌的只有甲体，对丙体尚有争论。六六六在脂肪中贮存最多，其次为脑、肝、肾。实验表明，对小鼠终生喂食 2mg/kg DDT，可引起肝、肺以及淋巴系统肿瘤；对大鼠喂食 500mg/kg DDT 两年，可引起肝肿瘤。

3）对人体的影响

六六六和 DDT 对人体的影响主要是肝脏组织和肝功能的损害。诱变性方面，实验动物和人体资料都表明六六六和 DDT 能引起血液细胞染色体畸变。生殖毒性方面，有机氯都能透过胎盘进入胎儿体内，在胎儿脂肪、胎盘羊水中的浓度可以高于母体脂肪中的浓度。同时，有机氯还通过母乳排出，母乳排出的六六六、DDT 的量可能会超过乳母当日的摄入量。此外，高剂量六六六和 DDT 对男性生殖功能和精子生成都会造成损害。

（2）有机磷农药

我国停止使用有机氯农药以后，有机磷类农药上升为最主要的一类农药，占全部农药用量的 80%～90%。它被广泛地用于谷类、蔬菜、果树、茶等作物。

有机磷农药品种不同，经口急性毒性差别很大。有机磷农药是神经毒物，进入体内后主要抑制胆碱酯酶的活性，引起胆碱能神经功能紊乱、出汗、震颤、共济失调、精神错乱、语言失常等一系列神经毒性表现。

① 环境中的降解和在食品中的残留时间

有机磷农药在土壤中残留时间不像有机氯农药那么长，一般仅数天，个别也有长达数月者（见表 2-1）。有机磷农药在土壤中的消失机制包括气化作用、地下渗透、氧化水解和土壤微生物降解等。

表 2-1　有机磷农药在土壤中的持留时间

有机磷制剂	持留时间/天	有机磷制剂	持留时间/天
乐果	4	甲拌磷	15
马拉松	7	乙拌磷	30
对硫磷	7	二嗪农	50～180

注：摘自吉林科学技术出版社，《食品卫生检验学》，1997，p25。

② 有机磷农药的特性

粮食经加工后，残留农药可大幅度下降（见表 2-2）。一般来说，除了内吸性很强的有机磷农药外，食物经过洗涤、整理、烹调等操作，都在不同程度上减少了农药残留量。原先认为有机磷农药的残留毒性要比有机氯农药小，后来发现某些有机磷农药在哺乳类动物体内有使核酸烷化、损伤 DNA、具有诱变的作用。有机磷农药是否有潜在致癌作用已经引起关注。

另外，有机磷农药对视觉器官有损害。

某些有机磷农药，如马拉硫磷、敌百虫、辛硫磷、伊皮恩、乐果、甲基对硫磷等有迟发性神经毒性。即在急性中毒过程结束后第二周病人发生神经症状，主要是下肢软弱无力和运动失调，进一步发展为神经麻痹症，这种情况称为迟发性神经中毒症。

此外，大剂量的有机磷可以抑制男子精子生成，影响生殖功能，导致孕妇流产。有的有机磷能使实验动物后代畸形，包括行为畸形。

表 2-2   粮谷类加工后农药残留量减少的百分率   ％

农药	小麦→面粉	小麦→面包	谷→白米	谷→米饭	大麦→麦芽
敌敌畏	80	100	96	100	—
杀螟松	92	99	97	99	30
马拉松	75	95	97	98	98
西维图	98	99	98	99	97
二氯苯醚菊酯	88	94	—	—	—

注：摘自 FAO：Pesticide Residue in Food，P64，1981，Rome。

（3）氨基甲酸酯类农药

氨基甲酸酯类多为杀虫剂，近年来应用越来越广泛，产量也增加很快。我国常用品种有西维因、速灭威、混灭威、叶蝉散、害扑威、呋喃丹、仲丁威等。这些农药的特点是对虫害选择性强、作用快、对人畜毒性较低、易分解、在体内不蓄积。它的中毒机理与有机磷农药相似，即抑制胆碱酯酶的活力，但氨基甲酰化酶易水解，一般经数小时左右酶即恢复活性（复能），因此症状消失也较快。氨基甲酸酯属可逆性胆碱酯酶抑制剂。

氨基甲酸酯类的残留毒性问题与有机磷农药类似，但有两点不同：一是没有迟发性神经毒性；二是因为含有氨基，当进到胃内，在酸性条件下易与食物中亚硝酸盐类反应生成亚硝基化合物，而呈现诱变性与致癌性。氨基甲酸酯类的羟化代谢物对染色体有断裂作用，因而可能具有诱变或致畸性。二硫代氨基甲酸酯类（如代森锌、代森锰）在厌氧条件下能产生亚乙基硫脲，有致癌作用。这些问题及其实际意义尚有待进一步研究。

（4）拟除虫菊酯类农药

拟除虫菊酯类是人工合成的除虫菊酯，具有高效、低毒、低残留、用量少的优点，故正在迅速发展并取代高毒农药。常用品种有溴氰菊酯（敌杀死）、熏虫菊酯、氯氰菊酯（商品名为安绿宝、兴棉宝、灭百可）、氟胺氰菊酯（商品名为马扑立克）、杀灭菊酯（速灭杀丁）等。

拟除虫菊酯类毒性作用机理是通过对钠泵干扰使神经膜动作电位的去极化期延长，周围神经出现重复动作电位，造成肌肉持续收缩；增强脊髓中间神经元和周围神经的兴奋性。拟除虫菊酯类中的溴氰菊酯属中等毒性，对大鼠经口 LD_{50} 为 70～140mg/kg。另外，有机磷农药能抑制拟除虫菊酯类在体内水解，故对后者有增毒作用。同时，也要重视拟除虫菊酯在体内脂肪中蓄积的可能性。有资料表明，某些拟除虫菊酯类农药在鱼贝类中有生物富集作用，如二氯苯醚菊酯的富集系数 1900、杀灭菊酯为 4700（在水底沉积物中的半衰期为 34 天）。

由于拟除虫菊酯类施药量很小，所以，在食用作物上产生的残留量低，一般不会构成危害。

（5）其他杀菌剂

① 苯并咪唑类

主要包括多菌灵、托布津、甲基托布津、麦穗宁等。这类农药的特点是：高效、低毒、广谱。多菌灵在哺乳类的胃内会发生亚硝基化反应，形成亚硝基化合物；托布津的代谢产物为多菌灵和乙烯双硫代氨基甲酸酯，后者又能代谢为乙烯硫脲，对甲状腺有致癌作用。

② 熏蒸剂

熏蒸剂主要用于防治谷类仓库的害虫。主要品种有磷化氢、二硫化碳、溴甲烷、溴甲烷与三氯乙烷混合物。粮食中熏蒸剂残留量受到气温、相对湿度以及粮仓内通风条件的影响。应定期检测粮食中熏蒸剂的残留量。

③ 粮库内使用的其他杀虫剂

如马拉松、杀螟松、敌敌畏等。

粮食在贮存过程中，会受到各种因素的影响，所以，不同位置的粮食中农药残留量也有很大差别。在检测时，要特别注意采样的位置。

（6）除草剂

农业越发达，除草剂在农药中占的比例越大。除草剂的化学组成多种多样，其中，大多数是低毒或微毒物。由于毒性低，用量小，一年只用一次，又多在农作物发芽出土前施用，故除草剂被作物吸收的量很少。

我国常用的除草剂是 2,4-二氯苯氧基乙酸（2,4-滴）、五氯酚钠、百草枯、除草醚、草枯醚、敌稗、拉索、氟乐灵、禾大壮、毒草胺、阿特拉津、西玛津、扑草净、燕麦灵、灭草灵、杀草丹、燕麦敌、燕麦畏、绿麦隆、伏草隆、稗草稀、草甘膦、茅草枯等。

对于除草剂本身的毒性、代谢物毒性以及所含杂质的毒性需要进一步研究。

4. 控制农药污染食品的措施

随着工农业生产的发展，化学农药的使用也日益普遍。食品中农药残留对人体健康的危害是不容忽视的。为了确保食品安全，必须采取正确的对策和综合防治措施，尽量减少农药对食品的污染及其残留，以保障人民的身体健康。

（1）加强农药管理

最主要的是建立农药注册制度。各种农药必须申请注册，申请时必须具备该农药的化学性质、使用范围、使用方法和药效、药害试验资料，对温血动物的急性与慢性毒性和致癌、致畸、致突变的试验资料，对水生生物毒性、残留及分析方法等有关资料。未经注册批准的农药，不准投产出售。一般注册有效期应为三年，以后应重新申请注册。

（2）禁止和限制某些农药的使用范围

目前，对某些危害较大的农药已经禁止使用，禁用的农药种类可以参考有关文献。

根据农药的化学结构，对一些有致癌等危害作用的农药应该绝对禁止使用。对于残效期长、又有蓄积作用的农药只能用于作物种子的处理，残效期长而无蓄积作用的农药可用于果树。某些农药急性毒性较大，但分解迅速又无不良气味的可用于蔬菜、水果及烟、茶等经济作物。

对现有生产和使用的农药品种进行全面研究，包括农药残留、急性毒性、慢性毒性及对环境的污染（包括水、土壤），根据检测和研究结果，综合分析确定农药使用范围，提出合理用药的安全措施；以及对一些剧毒、高毒及化学稳定性高的农药加以限制和禁用，以高效低残毒的新农药来替代。

（3）规定施药与作物收获的安全间隔期

对每一种农药，要根据其特性，研究确定其残留量和半衰期，并规定最后一次施药至收获前的间隔期，减少或避免农药残留，以保证食品的安全性。《农药安全使用标准》（GB 4285）和《农药合理使用准则》（GB 8321.1～GB 8321.6）规定了常用农药所适用的作物、防治对象、施药时间、最高使用剂量、稀释倍数、施药方法、最多使用次数和安全间隔期（safety interval，即最后一次使用后距农产品收获天数）、最大残留量等，以保证农产品中农药残留量不超过食品卫生标准中规定的最大残留限量标准。

（4）制定农药在食品中的残留量标准

根据每一种农药的蓄积作用、稳定性、对动物的致死量、安全范围等特性，制定在食品中的残留量标准，为安全食品的生产提供参考。制定农药在食品中残留量标准应参考以下几点：① 农药在食品中的蓄积特点；② 农药对外界环境因素及加工处理的稳定性；③ 农药在最敏感动物慢性实验中的最大安全阈；④ 按人的平均体重及每天食物总量来计算的摄入量。

（5）开展高效低残留新农药的研究和推广

为了逐步消除和根本解决化学农药对食品和环境的污染问题，必须积极研究和推广高效、无毒、低残留（或无残留）、无污染、无公害的新农药，逐渐淘汰传统农药。这是当前国内外农药发展的总趋势。寻找理想的高效低残留农药必须具备以下两个条件：① 对防治对象具有选择性，保证对人、畜、鱼和害虫的天敌不受危害；② 容易受阳光、土壤和微生物的作用而分解，不致污染环境。

在农业生产中，应用生物病虫害综合防治措施，加强环境中农药残留检测工作，健全农田环境监控体系，防止农药经环境或食物链污染食品和饮水。此外，还须加强农药在储藏和运输中的管理工作，防止农药污染食品，或者被人畜误食而中毒。开展食品卫生宣传教育，增强生产者、经营者和消费者的食品安全知识，严防食品农药残留，杜绝农药残留对人体健康和生命的危害。

（6）采用科学合理的加工食用方法，消除食品中农药的残留

农产品中的农药，主要残留在粮食糠麸、蔬菜表面和水果表皮，可用机械的或热处理的方法予以消除或减少，尤其是化学性质不稳定、易溶于水的农药，在食品的洗涤、浸泡、去壳、去皮、加热等处理过程中均可大幅度消减。食品在食用前要去皮，充分洗涤、烹饪和加热处理。实验结果显示，加热处理可使粮食中六六六减少 34%～56%，DDT 减少 13%～49%。

二、兽药残留及其预防

1. 使用现状及危害

与农药一样，兽药和饲料添加剂的发展也极大地促进了饲料工业和养殖业的发展，在预防动物生病、提高产量等方面做出了突出贡献。但近年来，在饲料生产、使用中出现了过量使用抗生素、非法使用违禁药品的现象。导致这些现象的主要原因有 3 点：① 受经济利益驱动。为使畜禽增重，或提高蛋白质比例，人为给予畜禽违禁药品，例如瘦肉精。② 兽药使用不科学、不规范。畜禽发病，一出现临床症状，在未确定病因的情况下，立即使用青霉素类、磺胺类抗生素；为预防疾病，在饲料中大量重复使用药物；或在治疗时随意加大用药量。③ 兽药残留检测标准不够完善。

兽药残留的危害主要体现在：危害人体健康、影响畜牧业发展和畜产品国际、国内贸易。兽药通过食物链最终进入人体，药物残留是人体的"隐形杀手"，口中的"定时炸弹"，

长期食用兽药残留的食物会破坏人体各个系统和器官。此外，滥用药物造成饲料添加剂残留，畜禽一旦发病，难以控制和治疗，致使发病和死亡率升高，饲养畜禽成本增高，严重挫伤养殖户饲养的积极性，从而影响畜牧业的发展。

"瘦肉精"，其化学名为盐酸克伦特罗，也称 β-兴奋剂，是一种高选择性的兴奋剂和激素，可以选择性地作用于肾上腺受体，在医疗上，用于治疗哮喘。盐酸克伦特罗是 20 世纪 80 年代起应用的一类营养重新分配剂，在动物代谢中可促进蛋白质的合成，降低脂肪的沉积，加速脂肪的转化和分解。猪吃了掺入瘦肉精的饲料后，瘦肉率明显提高，脂肪含量降低。人如果吃了这样的猪肉，瘦肉精就会在体内蓄积，当达到一定浓度后，就会导致人心跳过快，心慌，不由自主地颤抖、双脚站不住，心悸胸闷，四肢肌肉颤动，头晕乏力等神经中枢中毒后失控的现象，甚至导致死亡。

2. 控制措施

1）强化饲料添加剂监督管理，加大查处假冒伪劣和违禁饲料添加剂力度，不定期对饲料添加剂生产和经营户进行检查，重点是 β-兴奋剂、促生长类激素和安眠镇静类违禁药品，监督企业依法生产、经营饲料添加剂，对违法者给予严厉打击，对造成严重后果的违法行为要从重从严查处。

2）加大宣传力度，通过各种媒体向广大群众广泛宣传畜产品安全知识，提高对饲料添加剂残留危害性的认识，使全社会自觉参与防范和监督，告诫饲料添加剂生产和经营企业，禁止制售违禁、假冒伪劣药品。应用科普宣传、技术培训、技术指导等方式，向动物防治工作者和养殖者，宣传介绍科学合理使用饲料添加剂的知识。

3）建立饲料添加剂残留监督控制体系。

4）搞好饲料添加剂的开发与研究。努力开发新饲料添加剂和饲料添加剂新制剂，用高效、残留少的饲料添加剂替代残留量大、易产生耐药性的药物，减轻药物残留的危害。

5）食品企业需建立原料供货商制度，加强对动物原料的监控，保证所有动物性原料中饲料添加剂残留符合相关标准或法规的要求。

三、渔药残留及其预防

渔药指一类用以预防、控制和治疗水产动植物的病虫害，同时能增强抗病能力、保障健康生长以及改善养殖水体环境质量的物质。根据作用对象，渔药可分为水产动物药和水产植物药；根据其用途，又可分为抗微生物药、消毒杀菌药、环境改良药、抗寄生虫药、营养保健药、激素以及生物制品；根据其化学组成，又可分为无机药、有机药及生物性药。渔药残留指水产品的任何食用部分中渔药的原型化合物或其代谢产物，并包括与药物本体有关杂质在组织、器官等蓄积、贮存或其他方式保留的现象。

1. 使用现状及危害

我国是水产大国，养殖量占全世界水产总量的 70% 左右。药物防治是控制水产动物病害的有效措施之一，也是最直接、最有效和最经济的方式。但渔药使用的不规范或滥用和错用，严重威胁着水产品的安全和人们的健康，直接影响了我国水产品的对外出口贸易，同时也污染了环境，妨碍了整个产业的持续发展。

渔药主要用于水生动物，而绝大部分水生动物是食用动物，因此，使用的渔药不允许危害动物和人的健康。不仅如此，也不能对水环境造成不可逆的破坏，水环境的破坏将间接影响动物和人的健康。

目前，我国的渔药研究缺乏系统性，偏重应用效果的研究，对于基础的药动学、药效学、毒理学和药物对环境影响等方面的研究严重滞后。缺乏对药物的残留毒性试验研究，并忽视药物的使用条件。

2. 控制措施

（1）建立渔药使用管理制度

制定渔药使用的对象和使用的方法（包括施药的时间、剂量、次数以及休药期等有关标准及方法）。

（2）强化渔药的科普教育

目前，群众滥用药和用药频率增大的现象很普遍，特别是某些禁用渔药禁而不止，给环境和人类健康带来了不良影响。因此采取各种形式普及渔药知识显得更为重要。

（3）加强渔药研究

主要包括非氯制剂消毒学的研究和开发，中草药理论及应用研究，生物杀虫、杀菌药及其他生物制剂的研究。

===== 【思考题】 =====

1. 农药的优点和缺点是什么？
2. 农药污染食品的途径有哪些？
3. 控制农药污染食品有哪些措施？
4. 预防兽药污染的措施？
5. 简述有机磷农药的特点及代表种类。

第二节　动植物中的天然有毒物质

植物性农产品在种植过程中，以及动物性农产品在养殖过程中，为了防止昆虫、微生物、人类等的危害，自身会形成一些有毒物质，这是动植物保护自己的一种手段。例如，含有丰富营养的马铃薯是很好的维生素和碳水化合物的来源，但是它们含有有毒物质——生物碱，如茄碱（龙葵素）。这些成分对动植物本身有益，但对哺乳动物有害。同时，动植物在生长的过程中，由于生长环境的原因，可能带来环境污染物如重金属的污染，这些有害成分随食品加工进入生产链，影响最终产品的质量。因此，正确识别动植物原料中的有毒有害成分至关重要。

【知识点概要】

一、植物性食物中常含有的天然有毒成分

植物性食物中的有毒成分存在部位不同，具体如下。

1. 非食用部位有毒

可食部位无毒，其有毒成分在非食用部位。一些常见水果，如杏、苹果、樱桃、桃、李、梨等，其果肉鲜美无毒，但其种仁、叶、花芽、树皮等含氰苷。

2. 在某个特定的发育期有毒

麦类、玉米等粮食作物在幼苗期含氰苷；未成熟的蚕豆、发芽的马铃薯都含有有毒成分。富含淀粉的块根植物，如木薯，含有有毒成分，经水浸、漂洗等处理去除后可安全食用，但未经处理或处理不彻底均可引起中毒。菜豆、小刀豆等含有血细胞凝集素等物质，经煮沸可除去毒性。菜籽油、棉籽油等必须经过炼制，以除去毒蛋白、毒苷、棉酚等有毒成分。

3. 含有微量有毒成分，食用量过大时引起中毒

蔬菜是人们膳食中的重要组成之一，一般情况下是安全的，但是，如果大量、单独、连续食用含硝酸盐量高的蔬菜或腐败的蔬菜都能引起中毒。

二、常见的有毒植物性食物

按照植物性食品的种类分类，目前常见的含有毒素的植物性食物如下。

1. 豆类

（1）菜豆

又名四季豆、扁豆或芸扁豆、小刀豆。其含有的毒素如下。

① 皂素：对消化道黏膜有强烈的刺激作用。

② 凝血素：有凝血作用。

③ 亚硝酸盐和胰蛋白酶抑制物：产生一系列肠胃刺激症状。

目前，菜豆食物中毒的主要原因是炒煮不够熟透。其中毒潜伏期一般为 $2\sim4h$，主要为胃肠炎症状。病程为数小时或 $1\sim2$ 天。

常见急救措施：轻症中毒者，只需静卧休息，少量多次地饮服糖开水或浓茶水，必要时可服镇静剂如安定、利眠宁等。中毒严重者，若呕吐不止，造成脱水，或有溶血表现，应及时送医院治疗。民间方用甘草、绿豆适量煎汤当茶饮，有一定的解毒作用。

预防治施：使菜豆充分熟透，破坏其中所含有全部毒素。凉拌时要先煮熟，不要贪图其鲜艳的绿色；炒食时要充分加热，不要贪图其脆嫩。

（2）蚕豆

种子含有巢菜碱苷，是引起急性溶血性贫血（即蚕豆黄病）的主要因素之一。

症状有血尿、乏力、眩晕、胃肠紊乱及尿胆素排泄增加，严重者出现黄疸、呕吐、腰痛、发热、贫血及休克。一般吃生蚕豆后 $5\sim24h$ 即可发病，如吸入其花粉，则发作更快。

少数人有一种先天性的生理缺陷，即其体内缺乏 6-磷酸葡萄糖脱氢酶，因而其还原型的谷胱甘肽的含量也很低，在巢菜碱苷侵入后，即发生血细胞溶解，出现蚕豆黄病症状。

预防方法：不要生吃新鲜嫩蚕豆；吃干蚕豆时也要先用水浸泡，换几次水，然后煮熟后食用。

（3）生豆浆

主要毒素：皂素、凝血素、胰蛋白酶抑制物、脂肪氧化酶。

"假沸"：有些人把豆浆加热至 $80\sim90℃$，看到泡沫上涌就误以为已经煮沸。在煮豆浆时，"假沸"之后应继续加热至 $100℃$，泡沫消失，然后再用小火煮 $10min$，彻底破坏豆浆中的有害成分，以达到安全食用的目的。

据报道，在颗粒型雏鸭料中加入生豆粕，试验组雏鸭于第 2 天发病，第 5 天发病率 30%，第 10 天达 80%，主要症状为腹泻、食欲废绝、喙变色、生长停滞，$4\sim5$ 天后开始

死亡。

2. 粮食作物

（1）木薯

世界三大薯类（马铃薯、甘薯、木薯）之一，可食部为根块，内含淀粉和少量蛋白质，为我国南方的个别地区主食杂粮之一。

木薯的全株各部位，如根、茎、叶中都含有有毒物质，其中叶部约占全株含量的2.1%，茎部约占36%，根部约占61%，块根以皮层含量最高，为肉质部的15～100倍。

引起木薯中毒的主要有毒物质是亚麻仁苦苷。一般食用150～300g生木薯即能引起严重中毒或死亡。早期症状为胃肠炎，严重者出现呼吸困难、躁动不安、瞳孔散大，甚至昏迷。最后可因抽搐、缺氧、休克或呼吸循环衰弱而死亡。

预防措施：在食用木薯前应去皮，水浸木薯肉，可溶解氰苷，如将生木薯水浸6天，可除去70%以上的氰苷，再经加热煮熟时，将锅盖打开，使氢氰酸逸出，方可食用。不能喝煮木薯的汤，不能空腹吃木薯，一次也不宜吃得太多。

（2）发芽马铃薯

致毒成分为茄碱，是一种弱碱性的生物碱。茄碱对人体的毒性是刺激黏膜、麻痹神经系统和呼吸系统、溶解红细胞。

发芽和变绿的马铃薯可引起食物中毒，潜伏期多为2～4h。首先是咽喉抓痒感及烧灼感，并伴有上腹部灼烧感或疼痛，其后出现胃肠炎症状，如恶心、呕吐、腹泻等；严重者可因心脏衰竭、呼吸麻痹而致死。

预防措施：应将马铃薯存放于干燥阴凉处，防止发芽。如发芽多的或皮肉为黑绿色的都不能食用。如发芽不多，可剔除芽及芽基部，去皮后水浸30～60min，烹调时加些醋，以破坏残余的毒素。

急救措施：中毒较轻者，可大量饮用淡盐水、绿豆汤、甘草汤等解毒。中毒较严重者，应催吐，然后用浓茶水或1：5000高锰酸钾液、2%～5%鞣酸反复洗胃；再予口服硫酸镁20g导泻。适当饮用一些食醋，也有解毒作用。呼吸衰竭者、应进行人工呼吸；昏迷时可针刺人中、涌泉穴急救。经过上述处理后，中毒严重者应尽快送往医院进一步救治。

（3）荞麦花

人们对荞麦资源的利用以前限于种子的食用。荞麦苗富含芦丁，对人体血管有扩张及强化作用，对高血压和心血管病患者有良好的保健功能，因此作为一种新颖芽菜越来越受到人们的喜爱。荞麦花中含有两种多酚的致光敏有毒色素：荞麦素和原荞麦素。误食荞麦花，一般4～5天后，面部有烧灼感，颜面潮红并出现豆粒大小的红色斑点，经日晒后加重。在阴凉处有出现麻木感，尤以早晚为重。发麻的部位以口、唇、耳、鼻、手指等外露部位较明显。严重者颜面、小腿均有浮肿、皮肤破溃。病程持续2～3周。一般无死亡，轻者数日可自愈。

3. 蔬菜

（1）青菜亚硝酸盐

蔬菜中亚硝酸盐含量高的原因：青菜腐烂变质（硝酸盐转变为亚硝酸盐）；成熟的菜存放过久；腌制不久的腌菜；用苦水（含硝酸盐较多）煮的菜或粥等食品存放过久；锅内温热的苦水过夜后再煮的食物。

硝酸盐转变为亚硝酸盐：胃肠道中具有硝酸盐还原作用的细菌大量繁殖并发酵，可将食入的硝酸盐还原为亚硝酸盐。

当过多的亚硝酸盐被吸入血液后，将正常的血红蛋白氧化成高铁血红蛋白，血红蛋白内的铁由 Fe^{2+} 变成 Fe^{3+}；能阻止正常氧合血红蛋白放出氧，因而引起组织缺氧，出现一系列的缺氧症状。

一般食用 0.5～4h 发病，少数病人延至 20h。起病急骤，病情进展快。轻症者只有口唇、指甲轻度发青现象；重者眼结膜、舌尖、手足及全身皮肤均呈青紫色。

急救措施：迅速灌肠、洗胃、导泻，让中毒者大量饮水。患者要绝对卧床休息，注意保暖。应将患者置于空气新鲜、通风良好的环境中。呼吸困难者给予氧气吸入，并输入新鲜血液 300～500mL。使用特异性解毒剂。用 25％葡萄糖液加 1％美蓝溶液，静脉注射，剂量按 1～2mg/kg 计算；也可口服，但剂量加倍。应用大剂量维生素 C，维生素 C 可使高铁血红蛋白还原为血红蛋白。

（2）鲜黄花菜

又名金针菜，鲜黄花菜中含有秋水仙碱。

成年人一次食入每千克体重 50～100g 鲜黄花菜，即可引起中毒。食用干黄花菜不会引起中毒。

鲜黄花菜引起的中毒，一般在 4h 内出现症状，主要是嗓子发干、心慌胸闷、头痛、呕吐及腹痛、腹泻，重者还会出现血尿、血便、尿闭与昏迷等。

预防措施：不吃未经处理的鲜黄花菜。最好食用干制品，用水浸泡发胀后食用。食用鲜黄花菜时需做烹调前的处理。先去掉长柄，用沸水烫，再用清水浸泡 2～3h（中间需换一次水）。制作鲜黄花菜必须加热至熟透再食用。烫泡过鲜黄花菜的水不能做汤，必须弃掉。烹调时与其他蔬菜或肉食搭配制作，且要控制摄入量，避免食入过多引起中毒。一旦发生鲜黄花菜中毒，立即用 4％鞣酸或浓茶水洗胃，口服蛋清、牛乳，并对症治疗。

（3）十字花科蔬菜

常用作蔬菜的十字花科植物，如油菜、甘蓝、芥菜、萝卜等。

芥子油苷（硫代葡萄糖苷）：一种阻抑机体生长发育和致甲状腺肿的毒素。

菜籽饼中含有硫代葡萄糖苷，硫苷本身毒性不大，水解后在芥子酶作用下，裂解为异硫氰酸盐（芥子油）和噁唑烷硫酮等有毒物质。作为饲料可使牲畜甲状腺肿大，导致代谢作用紊乱，出现各种中毒症状，甚至死亡。

预防措施：采用高温（140～150℃）或 70℃加热 1h，破坏菜籽饼中芥子酶的活性。采用微生物发酵中和法将已产生的有毒物质除去，就可以用作饲料。

4. 水果

（1）某些水果的果仁

有些水果，如杏、桃、枇杷、苹果等，果肉虽无毒，但种子或其他部位含有氰苷，苦杏仁苷最常见。苦杏仁和苦桃仁的苦杏仁苷含量最高，约 3％，相当于含氢氰酸 0.17％。当食入果仁后，苦杏仁苷在口腔、食道及胃中遇水，经核仁本身所含苦杏仁酶的作用，水解产生氢氰酸。氢氰酸被吸收后，使人体呼吸不能正常进行，陷于窒息状态。

苦杏仁苷的致死量约为 1g，小儿食 6 粒，成人食 10 粒苦杏仁就能引起中毒。苦杏仁苷中毒的潜伏期为 0.5～5h。其症状为：口苦涩、流涎、头痛、恶心、呕吐、心悸、脉频等，重者昏迷，继而意识丧失，可因呼吸麻痹或心跳停止而死亡。

预防措施：不吃各种生果仁，尤其是苦杏仁和苦桃仁。由于苦杏仁苷加热水解形成的氢氰酸遇热挥发，故用杏仁加工食品时，应反复用水浸泡，炒熟或煮透，充分加热，并敞开锅盖充分挥发而除去毒性。如用苦杏仁治病，应遵照医嘱，防止因食用过量中毒。

（2）白果

在肉质外种皮、种仁以及绿色的胚中含有有毒成分，主要是白果二酚、白果酚、白果酸等。尤以白果二酚的毒性较大。

一般儿童中毒量为 10～50 粒白果。人的皮肤接触种皮或肉质外种皮后可引起皮炎、皮肤红肿。经皮肤吸收或食入白果的有毒部位后，毒素可进入小肠，再经吸收，作用于中枢神经。主要表现为中枢神经系统损害及胃肠道症状。潜伏期为 1～12h。

预防措施：采集时避免与种皮接触；不生食白果；熟食也要控制数量；除去果肉中绿色的胚。

急救措施：立即催吐、洗胃、导泻；洗胃用温开水，导泻可用硫酸镁或番泻叶。口服鸡蛋清或 0.5％活性炭混悬液，可保护胃黏膜，减少对毒物的继续吸收。保持室内安静，避免光线、音响刺激，酌情使用镇静剂。多饮糖开水、茶水，以促进利尿，加速毒物排出。民间用甘草 15～30g 煎服或频饮绿豆汤，可解白果中毒。严重者应尽快转送医院救治。

（3）柿子

胃柿石是由于柿子在人的胃内凝聚成块所致。小者如杏核，大者如拳头，而且越积越大、越滚越坚，以致无法排出。常有剧烈腹痛、呕吐等症状，重者引起呕血，久病还可并发胃溃疡。

一是由于柿子中的柿胶酚遇到胃内的酸液后，产生凝固而沉淀；二是柿子中含有一种可溶性收敛剂红鞣质（未成熟的柿子中含量高），红鞣质与胃酸结合亦可凝成小块，并逐渐凝聚成大块；三是柿子中含有 14％的胶质和 7％的果胶，这些物质在胃酸的作用下也可以发生凝固。

预防措施：不要空腹或多量或与酸性食物同时食用柿子；不要吃生柿子和柿皮。

三、含天然有毒物质的动物性食物

1. 鱼类

（1）河豚

河豚中毒是世界上最严重的动物性食物中毒。河豚是味道鲜美但含有剧毒的鱼类。其毒素主要是河豚毒素（TTX）。0.5mg 河豚毒素就可以毒死一个体重 70kg 的人。

河豚毒素是一种毒性强烈且性质稳定的生物碱类的神经毒素。难溶于水，易溶于食醋，在碱性溶液中易分解。对热稳定，经过 100℃条件下加热 7h、120℃条件下加热 60min、220℃条件下加热 10min 才能被破坏。使用盐腌或热晒、烧煮等方法均不能去毒，但用 4％的 NaOH 处理 20min，或者 2％的 Na_2CO_3 溶液浸泡 24h 可变为无毒。

河豚毒素含量的多少因鱼的种类、部位及季节等而有差异，一般在卵巢孕育阶段，即春季毒性最强。河豚的有毒部位主要是卵巢和肝脏。河豚毒素是一种很强的神经毒，能使呼吸抑制，引起呼吸肌麻痹。对胃、肠道也有局部刺激作用。还可使血管神经麻痹、血压下降。

中毒症状：中毒的特点是发病急速而剧烈，其死亡率较高。潜伏期 10min～5h。一般先感觉手指、唇、舌等部位刺疼，然后出现呕吐、腹泻等胃肠道症状，并有四肢无力、发冷，以及口唇、指尖、趾端等处麻痹。以后言语不清、紫绀、血压和体温下降、呼吸困难，最后死于呼吸衰竭。对动物，如猫、狗、猪、鼠和鸟等也能引起中毒并致死。死亡通常发生在发病 4~6h 之内，致死时间 1.5~8h。由于河豚毒素在体内解毒排泄较快，超过 8h 未死亡者一般可恢复。

我国一些沿海地区曾发生因食用麦螺而发生的河豚中毒。原因是河豚产卵时需硬物磨破肚皮，卵籽和毒液一起破口而出。麦螺是一种海洋生物，可吸吞河豚毒液和软体卵籽。所以，河豚产卵繁殖季节不能吃麦螺。

预防措施：① 新鲜河豚必须统一收购，集中加工。加工时应去净内脏、皮、头，洗净血污，制成干制品，或制成罐头，经鉴定合格后方可食用。② 新鲜河豚去掉内脏、头和皮后，肌肉经反复冲洗，加入 2%碳酸钠处理 24h，然后用清水洗净，可使其毒性降至对人无害的程度。

急救措施：尚无特效解毒药。中毒早期应以催吐、洗胃和导泻为主。中毒者出现呼吸衰竭时，应进行人工呼吸，有条件的可予吸氧。民间解河豚毒验方：鲜橄榄和鲜芦根各 200g，洗净后捣汁口服。南瓜根 1000g，洗净切片，用清水 4 大碗煎取浓汁 2 大碗，1 次饮服。经过上述初步处理后（或同时），尽快将中毒者送往医院抢救。

（2）青皮红肉鱼

青皮红肉鱼包括鲐鱼、金枪鱼、刺巴鱼、沙丁鱼。

中毒原因：组氨酸，经脱羧酶作用强的细菌作用后，产生组胺（1.6~3.2mg/g）。

皮不青肉不红的鱼类（比目鱼、家卿鱼、竹麦鱼等）不产生组胺。皮青肉白的鱼类（鲈鱼、鳔鱼、鲑鱼等）只能产约 0.2mg/g 的组胺。

一般引起人体中毒的组胺摄入量为 1.5mg/kg 体重。

中毒症状：中毒发病快，潜伏期一般为 0.5~1h，长则可至 4h。主要表现为脸红、头晕、头疼、心跳、脉快、胸闷和呼吸促迫等。部分病人有眼结膜充血、瞳孔散大、脸发胀、唇水肿、口舌及四肢发麻、荨麻疹、全身潮红、血压下降等症状。但多数人症状轻、恢复快，一般 1~2 天可恢复，死亡者较少。

预防措施：防止鱼肉腐败，高组胺的形成是微生物的作用，而且腐败鱼肉还产生腐败胺类，通过与组胺的协同作用，可使毒性大为增强。过敏性体质者，非过敏性体质者均中毒。食用鲜、咸的青皮红肉鱼时，烹调前应除去内脏、洗净，切成小块后用水浸泡几小时，然后红烧或清蒸、酥闷，不宜油煎或油炸，可适量放入雪里红或山楂。烹调时放醋可使组胺含量下降。

急救措施：首先是催吐和导泻以排出体内的毒物。抗组胺药能使中毒症状迅速消失，可口服苯海拉明、扑尔敏，或静脉注射 10%葡萄糖酸钙，还可以口服维生素 C。

（3）胆毒鱼类

青鱼、草鱼、鲢鱼、鳙鱼、鲤鱼等胆有毒。胆汁毒素耐热，乙醇也不能破坏，所以，用酒冲服鲜服或食用蒸熟鱼胆，仍可发生中毒。

鱼胆中毒主要是胆汁毒素严重损伤肝、肾，造成肝脏变性坏死和肾小管损害。脑细胞亦可受损，发生脑水肿；心血管与神经系统亦有改变，并可促使病情恶化。

由于民间流传鱼胆可清热、明目、止咳、平喘等，所以，因食用鱼胆发生中毒的事件屡见不鲜，严重者引起死亡。其中以食用草鱼胆中毒者较多。

中毒症状：潜伏期为 0.5~14h，多数在 2~6h 发病，不同鱼种的鱼胆毒性程度和中毒症状有所不同，但在中毒初期都出现胃肠道症状。有的出现肝脏症状，有黄疸、肝大及触痛，严重者有腹水、肝昏迷等。有的出现泌尿系统症状，发生少尿、血压增高、全身浮肿，严重者出现尿闭、尿毒症。还有少数出现造血系统或神经系统症状。

预防措施：以上鱼类的胆毒毒性极大，无论什么烹调方法（蒸、煮、冲酒等）都不能去毒。有效的预防措施：去掉鱼胆。

急救措施：目前，对鱼胆中毒尚无特效解毒药，只能进行催吐、洗胃、导泻，保护肝、肾功能等对症治疗，口服或静脉注射葡萄糖、肝泰乐及大量维生素 C 等保肝药物。治疗重点在于防治急性肾功能衰竭，早期进行透析治疗。若出现休克，应让其伏卧，头稍低。

（4）肝毒鱼类

扁头哈拉鲨、灰星鲨、鳕鱼、七鳃鳗鱼等肝中含大量维生素，如鲨鱼肝中有大量维生素 A、维生素 D 和脂肪。主要是维生素 A 中毒，这可能与维生素 A 或其他衍生物有关。维生素 A 在血液中的正常水平为（50～150）$\times 10^4$IU/100mL。

成人一次摄入 200×10^4IU 即可引起中毒。若一次食入鲨鱼肝 200g 可引起急性中毒。在鱼肝中毒中，以鲨鱼肝中毒最为常见，且症状重，食用过量后 2～3h 可出现症状。

初期：胃肠道症状；后期：皮肤症状，如鳞状脱皮，自口唇周围及鼻部开始，逐渐蔓及四肢和躯干，重者毛发脱落。结膜充血、剧烈头痛。

急救措施：主要是催吐、洗胃、补液和对症治疗。尚无特殊的解毒疗法，以赶紧送患者就医为妥。因患者频繁地吐泻可能会出现体内失水，有输液条件时可给予静脉补液，无输液条件的也可口服淡糖水、金银花水、生甘草水、生姜水等。

2. 贝类

贝类是滤食性海底动物。其在摄食的过程中，海水以及海水中的浮游生物比如藻类中的有害成分往往在贝类体内积累，使贝类产生毒素。目前，贝类常见毒素分为四种，分别为腹泻性贝类毒素、麻痹性贝类毒素、健忘性贝类毒素、神经性贝类毒素。

一些属于膝沟藻科的藻类，如涡鞭毛藻等，常常含有一种神经毒。此种藻类大量繁殖时期，形成"赤潮"，此时每毫升海水中藻的数量可达 2 万个。海洋软体动物，包括蛤类，摄食了这类海藻后，毒素可在中肠腺大量蓄积。蛤类摄入此种毒素对其本身并无危害，因毒素在其体内呈结合状态。当人食用蛤肉后，毒素则迅速被释放，引起中毒。

（1）中毒症状

蛤类中毒的特点是神经麻痹，故称为麻痹性蛤类中毒。其潜伏期很短，仅几分钟至20min，最长不超过 4h。症状初期为唇、舌、指尖等部位麻木，随后四肢、颈部麻木，运动失调，重症者最终会因呼吸衰竭窒息而死亡。病死率为 5%～18%，如果 24h 免于死亡者则愈后良好。

（2）预防措施

目前麻痹性蛤类中毒尚无有效解毒剂。关键在于预防，尤其应在夏秋贝类食物中毒多发季节，禁食有毒贝类。

由于藻类是贝类赖以生存的食物链，贝类摄食有毒的藻类后，能富集有毒成分，产生多种毒素，所以沿海居民要注意海洋部门发布的有关赤潮信息。在赤潮期间，最好不食用赤潮水域内的蚶、蛎、贝、蛤、蟹、螺类水产品，或者在食用前先放在清水中放养浸泡一两天。贝类毒素主要积聚于内脏，如除去内脏、洗净、水煮、捞肉弃汤，可使毒素降至最低程度，提高食用安全性。

许多国家规定，从 5 月到 10 月进行定期检查，如有毒藻类大量存在，说明有发生中毒的危险，并对贝类做毒素含量测定，如超过规定标准，则做出禁止食用的决定和措施。

可以用酶联免疫吸附测定法（ELISA）检测试剂盒快速检测贝类毒素。

（3）急救措施

首先应人工催吐，排空胃内容物，并立即向当地疾病预防控制中心报告。及时携带食剩的贝类到医院就诊，采取洗胃等治疗措施，防止发生呼吸肌麻痹。

四、天然有毒物质引起中毒的原因

人类食用动植物后出现食物中毒的原因各不相同。具体总结如下。

1. 遗传原因

食物成分和食用量都正常，因个人的遗传原因而引起症状。如牛奶，对绝大多数人来说是营养丰富的食品，但有些人由于先天缺乏乳糖酶，不能将牛奶中的乳糖分解为葡萄糖和半乳糖，因而不能吸收利用，而且饮用牛奶后还会发生腹胀、腹泻等症状。

2. 过敏反应

食物成分和食用量都正常，因个人的过敏反应而发生症状。如一些日常食用而无害的食品，有些人食用后因体质敏感而引起局部或全身症状时，称食物过敏。引起过敏的食物称过敏原食物。各种肉类、鱼类、蛋类以及各种蔬菜、水果都可能成为某些人的过敏原食物。

如菠萝（凤梨）是很多人喜欢的水果，但有人对菠萝中含有的菠萝蛋白酶过敏，当食用菠萝或菠萝汁后出现腹绞痛、呕吐、腹泻，并有皮肤瘙痒、潮红，四肢及口舌发麻、呼吸困难，严重者可引起休克、昏迷。盐水浸泡30min或煮熟可去除菠萝蛋白酶。

3. 食用量过大

食品的成分正常，但食用量过大也会引起各种症状。例如：荔枝是我国的著名水果，含维生素C较多。李时珍在《本草纲目》中记载：荔枝能补脑健身、开胃益脾。但连续多日大量吃鲜荔枝，可引起"荔枝病"。发病时有饥饿感、头晕、心悸、无力、出冷汗，重者有抽搐、瞳孔缩小、呼吸不规则，甚至死亡。有人发现荔枝含有一种可降低血糖的物质（α-次甲基环丙基甘氨酸），所以，"荔枝病"的实质是低血糖症。

4. 食物成分不正常

在丰富的自然界资源中有许多含有有毒物质的动物、植物和微生物。如河豚、鲜黄花菜、毒蘑菇等，少量食用即可引起中毒。蜜蜂从有毒植物上采集花粉而制成蜂蜜也可能含有该种植物的有毒物质，食用后亦引起相应的中毒症状。

五、食物的中毒与解毒

食物中毒不仅危害人体健康，还可危害生命和子孙后代，影响整个民族的兴旺发达。

1. 食物中毒的特点

常常伴有呕吐、头疼、腹泻等肠胃炎的症状，严重的可呈昏迷、休克等症状，甚至引起死亡。潜伏期短而集中；发病突然，来势凶猛；患病与食物有明显的关系；发病率高；人与人之间不传染。

有些污染食品的有毒物质，或者由于在食品中数量过少，或者由于本身毒性作用的特点，并不引起食物中毒症状。但是长期、连续食用，可造成慢性毒害，甚至有致癌作用、致畸作用或致突变作用，更应引起人们的重视。

2. 解毒处理

（1）清除毒物

对于一切经口腔进入的毒物，除非在禁忌的情况下，一般均应迅速清除毒物，不再让其继续侵入和吸收。常用的方法主要有催吐、洗胃和导泻。

（2）应用有效解毒剂

对于不同的毒物采用相应的解毒剂，有中和法、吸附法、沉淀法、拮抗法等。

如拮抗法（以毒攻毒）应用与其主要毒性作用相拮抗的药物，以拮抗毒物对生理功能的干扰，如氰化物中毒是由于氰基与细胞色素氧化酶系统的三价铁结合，抑制细胞色素氧化酶，引起组织缺氧，而亚硝酸盐、硫代硫酸盐对三价铁有很大的亲和力，结合成为氰化高铁血红蛋白，从而恢复细胞色素氧化酶的活力，恢复细胞呼吸功能。

（3）促使体内毒物排泄

对于已吸收入体内的毒物，应尽快促使其排泄，中断毒物对机体的继续危害。常用的方法有输液、利尿、换血、透析等。

（4）对症治疗

是急性中毒处理的一个重要环节。除迅速清除毒物外，其他措施应在确切了解引起中毒的毒物后进行。另外，还要在专业人员的指导下进行，如药物的用量和浓度使用不当，产生副作用，给病人造成更大的痛苦。

【思考题】

1. 举例说明植物中的有毒物质？
2. 举例说明动物中的有毒物质？
3. 说明食用发芽马铃薯中毒的解毒措施？
4. 简述亚硝酸盐中毒的机制？
5. 天然有毒物质引起中毒的原因？

第三节　转基因食品原料的安全性

转基因食品在基因重组与改变过程中，可能产生某种毒性、过敏性，生成抗营养因子，引起营养成分改变，或者某种抗抗生素基因随食品转移到肠道，使抗生素对该机体从此失去疗效。就目前而言，还没有发现转基因食品对人类有害，但同时也缺乏证据证明它的无害性，因此产生了一些争论。如果转基因农业生物技术得不到社会支持，这一研究将被扼杀。并且强调，迄今为止并没有发现转基因食品危害人体健康和环境的确切证据。

【知识点概要】

一、转基因的基础知识

1. 什么是转基因

科学家把一种生物的基因分离出来，植入另一种生物体内，从而创造出一种新的生物。

将具有某种特性的基因分离和克隆，再转接到另外的生物细胞内。比如发着水母荧光的猴子。克服了天然物种生殖隔离的屏障，可以按照人们的意愿创造出自然界中原来并不存在的新的生物功能和类型。

2. 转基因技术

是指使用基因工程或分子生物学技术（不包括传统育种、细胞及原生质体融合、杂交、诱变、体外受精、体细胞变迁及多倍体诱导等技术），将遗传物质导入活细胞或生物体中，产生基因重组现象，并使之表达并遗传的相关技术。

3. 转基因生物

是指遗传物质基因被改变的生物，其基因改变的方式是通过转基因技术，而不是以自然增殖或自然重组的方式产生。

目前已经进入食品领域的三类转基因生物包括：转基因动物、转基因植物（最多、最重要）、转基因微生物。

4. 转基因食品种类

第一批列入目录的农业转基因生物（五大类 17 种）如下：

大豆：大豆种子、大豆、大豆粉、大豆油、豆粕。

玉米：玉米种子、玉米、玉米油、玉米粉。

油菜：油菜种子、油菜籽、油菜籽油、油菜籽粕。

棉花：种子。

番茄：番茄种子、鲜番茄、番茄酱。

5. 转基因食品

是指利用基因工程技术改变基因组构成的动物、植物和微生物生产的食品和食品添加剂。作为一类新资源食品须经过卫生部的审查批准后方可生产或进口。

6. 转基因食品的食用安全性

（1）是否产生毒素和增加食品毒素含量

一些研究学者认为，转基因食品里转入一些含有病毒、毒素、细菌的基因，在达到某些人们想达到的效果的同时，也可能增加其中原有的微量毒素的含量。

（2）营养成分是否改变

英国伦理和毒性中心的试验报告表明，在耐除草剂的转基因大豆中，具有防癌功能的异黄酮含量减少了，与普通大豆相比，两种转基因大豆中的异黄酮含量分别减少了 12% 和 14%；而且一味地提高转基因食品的营养成分，也可能打破整个食物的营养平衡。

（3）是否会引起人体过敏反应

2007 年，法国基因工程信息与研究独立委员会指出，孟山都公司的 MON863 转基因玉米可能会对试验鼠的代谢系统造成危害；用转入甜蛋白基因的转基因黄瓜饲喂老鼠后发现，老鼠对蛋白质及粗纤维等营养成分的消化能力受到影响。

目前还没有转基因食品致癌性、致畸性、致突变性的报道，但是这种潜在的风险通过目前所采用的短期试验（一般为 13 周，最长至 104 周）是无法确认的。

（4）人体是否会对某些药物产生耐药性

在转基因的过程中，常使用具有抵抗临床治疗用抗生素的基因作为标记基因。2002 年，英国《自然》和美国《科学》杂质陆续报道：纽卡斯尔的研究人员发现转基因食品中的

DNA 片段可以进入人体肠道中的细菌体内，并可使肠道的菌群对抗生素产生抗性。

（5）转基因食品中外源 DNA 的降解

研究发现，大部分 DNA 在动物胃肠道中被消化降解，有一些 DNA 片段可能在胃肠道、血液及其他组织和器官存留比较长的时间。WHO 和其他一些国际组织认为现有转基因食品直接产生毒性或通过基因转移、DNA 的功能重组等产生副作用的可能性很小。

7. 转基因食品的环境安全性

① 转基因作物演变成农田杂草的可能性。

② 是否会破坏生物多样性。

③ 目标生物体是否会对药物产生抗性。

④ 转移基因是否可以通过重组产生新的病毒。

二、转基因食品的安全性评价

1. 转基因食品安全性评价的目的

转基因食品作为人类历史上的一类新型食品，在给人类带来巨大利益的同时，也给人类健康和环境安全带来潜在的风险。因此，转基因食品的安全管理受到了世界各国的重视。其中，转基因食品的安全性评价是安全管理的核心和基础之一。转基因食品的安全性评价目的是从技术上分析生物技术及其产品的潜在危险，对生物技术的研究、开发、商品化生产和应用的各个环节的安全性进行科学、公正的评价，以期在保障人类健康和生态环境安全的同时，也有助于促进生物技术的健康、有序和可持续发展。因此，对转基因食品安全性评价的目的可以归结为：① 提供科学决策的依据；② 保障人类健康和环境安全；③ 回答公众疑问；④ 促进国际贸易，维护国家权益；⑤ 促进生物技术的可持续发展。

2. 安全性评价的原则

实质等同性原则：

① 转基因食品与现有的传统食品具有实质等同性；

② 除某些特定的差异外，与传统食品具有实质等同性；

③ 与传统食品没有实质等同性。

实质等同性比较的主要内容有生物学特性的比较，对植物来说包括形态、生长、产量、抗病性及其他有关的农艺性状；对微生物来说包括分类学特性（如培养方法、生物型、生理特性等）、侵染性、寄主范围、有无质粒、抗生素抗性、毒性等；动物方面是形态、生长生理特性、繁殖、健康特性及产量等。

营养成分比较包括主要营养素、抗营养因子、毒素、过敏原等。主要营养因子包括脂肪、蛋白质、碳水化合物、矿物质、维生素等；抗营养因子主要指一些能影响人体对食品中营养物质的吸收和对食物消化的物质，如豆科作物中的一些蛋白酶抑制剂、脂肪氧化酶以及植酸等。毒素指一些对人体有毒害作用的物质，在植物中有马铃薯的茄碱、番茄中的番茄碱等。过敏原指能造成某些人群食用后产生过敏反应的一类物质，如巴西坚果中的 2S 清蛋白。一般情况下，对食品的所有成分进行分析是没有必要的，但是，如果其他特征表明由于外源基因的插入产生了不良影响，那么就应该考虑对广谱成分予以分析。对关键营养素的毒素物质的判定是通过对食品功能的了解和插入基因表达产物的了解来实现的。但是，在应用实质等同性评价转基因食品时，应该根据不同的国家、文化背景和宗教等的差异进行评价。

1. 什么是转基因？
2. 简述转基因作物可能对环境的影响？
3. 你认为转基因食品是否安全？并说明原因。

第四节　食品原料中的生物性危害

【知识点概要】

一、生物性危害基础知识

1. 微生物

微生物是包括细菌、病毒、真菌以及一些小型的原生动物等在内的一大类生物群体，它个体微小，却与人类生活密切相关。

2. 腐败微生物

腐败微生物是指有可能导致食品变质，使食品在风味、气味或口味方面产生不良变化的微生物。

细菌有球形、杆形、螺旋形，是一种原核生物。比较常见的有大肠杆菌、金黄色葡萄球菌、蜡样芽孢杆菌。

酵母菌和霉菌属于真菌，是一种真核生物，比如蘑菇、木耳等都属于有益的真菌。

主要腐败微生物是细菌、酵母菌和霉菌。它们有可能导致食品变质，在风味、气味或口味方面产生不良变化。有时，人们认为这些是理想的变化。例如，对于一些奶酪，霉菌在生产过程中是至关重要的。但是，决不能认为表面长着同样霉菌的面包或水果也适合食用。

3. 微生物的存在方式

日常生活中，微生物无处不在。比如空气、水、食物、土壤、人体器官组织（如肠道、鼻孔、皮肤）、器物表面。

4. 微生物的分类

微生物主要分为致病菌、条件致病菌和非致病菌三类。

① 致病菌：可引起食物中毒、人畜共患传染病以及其他以食品为传播媒介的疾病。

② 条件致病菌：在通常身体条件下并不致病，当条件转变时，特别是当机体抵抗力下降时，就可能致病。

③ 非致病菌：一般来说对人不引起疾病，但与食品腐败变质有密切关系，而且又是评价食品卫生质量的重要指标，其实就是腐败微生物。

二、食物中毒及其分类

1. 食物中毒

食物中毒是指摄入了含有生物性、化学性有毒有害物质的食品或把有毒有害物质当做食品摄入后所出现的非传染性急性、亚急性疾病。食物中毒是最典型、最常见的食源性疾病。

2. 食源性疾病

食源性疾病是指通过摄食而进入人体的有毒有害物质（包括生物性病原体）等致病因子所造成的疾病。一般可分为感染性和中毒性，包括常见的食物中毒、肠道传染病、人畜共患传染病、寄生虫病以及化学性有毒有害物质所引起的疾病。食源性疾患的发病率居各类疾病总发病率的前列，是世界上最突出的卫生问题。

3. 细菌性食物中毒的特点

① 一般发病特点为潜伏期短、发病突然、病程短（多数在2~3日内自愈）、恢复快、病死率低；但李斯特菌、肉毒梭菌等食物中毒病程长、病情重、恢复慢。

② 有明显的季节性，尤以夏、秋季发病率最高。

③ 主要食品多为动物性食品，其中畜肉类及其制品居首位；其次为禽肉、鱼、乳、蛋类；少数是植物性食物，如剩饭、米糕、面类发酵食品等易出现金黄色葡萄球菌、蜡样芽孢杆菌等引起的食物中毒。

④ 食物中毒中最常见。

4. 细菌性食物中毒发生的原因

① 食品在生产加工、包装、运输、贮藏、销售等过程中受到致病菌的污染。

② 被污染的食物未经烧熟、煮透或煮熟。

③ 被致病菌污染的食物在适宜细菌生长繁殖的条件下贮藏一定时间或贮藏时间过长，使食物中的致病菌大量生长繁殖或产生毒素。

④ 生、熟食品发生交叉感染或烧熟煮透的食品发生二次污染，被食用后引起中毒。

5. 细菌性食物中毒分类

根据引起的原因的不同可以将细菌性食物中毒分为感染型食物中毒、毒素型食物中毒和混合型食物中毒三大类。

① 感染型：食用含有大量病原菌的食物引起消化道感染。

② 毒素型：食用由于细菌大量繁殖而产生毒素的食物。

③ 混合型：由感染型和毒素型两种协同作用。

根据临床表现可以将细菌性食物中毒分为胃肠型食物中毒和神经型食物中毒两大类。

① 胃肠型：潜伏期短，集体发病，伴有恶心、呕吐、腹痛、腹泻等。

② 神经型：主要由肉毒梭菌毒素引起。眼肌或咽部肌肉麻痹。

6. 预防食物中毒

预防食物中毒要做到以下几点：

① 不吃变质、腐烂的食品；

② 不吃被有害化学物质或放射性物质污染的食品；

③ 不生吃海鲜、河鲜、肉类等；

④ 生、熟食品应分开放置；

⑤ 切过生食的菜刀、菜板不能用来切熟食；

⑥ 不食用病死的禽畜肉；

⑦ 不吃毒蘑菇、河豚、生的四季豆、发芽土豆、霉变甘蔗等。

7. 导致感染型食源性疾病的细菌

导致感染型食源性疾病的细菌主要有沙门菌、致病性大肠埃希菌、金黄色葡萄球菌、副溶血性弧菌、单核细胞增生李斯特菌、志贺菌属、空肠弯曲菌、霍乱弧菌、创伤弧菌、小肠结肠炎耶尔森菌等。

8. 毒素型食源性疾病

毒素型食源性疾病是食品中产生的毒素导致的，如肉毒梭状芽孢杆菌、金黄色葡萄球菌、蜡样芽孢杆菌、产肠毒素性大肠杆菌。毒素就是指某些动植物和微生物体内的一种有毒物质，这些物质通常是一些蛋白质。

9. 由肉毒梭菌导致的食源性疾病的特征

肉毒梭菌属于厌氧性梭状芽孢杆菌属，形成芽孢，芽孢比繁殖体宽，呈梭状，新鲜培养基的革兰氏染色为阳性。

在自然界中分布广泛，一般认为土壤是肉毒梭菌的主要来源。在我国肉毒梭菌中毒多发地区新疆土壤中，该菌的检出率为22.2%，未开垦的荒地该菌检出率为28.5%。

污染食品主要存在于密闭比较好的包装食品中，在厌氧条件下，产生极其强烈的细菌外毒素，即肉毒毒素，其毒性作用是目前已知化学毒物和生物毒素中最为强烈的一种，比氰化钾的毒力还大10000倍，对人的致死量是0.1μg。

肉毒梭状芽孢杆菌中毒症简称肉毒中毒。肉毒中毒是由摄入含有肉毒毒素污染的食物引起的。一年四季均可发生，但大部分发生在3～5月，其次为1～2月。

在厌氧条件下，含水分较多的中性或弱碱性食品适于肉毒梭菌生长和产生毒素。反之，食物的性质偏酸，水分含量少或食盐浓度在8%以上，可抑制该菌的生长和毒素的形成。

10. 含有肉毒梭菌的典型食物

中国：家庭自制谷类或豆类发酵制品如臭豆腐、豆酱、面酱、豆豉等。

日本：家庭自制鱼和鱼类制品。

欧洲：火腿、腊肠及肉类制品。

美国：家庭自制的蔬菜及水果罐头、水产品及肉、乳制品。

11. 预防肉毒梭菌

① 对可疑污染食物要进行彻底加热。自制发酵酱类时，盐量要达到14%以上，并提高发酵温度，要经常日晒，充分搅拌，使氧气供应充足；不吃生酱。

② 某些水产品的加工可采取事先取内脏，并通过保持盐水浓度为10%的腌制方法，并使水活度低于0.85或pH为4.6以下。

③ 对于在常温储存的真空包装食品采取高压杀菌等措施，以确保抑制肉毒梭菌产生毒素，杜绝肉毒中毒病例的发生。

12. 由金黄色葡萄球菌导致的食源性疾病特征

导致这种食源性疾病的典型食物有火腿、肉类与禽肉制品、奶油馅饼、压缩黄油、干酪等，在6～24h内会出现恶心、呕吐、腹泻、腹部疼痛、不发烧，严重的病例会出现衰弱和脱水。

13. 蜡样芽孢杆菌引起的食源性疾病的特征

蜡样芽孢杆菌是一种在自然界中广泛分布的好氧产芽孢的杆菌，革兰氏阳性菌，是食品和化妆品中常见的污染菌。几乎所有种类的食品都曾被报道被蜡样芽孢杆菌污染而引发食物中毒。主要有：蒸煮的米饭和炒饭、乳品、色拉、干制品（面粉、奶粉等）、豆类和豆芽、肉制品、焙烤食品等。

除了个别案例外，由蜡样芽孢杆菌引起的食物中毒通常症状较温和而且不超过 24h，而且各国并未要求报告零星发生的食物中毒，所以相当多的这类食物中毒事件并未经报道，导致其数量被大大低估了。

蜡样芽孢杆菌分为两种，一种产生肠毒素，一种不产生肠毒素。

产生肠毒素分为两种性质不同的代谢物，一种是呕吐型胃肠炎肠毒素，这是一种小分子量、热稳定的多肽，一般限于富含淀粉质的食品，特别是炒饭和米饭；另一种是致腹泻型胃肠炎肠毒素，这是一种大分子量蛋白质，在各种食品中均可产生。

14. 预防蜡样芽孢杆菌食物中毒

① 食品应冷藏于 10℃ 以下，食前应彻底加热处理。

② 尽量避免将食品保藏于 16～50℃ 的环境中，如无条件不得超过 2h。

③ 剩饭可于盘中摊开，快速冷却，必须在 2h 内送冷藏，如无冷藏设备，则应置于通风阴凉和清洁场所，并加覆盖，但不要放置过夜。

15. 食源性疾病的预防

影响食品中细菌繁殖的因素有温度、时间、pH 值、水分活度、氧气浓度、防腐剂、微生物间的相互作用。

16. 导致食源性疾病的主要因素

导致食源性疾病的主要因素有污染，比如交叉污染、不清洁的设备、不良或不健康食品、化学污染、昆虫或啮齿类动物、传染性加工者等；烹饪或再加热不足导致的致病菌残存；冷或热处理不足导致的致病菌繁殖。

三、食源性真菌及其毒素

1. 食源性真菌

真菌是具有真核和细胞壁的异养生物。种属很多，已报道的属达 1 万以上，种超过 10 万个。按照林奈的分类系统，人们通常将真菌门，分为鞭毛菌亚门、接合菌亚门、子囊菌亚门、担子菌亚门和半知菌亚门。

真菌通常又分为三类，即酵母菌、霉菌和蕈菌（大型真菌）。

大型真菌是指能形成肉质或胶质的子实体或菌核，大多数属于担子菌亚门，少数属于子囊菌亚门。常见的大型真菌有香菇、草菇、金针菇、双孢蘑菇、平菇、木耳、银耳、竹荪、羊肚菌等。它们既是一类重要的菌类蔬菜，又是食品和制药工业的重要资源。

2. 真菌毒素

真菌毒素是真菌产生的有毒的次生代谢产物。

真菌毒素中毒是真菌毒素引起的对人体健康的各种损害。包括食用了本身就含有毒素的真菌或被真菌毒素污染的食物（饲料）所引起的中毒；还包括误食外表类似食用菌子实体的有毒真菌（如毒蘑菇）、食用在生长过程中被病原真菌感染的粮食作物、食用由真菌引起腐败变质并产生包含有毒有害物质的食品等引起的中毒。真菌毒素食物中毒可引起急、慢性中毒以及致癌、致畸和致突变等。

引起人类中毒的真菌毒素有两类：霉菌毒素（黄曲霉毒素），蕈类毒素（鹅膏毒素）。

3. 霉菌特点

霉菌体呈丝状，亦称"丝状菌"。丛生，可产生多种形式的孢子。多腐生。种类很多，常见的有根霉、毛霉、曲霉和青霉等。

霉菌可用以生产工业原料（柠檬酸、甲烯琥珀酸等），进行食品加工（酿造酱油等），制造抗生素（如青霉素、灰黄霉素）和生产农药（如"920"、白僵菌）等。但也能引起工业原料和产品以及农林产品发霉变质。另有一小部分霉菌可引起人与动植物的病害，如头癣、脚癣及红薯腐烂病等。

4. 霉菌种类

与食品卫生关系密切的霉菌大部分属于半知菌纲中曲霉菌属（黄曲霉、寄生曲霉）、青霉菌属（岛青霉、橘青霉）和镰刀霉菌属（禾谷镰孢菌、玉米赤霉菌）。

霉菌毒素是霉菌的毒性代谢产物。霉菌产毒仅限于少数产毒霉菌的部分菌株。霉菌在人类的生活中无处不在，它比较青睐于温暖潮湿的环境，一有合适的环境就会大量繁殖。

5. 霉菌产毒

霉菌产毒需要一定的条件，影响霉菌产毒的条件主要是食品基质中的水分、环境中的温度和湿度及空气的流通情况。

① 水分和湿度：霉菌的繁殖需要一定的水分活性。因此食品中的水分含量少（溶质浓度大），A_w 越小，即自由运动的水分子较少，能提供给微生物利用的水分少，不利于微生物的生长与繁殖，有利于防止食品的腐败变质。

② 温度：大部分霉菌在 28～30℃ 都能生长。10℃ 以下和 30℃ 以上时生长明显减弱，在 0℃ 几乎不生长。但个别的可能耐受低温。一般霉菌产毒的温度略低于最适宜温度。

③ 基质：霉菌的营养来源主要是糖和少量氮、矿物质，因此极易在含糖的饼干、面包、粮食等类食品上生长。

6. 霉菌产毒菌株

霉菌产毒只限于产毒霉菌，而产毒霉菌中也只有一部分毒株产毒。目前已知具有产毒株的霉菌主要如下。

① 曲霉菌属：黄曲霉、赭曲霉、杂色曲霉、烟曲霉、构巢曲霉和寄生曲霉等。

② 青霉菌属：岛青霉、橘青霉、黄绿青霉、扩张青霉、圆弧青霉、皱褶青霉和荨麻青霉等。

③ 镰刀菌属：犁孢镰刀菌、拟枝孢镰刀菌、三线镰刀菌、雪腐镰刀菌、粉红镰刀菌、禾谷镰刀菌等。

④ 其他菌属中还有绿色木霉、漆斑菌属、黑色葡萄状穗霉等。

不同的霉菌可产生同一种霉菌毒素，而一种菌种或菌株可产生几种霉菌毒素。如黄曲霉毒素可由黄曲霉、寄生曲霉产生；而岛青霉可产生黄天精、红天精、岛青霉。

目前已知的霉菌毒素有 200 多种。比较重要的有黄曲霉毒素、赭曲霉毒素、杂色曲霉素、单端孢霉烯化合物、玉米赤霉烯酮、伏马菌素以及展青霉素、橘青霉素、黄绿青霉素等。

7. 真菌毒素毒性

毒性作用表现为：肝脏毒、肾脏毒、神经毒、光致敏性皮炎毒、造血组织毒等，部分霉菌毒素已证明具有致突变性及致癌性。

8. 曲霉菌属及相关毒素

（1）黄曲霉毒素（AFT）

寄生曲霉的所有菌株几乎都能产生黄曲霉毒素，并不是所有黄曲霉的菌株都能产生黄曲霉毒素。黄曲霉产毒的必要条件为湿度 80%～90%，温度 25～30℃，氧气 1%。存在量最大、毒性最强、危害最大的为黄曲霉毒素 B_1，其毒性为氰化钾的 10 倍、砒霜的 68 倍，被列入严管的特剧毒物质。在食品检测中以 AFB_1 为污染指标。

黄曲霉毒素（B_1、G_1、B_2、M_1）也是一种强致癌物。1993 年 AFT 被世界卫生组织的癌症研究机构划定为 1 类致癌物。黄曲霉毒素 B_1 的致癌能力，是二甲基硝胺的 70 倍。主要引起肝癌，还可以诱发骨癌、肾癌、直肠癌、乳腺癌、卵巢癌等。

黄曲霉毒素的污染途径主要有储藏制品的直接污染、收割前田里的生长过程、通过食物链（动物饲养）进入乳或肉中。

黄曲霉毒素耐热，一般的烹调加工温度很难将其破坏，在 280℃时，才发生裂解，毒性破坏。黄曲霉毒素在中性和酸性环境中稳定，在 pH9～10 的氢氧化钠强碱性环境中能迅速分解，形成香豆素钠盐。

国内长江以南地区黄曲霉毒素污染要比北方地区严重，主要污染的粮食作物为花生、花生油和玉米，大米、小麦、面粉污染较轻，豆类很少受到污染。而在世界范围内，一般高温高湿地区（热带和亚热带地区）食品污染较重，而且也是花生和玉米污染较严重。

预防黄曲霉毒素，加强对食品的防霉，其次是设法去除毒素。

1）食品防霉　如晒干、烘干，并贮存在干燥低温处。一般粮粒含水量在 13%以下，玉米在 12.5%以下，花生在 8%以下，霉菌即不易繁殖，故称之为安全水分。

2）去除毒素　若粮食、花生等已被黄曲霉污染并产毒，应设法将毒素破坏或去除。但黄曲霉毒素很耐热，在 280℃时才能被破坏，故一般烹调加工温度难以去毒。通常可采用如下方法。

① 挑选霉粒法。花生仁、玉米粒。

② 碾轧加工法。一般适用于受污染的大米。因毒素在大米表层含量高，碾轧加工成精米可减低毒素含量。

③ 植物油加碱去毒法。油料种子受黄曲霉毒素污染后，榨出的油中含毒素，可用碱炼法去毒。因为不溶于水的黄曲霉毒素在碱性条件下，可形成香豆素钠盐而溶于水，故加碱后再用水洗可将毒素去除。

④ 加水搓洗法。在淘洗大米时，用手搓洗，随水倾去悬浮物，如此反复 5～6 次，煮熟后可去除大部分毒素。

我国黄曲霉毒素允许量标准（《食品中真菌毒素限量》GB 2761—2011 代替 GB 2761—2005 和 GB 2715—2005）：玉米及其制品、花生及其制品，不得超过 $20\mu g/kg$（AFB_1）；大米、其他食用油，不得超过 $10\mu g/kg$（AFB_1）；其他粮食、豆类、发酵食品，不得超过 $5\mu g/kg$（AFB_1）；婴幼儿配方食品，不得超过 $0.5\mu g/kg$（AFB_1、AFM_1）。

（2）赭曲霉毒素（OT）

赭曲霉毒素是曲霉属和青霉属霉菌所产生的一组次级代谢产物，会造成肾损伤、致癌。赭曲霉毒素可经发酵过程而存活，具有热稳定性，能够转移到动物及动物性制品中。

（3）杂色曲霉毒素（ST）

1954 年从杂色曲霉的培养物中分离出来，结构上和黄曲霉毒素非常相似。杂色曲霉、构巢曲霉、黄曲霉、寄生曲霉等产生杂色曲霉毒素，是一种很强的肝及肾脏毒素。杂色曲霉广泛分布于自然界，主要污染玉米、花生、大米和小麦等谷物。在同一地区，原粮中杂色曲霉毒素的污染水平远高于成品粮，不同粮食品种之间杂色曲霉毒素的水平由高到低为：杂粮和饲料＞小麦＞稻谷＞玉米＞面粉＞大米。

（4）环匹克尼酸（CPA）

环匹克尼酸是由曲霉菌及青霉菌产生的。环匹克尼酸比黄曲霉毒素更频繁地出现在被曲霉菌污染的花生上。有人从食品和饲料中分离出大量青霉菌，从中鉴定出数十种真菌毒素，而其中最多的就是环匹克尼酸。环匹克尼酸毒性可能比黄曲霉毒素的毒性更强。

9. 青霉菌属及相关毒素

（1）展青霉素（Pat）

又称棒曲霉素、珊瑚青霉毒素等，它是由曲霉和青霉等真菌产生的一种次级代谢产物，具有广谱的抗生素特点。免疫抑制剂，可能具有致癌、诱变、致畸等毒性。

展青霉素在低 pH 值下稳定，在啤酒酵母发酵过程中不稳定，主要污染水果及其制品，尤其是苹果、山楂、梨、番茄、苹果汁和山楂片等。

（2）橘青霉素

橘青霉素是 1931 年从橘青霉菌中首次获得的，是某些青霉和曲霉的次生代谢产物，常与赭曲霉毒素 A 同时存在，主要危害肾脏，特征食品主要有大米（黄变米）、玉米、大麦、燕麦等。

（3）黄绿青霉素（CIT）

黄绿青霉素是黄绿青霉的次级毒性代谢物，具有心脏血管毒性、神经毒性、遗传毒性。真菌毒素能在较低的温度和较高的湿度下产生，自然界中广泛存在。容易污染新收获的农作物，呈黄绿色霉变，食用后可发生急性中毒。食用后会出现后肢跛瘸、运动失常、痉挛和呼吸困难等典型症状。大米水分含量在 14.6% 以上易感染黄绿青霉，在 12～13℃ 便可形成黄变米，米粒上有淡黄色病斑，同时产生黄绿青霉素。

在克山病病因研究过程中，我国学者依据大量的流行病学事实和实验室研究资料，提出黄绿青霉素是导致克山病的可疑病因。克山病病区的居民所吃的粮食有霉变现象，且从这些粮食样品中分离到了黄绿青霉菌和黄绿青霉素。

10. 镰刀菌属及相关毒素

（1）单端孢霉烯族化合物（TS）

是一大类具有相同倍半萜化学结构的生物活性物质。也可由头孢菌、镰孢菌、葡萄状穗霉和木霉菌等代谢产生。一般中毒症状大致相同，如拒食、恶心、呕吐、腹泻、便血、红细胞减少、凝血差、免疫力下降、死亡率高等。

① T-2 毒素　T-2 毒素是由多种真菌，主要是三线镰刀菌产生的单端孢霉烯族化合物之一。它广泛分布于自然界，是常见的污染田间作物和库存谷物的主要毒素，对人、畜危害较大。1973 年 FAO 和 WHO 在日内瓦召开的联席会议上，把这类毒素同黄曲霉毒素一样作为自然存在的最危险的食品污染源。

T-2 毒素是自然界最早发现的单端孢霉烯族化合物毒素，是毒性最强的真菌毒素之一，具有致死作用、对皮肤细胞及遗传的毒性、能扰乱中枢神经系统、阻碍 DNA 和 RNA 的合成。

② HT-2 毒素　可能是 T-2 毒素的代谢物，毒性几乎和 T-2 毒素一样，普遍存在于自然界中，多存在于霉变的小麦、大麦和玉米等谷类作物中。

③ 脱氧雪腐镰刀菌烯醇（呕吐毒素）和雪腐镰刀菌烯醇　是由污染小麦的雪腐镰刀菌和燕麦镰刀菌在寄生谷物的同时产生的代谢物，主要存在于小麦及其制品、玉米、大麦等

中，是蛋白质和 DNA 合成的强力抑制剂，能导致免疫抑制。

美国制定了饲料用谷物及其副产品（除玉米外）呕吐毒素允许限量≤5mg/kg；欧盟制定玉米及其副产品呕吐毒素允许限量≤1.75mg/kg；中国制定了谷物及其制品呕吐毒素允许限量≤1mg/kg。

呕吐毒素的防治首先是防止霉菌的产生，而防霉关键在于严格控制饲料和原料的水分含量、控制饲料加工过程中的水分和温度、选育和培养抗霉菌的饲料作物品种、选择适当的种植或收获技术、注意饲料产品的包装和贮存与运输、添加防霉剂等。但需注意的是使用防霉剂无法去除饲料原料中已存在的霉菌毒素，添加防霉剂只是预防作用，所以饲料的脱毒也是必要的一项措施。

呕吐毒素是一种无色针状结晶，具有较强的热抵抗力。因此，可以根据饲料霉变的程度采取不同的方法进行脱毒处理。一般有物理脱毒法、化学脱毒法、酶解法。

物理脱毒法主要是水洗法、剔除法、脱胚去毒法、溶剂提取法、加热去毒法、辐射法等；化学脱毒法主要是采用碱或氧化剂进行处理脱毒；酶解法主要是选用某些酶，利用其降解作用，使霉菌毒素破坏或降低其毒性。与物理法和化学方法相比，酶的降解处理法对饲料营养成分的损失和影响较少，但因其费用高，效果不稳定制约着该方法的广泛应用。

（2）玉米赤霉烯酮（ZEA）

玉米赤霉烯酮是 F-2 雌性发情毒素，镰刀菌产生的雌激素类内酯，在碱性环境条件下可以将酯键打开，当碱的浓度下降时可将键恢复。主要存在于玉米和小麦中。耐热性较强，110℃下处理 1h 才被完全破坏。虫害、冷湿气候、收获时机械损伤和贮存不当都可以诱发产生玉米赤霉烯酮。主要作用于生殖系统，可引起流产、死胎、畸胎。食用含赤霉病麦面粉制作的各种面食也可引起中枢神经系统的中毒症状，如恶心、发冷、头痛、神智抑郁等。

（3）伏马菌素

伏马菌素是 1988 年发现的，是真菌串珠镰刀菌和多誊镰刀菌产生的水溶性次级代谢产物。到目前为止，已经鉴定到的伏马菌素类似物有 28 种，被分为 4 组，即 A、B、C 和 P 组。B 组伏马菌素是野生型菌株产量最丰富的，其中伏马菌素是其主要成分，占总量的 70%。伏马菌素对食品污染的情况在世界范围内普遍存在，主要污染玉米及玉米制品。

伏马菌素为水溶性霉菌毒素，对热稳定，不易被蒸煮破坏，所以同黄曲霉毒素一样，控制农作物在生长、收获和储存过程中的霉菌污染是至关重要的。

主要损害肝肾功能，能引起马脑白质软化症和猪肺水肿等。

与我国和南非部分地区高发的食道癌有关。

（4）麦角菌

麦角是麦角菌侵入谷壳内形成的黑色和轻微弯曲的菌核。感染后的主要症状：坏疽（肢体坏死并脱落），惊厥和痴呆，流产。特征食品主要是黑麦、小麦、大麦和燕麦。

四、常见食源性病毒

1. 常见食源性疾病的病毒的定义及特点

病毒是一类个体微小、无完整细胞结构、含单一核酸（DNA 或 RNA）型、必须在活细胞内寄生并复制的非细胞型微生物。

病毒体积非常微小，结构极其简单，高度的寄生性，完全依赖宿主细胞的能量和代谢系统，获取生命活动所需的物质和能量，离开宿主细胞，它只是一个大化学分子，停止活动，可制成蛋白质结晶，为一个非生命体。遇到宿主细胞它会通过吸附、进入、复制、装配、释放子代病毒而显示典型的生命体特征，所以病毒是介于生物与非生物的一种原始的生命体。

2. 食源性病毒的检测

当前对食品中病毒的了解较少，其主要原因有三：一是病毒不能像细菌和真菌那样能在培养基上生长，培养病毒需要组织培养和鸡胚培养；其二是在食品中的数量少，提取必须用浓缩的方法，目前还难以有效地从食品中提取50%以上的病毒颗粒；三是有些食品中的病毒尚不能用当前已有的方法培养出来。

五、常见食源性寄生虫

1. 引起常见食源性疾病的寄生虫的来源

寄生虫在食品中不进行复制，具有热敏性，一些种类对冷敏感（如异尖线虫），其循环感染非常重要。

食源性寄生虫病是寄生虫通过食物侵入人体并能生活一段时间并有明显临床表现的一种寄生虫病。涉及食源性感染的寄生虫有原虫、吸虫、绦虫、线虫。

感染了寄生虫的人和动物，包括病人、病畜、带虫者、转续宿主和保虫宿主都是食源性疾病的传染源。寄生虫从传染源通过粪便排出，通过污染环境进而污染食品。

寄生虫的传播途径主要是消化道，人体感染常因生食含有感染性虫卵的蔬菜或未洗净的蔬菜和水果所致（如蛔虫），或者因生食或半生食含感染期幼虫的畜肉和鱼虾而受感染（如旋毛虫）。

2. 食源性寄生虫病的特点

① 病人在近期食用过相同的食物；
② 发病集中，短期内可能有多人发病；
③ 病人具有相似的临床症状；
④ 具有明显的地区性和季节性，与当地居民的饮食习惯、气候条件、生产环境和生产方式有关，感染多见于夏秋季节。

【思考题】

1. 哪些因素会影响霉菌产生毒素？
2. 简述食品中细菌污染的来源与污染途径。
3. 黄曲霉毒素主要由哪些霉菌产生？主要污染什么食品？对人体有怎样的毒性？
4. 病毒污染食品的途径与来源有哪些？污染食品的特点是什么？
5. 简述肝炎病毒污染食品的来源，对健康的危害及预防措施。
6. 简述禽流感病毒的特点，污染食品后对健康的危害。

第五节　有毒金属

重金属在人体中累积达到一定程度，会造成慢性中毒。对什么是重金属，其实目前尚没有严格的统一定义，在环境污染方面所说的重金属主要是指汞（水银）、镉、铅、铬以及类金属砷等生物毒性显著的重元素。重金属不能被生物降解，相反却能在食物链的生物放大作用下，成千百倍地富集。重金属在人体内能和蛋白质及酶等发生强烈的相互作用，使它们失去活性，也可能在人体的某些器官中累积，造成慢性中毒。

●【知识点概要】

一、重金属定义

重金属是指密度大于 $5g/cm^3$ 的金属，包括金、银、铜、铁、铅等，重金属在人体中累积达到一定程度，会造成慢性中毒。

二、常见有害重金属

1. 镉

食品中镉主要来源于环境的废物及污染。例如：铅锌冶炼设备和火力发电厂烟囱所排出的烟中含有大量的镉，这些镉吸附在烟雾颗粒上，借助大气沉降和降水进行散播，污染表土层、植被以及水源等。

农作物通过根部吸收使镉进入食物，利用被镉污染的水灌溉农田，会引起土壤中镉的积累。污泥施肥或含镉肥料的使用，直接增加土壤中镉的积累，成为植物中含镉的另一重要来源。

动物体内的镉含量比较低，但生长在污染环境中的动物体内的镉有明显的生物蓄积倾向。由于污染的水体具有较大的迁移性，河流湖泊的底泥由于长期接纳污水而富含镉，水流的翻动，使水体中浮游植物含有较高水平的镉，会造成以浮游植物为食的水生动物蓄积大量的镉。

镉是重金属污染物中最危险的元素之一。吸入氧化镉的烟雾可产生急性中毒。急性中毒早期表现咽痛、咳嗽、胸闷、气短、头晕、恶心、全身酸痛、无力、发热等症状，严重者可出现中毒性肺水肿或化学性肺炎，有明显的呼吸困难、胸痛、咯大量泡沫血色痰，可因急性呼吸衰竭而死亡。用镀镉的器皿调制或存放酸性食物或饮料，饮食中可能含镉，误食后也可引起急性镉中毒。镉中毒潜伏期短，通常经 $10\sim20min$ 后，即可发生恶心、呕吐、腹痛、腹泻等症状。严重者伴有眩晕、大汗、虚脱、上肢感觉迟钝，甚至出现抽搐、休克。一般需经 $3\sim5$ 天才可恢复。

长期过量接触镉，主要引起肾脏损害，极少数严重的晚期病人可出现骨骼病变，日本报告的"痛痛病"是典型镉慢性中毒案例。

2. 铅

全球膳食结构调查表明，人体每日摄入铅的量主要来自饮水和饮料。1990 年我国实施的全膳食研究表明，我国人民膳食中的铅主要来自谷类和蔬菜。日常生活中，铅存在于管道、反应罐、蓄电池、保险丝、颜料等中。食物中铅污染的来源主要有：某些行业如采矿、冶炼、蓄电池、印刷、陶瓷等排放到环境中；动植物原料、食品添加剂以及接触食品的容器、包装材料、涂料等。

人体吸收的铅量不仅仅与食物的含铅量和食物的摄入量有关，而且还和食物的组成成分有很大的关系，比如当膳食中含有钙、植酸和蛋白质时，由于它们的影响，仅有 $5\%\sim10\%$ 的铅被吸收。

值得注意的是，儿童比成人更容易吸收铅，因此铅对儿童危害更大。儿童若摄入过量的铅，会减缓其视力的发育，出现癫痫、脑性瘫痪和神经萎缩等永久性后遗症。

铅中毒表现为：腹痛、腹泻、呕吐、大便呈黑色；头痛、头晕、失眠，甚至烦躁、昏迷；心悸、面色苍白、贫血；血管痉挛，肝肾损害等。

3. 砷

砷在自然界中主要以砷化物存在，最常见的是三氧化二砷，俗称砒霜，为无臭无味的白色粉末，曾与砷酸钙、亚砷酸钠等用于农业杀虫。

食品中砷污染的主要来源为：含砷的农药、矿渣、食品添加剂和加工辅助剂的残留。

砷具有较强的蓄积性，摄入的砷可蓄积在肝、肺、肾、脾、皮肤、指甲及毛发内，其中以指甲、毛发的蓄积量最高，可超过肝脏的 50 倍。急性中毒表现为胃肠炎，指、趾甲上都有白色横纹，严重者可导致中枢神经麻痹，七窍出血而死亡；慢性中毒表现为食欲下降、胃肠障碍、末梢神经炎、皮肤变黑、致癌等。

4. 汞

又称水银，是在常温、常压下唯一以液态存在的金属，常温下即可蒸发，产生的蒸气有剧毒。

一般情况下，食品中的汞含量通常很少，但随着环境污染的加重，食品中汞的含量也越来越多，部分食品的汞含量超过了限量标准。农作物汞污染主要来源于种植用土壤或灌溉用水汞含量超标。不同农作物对汞的吸收能力不同，通常辣椒、茄子、黄瓜吸收累积汞较少，而菠菜叶、韭菜、菜花根、胡萝卜积累汞较多。由于环境中的汞散入水中，水生生物通过食物链富集，造成水产品中汞含量较高。日本的水俣病事件，就是由于食用了汞含量超标的鱼贝类水产品引起的。

汞的急性中毒表现为：损害肾组织、肠胃系统，误食 0.1g 汞致死等。亚慢性及慢性中毒表现为：损害神经系统，运动失调，视力模糊，记忆力下降，耳聋，精神紊乱。汞具有致畸性、致突变性以及生殖毒性；同时汞可通过乳汁进入婴儿体内，通过胎盘传给胎儿，引起先天性汞中毒，影响幼儿的脑神经和智力发育。

5. 铬

含铬废水和废渣是食品中铬的主要来源，尤其是皮革厂下脚料，含铬量极高。环境中，大气的铬量最多，水污染居第二位，铬渣污染居第三位。

植物性食物的不同部位对铬的吸收量不同，其中根＞茎＞叶＞子实。相同部位，老组织的含量高。动物性食物中超标的铬含量是由于生物富集作用造成的。

铬可通过食物、水、空气进入人体，其中以食物为主，经口进入体内的铬主要分布在肝、肾、脾和骨内。六价铬的毒性比三价铬大 100 倍，并易被人体吸收且在体内蓄积，三价铬和六价铬可相互转化。六价铬化合物在高浓度时具有明显的局部刺激作用和腐蚀作用，引起咳嗽、呼吸困难、支气管炎，低浓度下可致癌。

6. 锡

食品中锡污染的主要来源是生产食品和饮料罐头的镀锡钢；农作物种植中常常使用有机锡作为农药和杀虫剂，不规范地使用会造成农作物中锡含量增加。鱼的肉、肝、胚胎发现三丁基锡和二丁基锡，牡蛎、大型藻类和贝类中含有甲基锡化合物。

当食品中锡浓度高于 200mg/kg 时，会引起短期急性病，包括反胃、腹部绞痛、作呕和腹泻等。

7. 铝

铝含量较高的食物有：易拉罐装的饮料、面包、谷物制品、油条。造成这些食物铝含量超标的原因如下。

易拉罐装的饮料与罐内壁铝合金发生反应生成铝盐，使饮料中铝含量逐渐增加。而且易拉罐装饮料的消费量大，饮用易拉罐装的饮料成为人们摄入过量铝的主要途径。

面包和谷物制品在制作过程中，需要使用含铝添加剂、小苏打、碱面、泡打粉等，从而增加了其产品中铝的含量。

为使油条吃起来又脆又嫩，油条中常添加膨化剂明矾（即十二水合硫酸铝钾），造成油条中铝含量超标。

铝中毒症状为：老年痴呆、头昏、食欲减低、全身无力、肌肉关节疼痛、肢端麻木、手足瘫痪、口内有金属味、便秘、腹绞痛、贫血等。

8. 铜

铜含量较高的食物主要有：动物肝和血、坚果类、巧克力、豌豆、蚕豆、玉米、香菇、贝壳、螺类、蜜糖等。

铜中毒后，一般在 1h 内发病，出现恶心、呕吐、剧烈腹痛和腹泻、四肢无力、头晕，并出现特有的中毒表现，包括口腔黏膜发蓝、口腔金属味、呕吐物及排泄物呈蓝色或绿色。病情严重者可有肝脏肿大、血压下降、心脏损害及急性肾功能衰竭，抢救无效时可致死亡。

9. 锌

锌是人体不可缺少的微量元素，但若锌补过多，可使体内的维生素 C 和铁的含量减少，抑制铁的吸收和利用，可能会导致缺铁性贫血、免疫力下降、血脂升高，诱发癌症等。

动物性食品含锌量普遍较多，其中肝脏的锌含量最高。植物性食物中含锌量较高的有豆类、花生、小米、萝卜、大白菜等。

10. 锑

锑的化合物常用于塑料和纸的缓火物质以及兽药，存在于白铁轴承和锡蜡器皿中，它们是一种锡、锑（达到 7.5%）和铜的合金。食物中含锑量很低，但在增香肉冻和奶酪、酒石中含量较高。

11. 镍

长期接触含镍的珠宝首饰会使过敏的人发生皮肤炎。食物中镍含量：茶、黄豆蛋白和草药高于豆子、可可粉产品和一些坚果；豆科植物与龙眼、包心菜中镍的含量最高。

减少食物中重金属污染的措施如下：

① 加强食品卫生管理；

② 加强化学物质的管理；

③ 加强食品生产加工、包装、贮藏过程中器具等的管理；

④ 加强环境保护，减少环境污染。

【思考题】

1. 最引人关注的污染食品的重金属是哪些？它们对人体有哪些危害？

2. 砷和汞的存在形式分别有哪几种？其毒性大小的规律如何？

3. 简述减少食物中重金属污染的措施？

第六节　工业化学物对食品安全性的影响

一、环境内分泌干扰物定义、特点及分类

1. 定义

通过干扰生物或人体内保持自身平衡和调节发育过程天然激素的合成、分泌、运输、结合、反应和代谢等过程，从而对生物或人体的生殖、神经和免疫系统等的功能产生影响的外源性化学物质。它们主要是在人类的生产和生活活动中排放到环境中的有机污染物。

2001 年联合国环境规划署提出首批控制 12 种持久性有机污染物（POPs）：DDT、多氯联苯、六氯苯、多氯二噁英、多氯呋喃、艾氏剂、狄氏剂、异狄氏剂、灭蚁灵、氯丹、毒杀芬、七氯。

2. 特点

① 种类繁多，分布广，易富集。环境激素产量巨大，不易降解，易挥发，残留期长，可通过水、大气循环遍布包括南北极在内的全球各地，并且最终通过生物富集和食物链的放大作用在生物体内富集。

② 表现形式多样性。有些内分泌干扰物质随剂量的变化表现出截然相反的作用；在不同组织中的作用也可能不同；对神经、免疫系统和内分泌系统中任一系统的作用都会影响到另两个系统，从而造成了表现形式的多样性。

③ 对幼体特别敏感。幼体在发育期受到的污染量约为成人平均水平的 10～20 倍，而且由于机体发育过程中内分泌系统缺乏反馈保护机制，同时幼体的激素受体分辨能力不如成体高，所以，孕期、幼年动物及幼儿对激素的反应比成体敏感。

3. 分类

（1）天然雌激素

动物和人体内天然存在的雌激素，如雌二醇（作用最强）、雌酮、雌三醇等。

（2）植物性雌激素和真菌性雌激素

① 植物性雌激素：在植物中天然存在，本身或其代谢产物具有与雌激素受体结合诱导产生弱雌激素作用的非甾体结构为主的植物化学物。目前已知至少有 400 多种植物含有具有生物活性的雌激素样物质——大豆异黄酮（主要是黄豆苷原、染料木黄酮）和香豆雌酚。适量食用有利于人体的健康，但对于孕妇和婴幼儿，若大量食用，其安全性值得深入研究。

② 真菌性雌激素：由环境中的霉菌毒素产生，如玉米赤霉烯酮，其合成的衍生物——玉米赤霉醇常被用作家畜促进生长激素。它进入体内与雌激素受体结合，使雌激素依赖的基因活化，发生转录，从而产生雌激素效应。

（3）人工合成的雌激素

这类物质常被作为药物使用，如己烯雌酚（DES）、己烷雌酚、炔雌醇、炔雌醚等口服避孕药和一些用于促进家畜生长的同化激素。

（4）环境化学污染物

① 农药：杀虫剂、杀菌剂、除草剂。

② 氯代芳烃或氯代环烃：多氯联苯（PCBs）、二噁英、多环芳香烃（PAHs）。

③ 去污剂或洗涤剂中的表面活性剂：非离子表面活性剂烷基酚聚氧乙烯醚（APEs）。

④ 重金属：铅、汞、有机锡。

⑤ 其他：双酚A、3，9-二羟基苯蒽（汽车尾气）、抗氧化剂（4-丁羟基茴香醚）、增塑剂（邻苯二甲酸酯、4-羟基烷基苯酚）。

二、环境内分泌干扰物的来源

1. 空气

垃圾焚烧产生的二噁英和多氯联苯；汽车尾气、烹饪油烟等均可产生环境内分泌干扰物；农药的喷施及化工生产过程也可产生类激素污染。

2. 水

农药、化肥的大量使用；工业固体废弃物的随意堆放以及垃圾填埋物的渗滤液；有机废水的随意排放；以地表水作为城市居民饮用水水源时，自来水厂对地表水加氯消毒产生的副产物（DBPs）存在于饮用水中。

3. 土壤

人为来源，如农药（有机氯、磷杀虫剂和除莠剂）残留、化肥的大量使用等。

天然来源，如天然的植物碱、动物激素和微生物代谢物、火山喷发等。

三、环境内分泌干扰物进入人体的途径

主要有3条途径。

1. 空气途径

通过呼吸被污染了的空气，或通过牧草及作物表面的粉尘沉降再转移给家畜及人。

2. 水体途径

通过水生植物及动物对土壤径流、稻田农药及工业废水中的雌激素的富集再转移给鸟类、鱼类及人。

3. 土壤途径

通过杀虫剂的喷洒以及含雌激素垃圾的淋溶进入土壤，再由作物及牧草进入家畜及人体。

四、内分泌干扰物的作用机制及代表性化合物

主要有：① 直接抑制激素的合成；② 影响激素的储存和释放；③ 影响激素的转运和清除；④ 影响激素对受体的识别和结合；⑤ 影响激素与受体结合后信号的传送过程。

1. 多氯联苯

（1）理化性质

共有209种异构体，共面式多氯联苯有68种。耐热性和绝缘性良好，化学性质稳定，不溶于水，易溶于有机溶剂和脂肪，燃烧后会产生HCl和二噁英。

具有环境持久性；难分解性、高脂溶性；生物累积性；全球范围内的长距离迁移能力；

积蓄性随含氯量的增大而增大。通过食物链进入人体，在人体中积累和浓缩。

（2）使用与排放

日常生活中用于电容器及变压器的绝缘油（用量最多）、热交换剂、润滑剂、增塑剂、有机稀释剂、阻燃剂等。

全世界每年有2500t流失于环境。80%通过燃烧含PCBs的纸张、塑胶物质、润滑油及涂漆等而释放；20%以泄漏或大气蒸散方式进入环境。超过95%排放至陆地。主要蓄积库：土壤和底泥。

目前较重要的排放源包括处理含多氯联苯废弃物的焚化炉、废弃物填埋场、废水处理厂污泥等；热解、水泥生产、化学去氯、萃取、生物还原等过程；二噁英的一些产生源。

多氯联苯在底泥中的半减期为9.5年，含氯数为5~7的多氯联苯具有较佳的生物可利用性和较长的体内停留时间。

（3）体内代谢过程

吸收途径主要包括呼吸道、消化道（主要途径，吸收最多）、皮肤。在体内分布于肝脏、脂肪、皮肤、乳汁等。代谢速率随氯原子的增加而降低。主要随胆汁从肠道排泄（羟基代谢物、含酚代谢物），少量经肾脏随尿排泄和随乳汁排泄。

（4）毒作用及其机理

含有4~6个氯的PCBs毒性较强。

急性毒性：大鼠经口 LD_{50} 2000~19000mg/kg，靶器官主要是肝脏、皮肤、免疫系统、生殖系统、消化道、甲状腺等。

慢性毒性主要包括神经毒害、免疫力降低、肝毒害、致癌性、发育毒性、致畸性、皮肤毒性、生殖毒害等。

对幼体的神经毒害：运动神经发展迟缓、反射不佳、神经行为改变、注意力不集中、理解力与记忆力降低、IQ降低、认知障碍等。

生殖毒性：改变月经周期、增加流产率、受孕力降低、后代体重减轻、影响后代精子品质等。猴子与貂对PCBs的生殖毒性最为敏感。

致癌性：靶器官是肝脏、胆管、胆囊等。国际癌症研究机构（IARC）和美国环保局（USEPA）都将部分多氯联苯异构体归类为疑似人类致癌物。

其他毒作用机理：降低脑细胞中多巴胺含量、影响多巴胺代谢、影响脑细胞钙离子调节等。

（5）对野生生物的影响

急性毒性：不同水生生物 LC_{50} 为1~10000μg/L，共面式异构体毒性较强。

慢性毒性：降低鱼类幼体存活率或孵化率、降低生殖力、增加感染概率、肝毒性、代谢酶的诱导、神经行为改变、内分泌与免疫系统受损等。

一般幼鱼期或鱼卵期对多氯联苯最为敏感；鸟类急性经口 LD_{50} 为604~6000mg/kg（饲料）；貂是陆地哺乳动物中对多氯联苯最敏感的。

2. 二噁英

二噁英90%来自有机物燃烧（含氯固体垃圾燃烧、汽车尾气排放）；有部分天然产生。

（1）垃圾焚烧过程中二噁英形成机理

① 氯乙烯等含氯塑料燃烧后形成氯苯，氯苯成为二噁英合成的前体。

② 其他含氯、含碳物质（如纸张、木制品、食物残渣等）经铜、钴等金属离子的催化

作用不经氯苯而生成二噁英。

（2）二噁英危害

短期暴露——出现痤疮、皮肤黑斑、肝功能的改变；长期暴露——免疫系统、神经系统、内分泌系统和生殖功能造成损害。

（3）二噁英的体内代谢过程

吸收途径主要包括呼吸道（吸收率80%以上）、消化道（主要途径）、皮肤。在血液中与脂肪结合，分布于肝脏、脂肪（主要场所）。代谢非常缓慢。主要随胆汁从肠道排泄，极少量经肾脏随尿排泄，也可从乳汁（较显著的排泄途径）排泄。

（4）二噁英的毒性作用

① 二噁英的一般毒性

靶器官：皮肤和肝脏。

皮肤出现氯痤疮，过度角化、色素沉着与多毛症。引起实验动物肝实质细胞的增生、肥大⇒肝脏肿大⇒肝脏变性、坏死及肝功能异常；引起实验动物卟啉合成异常，尿中粪卟啉和尿卟啉增加。

急性中毒症状：染毒几天内出现严重的体重丢失，伴有肌肉和脂肪组织的急剧减少（废物综合征）。

慢性毒性症状：动物血中甲状腺素（T4）降低，垂体甲状腺刺激激素（TSH）分泌增多，甲状腺滤泡细胞肥大和增生，最终出现甲状腺肿瘤。

② 二噁英的生殖发育毒性

损害雌性动物的卵巢功能，抑制雌激素的作用⇒动物不孕、胎仔数减少、流产等。孕鼠以毒性剂量以下的二噁英染毒：胎鼠产生腭裂、肾盂积水、胸腺和脾脏萎缩、皮下水肿以及生长迟缓等；雄性仔鼠前列腺变小，精细胞减少，成熟精子退化等。

③ 二噁英的致癌性

二噁英在绝大多数动物体内和体外致突变试验中呈现阴性；2，3，7，8-TCDD 可在实验动物多个部位诱发肿瘤很强的促癌作用；在人类中毒事件中，二噁英被认为与致癌率增加有关；1997 年国际癌症研究机构（IARC）将 2，3，7，8-TCDD 定为明确的人类致癌物。

④ 二噁英的免疫毒性

引起实验动物胸腺萎缩⇒胸腺皮质中淋巴细胞减少；对于正在发育的婴幼儿的免疫毒性更强；2，3，7，8-TCDD 染毒导致动物对微生物感染的抵抗力显著降低；影响白细胞的成熟和分化。

⑤ 二噁英的毒作用机理

与芳香烃受体的结合。芳香烃受体：存在于较高等动物细胞质中，类似于激素受体的结合蛋白。

二噁英＋芳香烃受体⇒复合物⇒DNA 特定基因⇒毒性

类二噁英物质：多溴二噁英与呋喃、部分多氯联苯类、偶氮联苯类、多环芳烃类等。

3. 多环芳烃

自然源主要包括燃烧（森林大火和火山喷发）和生物合成（沉积物成岩过程、生物转化过程和焦油矿坑内气体），未开采的煤、石油中也含有大量的多环芳烃。

PAHs 人为源来自于工业工艺过程、缺氧燃烧、垃圾焚烧和填埋、食品制作及直接的交通排放和同时伴随的轮胎磨损、路面磨损产生的沥青颗粒以及道路扬尘中，其数量随着工业生产的发展大大增加，占环境中多环芳烃总量的绝大部分；溢油事件也成为 PAHs 人为源的一部分。

（1）原油泄漏

2001 年，墨西哥最大牡蛎产区的韦拉克鲁斯州位于该国最大的产油区发生 540 万升原油泄漏事故。之后生态学家对污染区牡蛎进行分析后发现，其体内多环芳烃含量高出事故前数十个百分点。

（2）汽车尾气

不同汽油产生的尾气中 PAHs 含量与苯并［a］芘（BaP）当量浓度之间明显不同。95号无铅汽油（95-LFG）所含 PAHs 水平及 BaP 浓度最高；其次是高级含铅汽油（PLG）和92 号无铅汽油（92-LFG）。

多环芳烃的分子量较大，易沉入水底。一些靠水中微生物生存的软体动物在进食时将其吸入体内，例如牡蛎、蛤蜊等。这些动物体内没有分解多环芳烃的酶，通常有毒物质会在体内沉积，因此人们通常把贝类软体动物当做天然污染"显示仪"。由于牡蛎体内积累的毒素相对较少，人类需要食用非常大的量才会出现中毒反应。这些毒素在人体新陈代谢过程中分解并产生许多中间物质，对人体的损害要远大于那些原始多环芳烃，其中有许多会使人体产生癌变。

4. 邻苯二甲酸酯

又名酞酸酯，简称 PAEs。日常生活中 PAEs 被大量地用作塑料，尤其是聚氯乙烯塑料（PVC）的增塑剂和软化剂，约占增塑剂消耗量的 80%。也普遍用作驱虫剂、杀虫剂的载体，化妆品、合成橡胶、润滑油等的添加剂，塑料、箔片印刷的墨水的添加剂。

影响迁移的主要因素：包装材料中的酞酸酯浓度；贮存时间；贮存温度；食品脂肪含量；接触面积。

5. 双酚 A

又称二酚基丙烷，不溶于水、脂肪烃，溶于丙酮、乙醇、甲醇、乙醚、醋酸及稀碱液，微溶于二氯甲烷、甲苯等。

双酚 A 是环氧树脂和聚碳酸酯（PC）塑料的添加剂。塑料产品：用于食品和饮料的包装。树脂产品：广泛用于金属的涂层，包括食品罐头、瓶盖和供水管。牙科所用聚合物材料：填充剂和密封剂。

（1）环境污染

生产 BPA 的工厂；用 BPA 做生产材料的众多工厂；回收传真纸的场所；垃圾掩埋场所。其敏感人群：胎儿、婴儿、青少年。

（2）毒性

降低精子数，提高激素相关癌症的发病率，如乳房癌、睾丸癌、前列腺癌；造成生殖系统的先天缺陷（非遗传性睾丸癌），激素相关的疾病，如女孩青春期提前。BPA 对其他物种的影响还是一个未知数。

（3）去除

国内有研究用光降解方法去除水中的双酚 A，通过研究发现最佳降解条件为 pH5.5，$2g/L$ TiO_2 和 $3\%H_2O_2$。

1. 简述环境内分泌物的来源和进入人体的途径?
2. 简述多氯联苯的来源和毒性?
3. 二噁英污染食品的主要途径是什么? 其毒性作用和主要预防措施是什么?

第三章
食品加工过程中的危害因子

随着经济的发展，食品加工技术飞速发展，日新月异。从传统的方法到现在的新技术，食品的加工影响着食品的品质和消费者的身体健康。在食品加工过程中，有时添加一些辅助用料以达到不同的加工目的。如：在加工过程中，添加剂的使用，能使食品在保鲜上、在风味上、在外观上达到色香味俱全的效果。但任何事物都有两面性，其中一些加工技术和方法无意中可能影响到了食品的营养价值和安全问题。

烟熏、油炸、焙烤、腌制等加工技术，在改善食品的外观和质地、增加风味、延长保质期、钝化有毒物质（如酶抑制剂、红细胞凝集素等）、提高食品的可利用度等方面发挥了很大作用。但随之也产生了一些有毒有害物质，如杂环胺、丙烯酰胺、N-亚硝基化合物、多环芳烃等，相应的食品存在着严重的安全性问题，对人体健康产生很大的危害。例如，在习惯吃熏鱼的冰岛、芬兰和挪威等国家，胃癌的发病率非常高；我国胃癌和食管癌高发区的居民也有喜食烟熏鱼、腌制蔬菜和霉豆腐的习惯。因此，了解食品加工过程中产生的有害化合物的种类、形成机理及危害，掌握必要的预防措施，最大限度地降低有害化合物的产生，是十分有意义的课题。

第一节　食品添加剂对食品安全性的影响

【知识点概要】

一、食品添加剂的概念与分类

1. 食品添加剂的概念

食品加工助剂是保证食品加工能顺利进行的各种物质，与食品本身无关，如助滤、澄清、吸附、脱模、脱色、脱皮、提取溶剂、发酵用营养物质等。这些物质最后应从成品中除去。

食品添加剂是为改善食品品质和色、香、味，以及为防腐、保鲜和加工工艺的需要而加入食品中的人工合成或者天然物质。食品用香料、胶基糖果中基础剂物质、食品工业用加工助剂也包括在内。

2. 食品添加剂的分类

按照来源可将食品添加剂分为 3 类：天然提取物、发酵产物、纯化学合成物。

按功能分类，最常见分 23 类：酸度调节剂、抗结剂、消泡剂、抗氧化剂、漂白剂、膨松剂、胶姆糖基础剂、着色剂、护色剂、乳化剂、酶制剂、增味剂、面粉处理剂、被膜剂、水分保持剂、营养强化剂、防腐剂、稳定和凝固剂、甜味剂、增稠剂、其他共 21 类，另有食用香料、加工助剂。

根据安全评价资料分为 A、B、C 三类。

A 类是 FAO/WHO 食品添加剂联合专家委员会（JECFA）已制定 ADI 值和暂定 ADI 值者。A（1）JECFA 已有 ADI 者或者安全无毒无需 ADI 者；A（2）JECFA 已制定暂定 ADI 者，但毒理学资料不完善者。

B 类是 JECFA 曾进行过安全评价但未建立 ADI 值，或者未进行过评价者。B（1）JEC-FA 曾进行过评价，由于毒理资料不足未制订者；B（2）JECFA 未进行评价者。

C 类是 JECFA 认为在食品中使用不安全，或应严格控制作某些食品的特殊使用者。C（1）JECFA 根据毒理学资料认为在食品中不安全者；C（2）JECFA 根据毒理学资料认为在食品中特殊使用者。

二、食品添加剂的毒性

食品添加剂的毒性主要包括急慢性中毒、过敏反应、致癌、致畸与致突变等。由于食品添加剂可能具有毒性，使用前需对其进行安全评价。评价指标主要包括每人每日允许摄入量（ADI）、暂定每人每日允许摄入量（TADI）、ADI 不需要规定（NS）、LD_{50} 值（半数致死量，亦称致死中量）、最大使用量（ML）等。首要标准是 ADI 值，第二个常用指标是 LD_{50} 值。

每日允许摄入量指人每日摄入食品添加剂直至终生，而不会产生可检测到的对健康危害的估计量，以体重为基准。"无法检测出危害"的意思是基于现有知识水平，即使终生暴露于某一化学添加剂下仍然无有害的结果报告。每日允许摄入量通常用每天每千克体重的摄入量表示。

半数致死量是指引起一群受试对象 50% 个体死亡所需的剂量。精确的定义指统计学上获得的，预计引起动物半数死亡的单一剂量。LD_{50} 的单位为 mg/kg 体重，LD_{50} 的数值越小，表示毒物的毒性越强；反之，LD_{50} 数值越大，毒物的毒性越低。

三、食品添加剂的使用原则

① 不应对人体产生任何健康危害；

② 不应掩盖食品腐败变质；

③ 不应掩盖食品本身或加工过程中的质量缺陷或以掺杂、掺假、伪造为目的而使用食品添加剂；

④ 不应降低食品本身的营养价值；

⑤ 在达到预期目的前提下尽可能降低在食品中的使用量。

四、食品添加剂的主要种类

1. 防腐剂

防腐剂是指能够抑制食品中微生物的繁殖，防止食品腐败变质，从而延长食品保存期的物质。主要有以下几种：苯甲酸及其钠盐、山梨酸及其钾盐、丙酸及其钠盐和钙盐、对羟基苯甲酸酯类、乳酸链球菌素等。

（1）防腐剂对微生物繁殖的抑制机理

① 干扰微生物的酶系，破坏其正常的代谢，从而抑制其繁殖。

② 改变胞浆膜的通透性，使酶或代谢物逸出而导致菌体失活。

（2）注意事项

① 没有任何一种防腐剂能对食品中的霉菌、细菌和酵母菌完全抑制，即没有一种防腐剂能抑制存在于食品中的所有腐败微生物。

② 对大多数防腐剂来讲，一般对霉菌和酵母菌的抑制作用较强，而对细菌抑制效果较差。

（3）影响防腐剂抑菌效果的因素

① pH值：常用防腐剂是有机酸（如苯甲酸、山梨酸和脱氢醋酸），以分子形式发挥防腐作用，所以只有pH较低时有利于防腐剂的抑菌。苯甲酸：pH2.5～5.0，山梨酸：pH＜5.5，脱氢醋酸：pH6.5。

② 食品的微生物污染程度：一般来讲，微生物的污染情况较低时，防腐剂的抑菌效果就好；当食品中微生物污染严重时，防腐剂的抑制效果差甚至完全不起作用。所以防腐剂应及时加入并防止食品的二次污染。

③ 分布状况：防腐剂均匀分布于整体之中才能发挥抑菌作用，否则一处微生物大量繁殖可以污染其他部分，最后导致整个食品的腐败变质。故此对于难溶防腐剂可以采取碱溶、醇溶或热溶的方法溶解后再加入。

④ 和加工工艺同时用：防腐剂与物理保藏如冷藏、加热、辐射等结合一起更能有效地发挥作用。杀菌处理可以将微生物数量降低，但注意的是多数防腐剂可随水蒸气一起挥发，故应在加热完成后再加入，以免防腐剂的损失。

⑤ 防腐剂的协同作用、增效作用和拮抗作用

a. 协同作用：一种防腐剂抑菌效果是有限的，当两种以上的防腐剂共同应用时，其抑菌效果会大大增强。

b. 增效作用：食品中的一些成分本身无抑菌作用，但它们却能增强或削弱防腐剂的抑菌能力，如柠檬酸、葡萄糖酸、维生素C等。

c. 拮抗作用：降低防腐剂的抑菌能力，如 $CaCl_2$。

（4）常用的防腐剂

① 苯甲酸及其钠盐

其为白色结晶或粉末，酸微溶于水，但溶于有机溶剂，盐溶于水并微溶于醇，适用pH≈2.5～5，适于在酸性食品中使用，如果酱、碳酸饮料、醋汁食品及泡菜等。抑菌有效浓度在0.1%～0.25%。苯甲酸能有效地抑制酵母和细菌，而对霉菌抑制作用不大。在人体内以马尿酸的形式排出体外，ADI=0～5mg/kg，现在其应用逐渐减少。

② 山梨酸及其钾盐

一般为白色至黄白色结晶性粉末，酸可溶于热水之中，钾盐易溶于水，空气中久置易氧

化分解；适用 pH＜5.5，最高不能超过 pH6.5，属于酸性防腐剂，pH 越低，防腐能力越强。其抑菌有效浓度为 0.05％～0.3％。主要对霉菌、酵母菌和好氧腐败菌有效，而对厌氧细菌和乳酸菌几乎无作用，在微生物数量过高的情况下抑菌效果差。在体内可参加正常代谢生成 CO_2 和水，与亚硝酸盐共用时可提高亚硝酸盐对肉制品中梭状芽孢杆菌的抑菌及毒素的形成。ADI＝0～25mg/kg，是目前应用最多的防腐剂。

优点：一旦与亚硝酸盐作用可提高亚硝酸盐的护色作用、对芽孢杆菌的抑制、减少毒素的形成。

缺点：一旦食品中有菌体生长，它反而促进其生长。

③ 丙酸及其钠盐、钙盐

常用的是钙盐或钠盐，可溶于水，有时有丙酸的臭味。其抑菌能力主要是对霉菌，对其他微生物有很小的抑制作用，故常用于面包、糕点的防腐，还可用于乳酪制品的防霉。适用 pH 在 5.5 以下，pH 越小抑菌效果越强。

④ 对羟基苯甲酸酯类及其钠盐

又称尼泊金酯类，白色粉末，难溶于水，易溶于醇，适用 pH＝4～8，对细菌的抑制作用较强，抑菌作用不受 pH 的影响。但在一些生鲜食品中（如酱油中），由于酶作用将其酯基水解，从而破坏其抑菌作用。

⑤ 乳酸链球菌素

从乳酸链球菌培养物中分离出来的一种多肽分子，含 29～34 个氨基酸，分子量 7000～10000，其作用范围相当窄小，对酵母和霉菌无作用，只对革兰氏阴性菌、芽孢菌等起抑制作用。在人体的消化道内可被蛋白水解酶所降解，不以原有的形式被吸收入体内，安全性高。可用于罐头、植物蛋白饮料、乳制品和肉制品等。

⑥ 脱氢乙酸及其钠盐

其为白色结晶或粉末，酸不溶于水，易溶于有机溶剂，而盐易溶于水。适用 pH 为 6.5，抗菌效果不受 pH 的影响，受热的影响也较小。其抑菌能力为苯甲酸的 2～25 倍，对霉菌抑菌有效浓度在 0.005％～0.1％。一般使用量低于 0.03％，与一些金属离子作用生成有色化合物，使用时应注意。

2. 抗氧化剂

抗氧化剂是指能够防止或延缓食品氧化分解、变质，提高食品稳定性的物质，它可以延长食品的储存期、货架期。分为油溶性抗氧化剂和水溶性抗氧化剂。

（1）油溶性抗氧化剂

均匀分布于油脂之中，常作为油脂及富含油脂的食品中的抗氧化剂，如 BHA、BHT、PG、VE 等。

① 丁基羟基茴香醚（BHA）

白色至浅黄色粉末，对热、弱碱稳定，长时间光照可变色，其中 3-BHA 的抗氧化效果比 2-BHA 的高 1.5～2 倍。在猪油中加入 50mg/kg BHA 可使其贮藏期延长 5 倍，与其他抗氧化剂共用时效果更佳，其顺序是：BHA＋BHT＞BHA＋PG＞BHT＋PG。BHA 与抗氧化增效剂共用时的效果也很明显，如同柠檬酸的共用。

BHA 具有较强的抑菌效果。由于 BHA 是一个酚类化合物，所以它对一些细菌和一些霉菌也有一定的抑制效果。目前国际上广泛应用，主要用于食用油脂，缺点是成本较高。

② 二丁基羟基甲苯（BHT）

BHT 为白色粉末，对光、热稳定，是目前我国生产量最大的抗氧化剂之一。价格低廉，为 BHA 的 1/8～1/5。使用范围与 BHA 相同，但抗氧化性和抑菌能力不如 BHA 强，毒性较高。

③ 没食子酸丙酯（PG）

PG 为白色或淡黄色粉末，对热稳定，抗氧化作用较 BHA、BHT 强，主要用于油炸食品、方便面和罐头，最大用量为 0.1g/kg。缺点是与金属离子产生呈色反应。

④ 叔丁基对苯二酚（TBHQ）

对于油脂、不饱和的粗植物油很有效，对高温很稳定，且挥发性比 BHA、BHT 小，因此对加工和食用中需加热的食品非常适用。

⑤ 生育酚（VE）

是目前我国唯一大量生产的天然抗氧化剂，限用于脂肪（动物油脂）和含油食品。价格较高，一般场合使用较少，主要用于保健食品、婴儿食品和其他高价值食品。

VE 的抗氧化性还会因应用食品的不同而效果不同。对于动物油脂，因它们不含 VE 故其效果不错；但对于植物油类，由于含有一定量的 VE，故效果不明显，超过一定量的时候甚至成了助氧化剂，一般认为在植物油中的浓度大约是其天然浓度时效果最好。

（2）水溶性抗氧化剂

如抗坏血酸（维生素 C）、异抗坏血酸及其盐类、植酸、茶多酚等，多用于食品的护色，防止食品因氧化而降低风味及质量。

① D-异抗坏血酸及其钠盐

为抗坏血酸的异构体，白色粉末或结晶，遇光变色，可被重金属离子催化氧化，其抗氧化性超过维生素 C，但无维生素 C 的生理作用；它常用于肉品的腌制来防止肌红蛋白被氧化，减少亚硝胺的生成并加强亚硝酸对肉毒梭菌的抗菌能力，它在肉中的用量约 0.06％。

② 植酸

又称肌醇六磷酸，它除了可以作为抗氧化剂外，还可作为金属离子螯合剂，防止水产品罐头中鸟粪石（玻璃状磷酸铵镁结晶）的产生，国外称"struvite"防止剂，已广泛应用在罐装食品中，但摄入过多时会影响 Ca、Fe 在人体内的吸收。作为抗氧化剂主要用于油脂食品、鱼、肉、蛋、面包、糕点等。

③ 天然抗氧化剂

a. 茶多酚（TP）

茶多酚在茶叶中含量一般在 15％～20％，是茶叶中儿茶素类、丙酮类、酚酸类和花色素类化合物的总称。其中以儿茶素最为重要，占多酚类总量的 60％～80％；为棕黄、淡黄或淡黄绿色粉末。易溶于水及乙醇，味苦涩。

其抗氧化能力是人工合成抗氧化剂 BHT、BHA 的 4～6 倍，是维生素 E 的 6～7 倍，维生素 C 的 5～10 倍，且用量少，0.01％～0.03％ 即可起作用，而无合成物的潜在毒副作用；儿茶素对食品中的色素和维生素类有保护作用，使食品在较长时间内保持原有色泽与营养水平，能有效防止食品、食用油类的腐败，并能消除异味。

b. 槲皮素

又名栎精，为五羟基黄酮，可作为油脂、维生素 C 的抗氧化剂。将栎树皮磨碎，用热水洗涤，稀氨水提取后，稀 H_2SO_4 中和，煮沸滤液，析出结晶而得。

3. 漂白剂

也称为脱色剂，能破坏或抑制食品的发色因素，使色素褪色或使食品免于褐变的物质。

我国允许使用的漂白剂共 7 种：SO_2、焦亚硫酸钾、焦亚硫酸钠、亚硫酸钠、亚硫酸氢钠、低亚硫酸钠、硫磺。其中硫磺仅限于蜜饯、干果、干菜、经表面处理的鲜食用菌和藻类、食糖、魔芋粉的熏蒸，并有明确的使用量限制。

4. 着色剂

着色剂是能改善食品色泽的食品添加剂，也称食用色素。按来源分为天然色素和人工合成色素。

天然色素主要是在动植物组织、微生物中提取的色素。植物色素如辣椒红、姜黄素等，动物色素如紫胶红，微生物色素如红曲红。品种繁多，色泽较差，但安全性高，有一定的营养价值和药理作用，来源丰富。

人工合成色素是指以煤焦油为原料提取制成的色素。按其化学结构分为偶氮类色素（苋菜红、胭脂红、柠檬黄、日落黄）和非偶氮类色素（赤藓红、亮蓝、靛蓝）。颜色鲜艳，着色力强，性质稳定，牢固度大，可取得任意色彩，成本低廉，但有一定的毒性。

我国目前允许使用的食用天然色素包括甜菜红、紫胶红、越橘红、辣椒红、红米红等；食用合成色素包括苋菜红、胭脂红、赤藓红、新红、诱惑红、柠檬黄、日落黄、亮蓝、靛蓝等。FAO/WHO 的食品添加剂联合专家委员会对柠檬黄、夕阳红、靛蓝、亮蓝、赤藓红、胭脂红和苋菜红 7 种人工合成色素制定出 ADI 值。

5. 甜味剂

甜味剂是赋予食品甜味的物质。按照来源分为天然甜味剂和合成甜味剂。天然甜味剂包括糖醇类和非糖类，糖醇类如木糖醇、山梨糖醇、甘露糖醇、乳糖醇等，非糖类如甜菊糖苷、甘草、罗汉果糖苷等。合成甜味剂用量较大，是磺胺类、二肽类和蔗糖的衍生物，如：糖精、甜蜜素（环己基氨基磺酸钠）、阿斯巴甜（天门冬酰丙氨酸甲酯）等。

（1）糖精钠

人工合成的非营养型甜味剂，白色粉末，易溶于水，其甜味是由阴离子产生，分子状态有苦味；其阈值为 0.004%，甜度为蔗糖的 200～700 倍（一般为 500 倍），有后苦味，与酸味剂同用于清凉饮料之中可产生爽快的甜味，不允许单独作为食品的甜味剂，必须是与蔗糖共同使用以代替部分蔗糖。ADI 值为 0～0.0025g/kg，不得应用于婴儿食品。从对动物及人体所做的许多调查结果来看，按一般的饮食中所消费的量来摄取时，对人体并没有致癌危险。

（2）甜蜜素（环己基氨基磺酸钠）

人工合成非营养型甜味剂，白色结晶性粉末，溶于水。甜味非常接近蔗糖，为蔗糖的 40～50 倍，但遇含 SO_3^{2-}、N_2^- 的水质时会产生石油或橡胶味。ADI＝0～0.011g/kg，果冻的用量为 0.02%～0.05%。无蓄积现象，40% 由尿排出，60% 由粪排出。大量用于糖尿病人。

合成甜味剂的优点如下：

① 甜度高：一般为蔗糖的几十倍至几百倍，食品只需加入少量即可达到所需的甜度，比较经济，同时还可解决蔗糖产量不足的问题。

② 控制热量：由于不被人体代谢或产生的热量很小，故可有效降低能量物质的摄入或满足糖尿病患者的需要。

③ 可避免热加工时产生不需要的焦糖色泽或褐变。

④ 避免被微生物所利用：加入糖类可能造成食品中微生物的繁殖，引起不需要的发酵。

━━━━━━━━ 【思考题】 ━━━━━━━━

1. 什么是食品添加剂？有何功能？

2. 食品添加剂的分类？

3. 食品添加剂的使用原则？

4. 列举常见的防腐剂。

5. 食品添加剂使用的食品卫生要求是什么？

6. 举例说明一类食品添加剂在食品工业上的应用。

第二节　加工过程中形成的化学物对食品安全性的影响

烟熏、油炸、焙烤、腌制等加工技术，在改善食品的外观和质地、增加风味、延长保质期、钝化有毒物质（如酶抑制剂、红细胞凝集素等）、提高食品的可利用度等方面发挥了很大作用。但随之也产生了一些有毒有害物质，如 N-亚硝基化合物、多环芳烃、杂环胺和丙烯酰胺等，相应的食品存在着严重的安全性问题，对人体健康产生很大的危害。例如，在习惯吃熏鱼的冰岛、芬兰和挪威等国家，胃癌的发病率非常高；我国胃癌和食管癌高发区的居民也有喜食烟熏鱼、腌制蔬菜和霉豆腐的习惯。食品在加工过程中伴随着许多有害物质的产生，如丙烯酰胺、氯丙醇、亚硝基类化合物、多环芳烃类化合物等，都严重威胁人类健康。因此，了解食品加工过程中产生的有害化合物的种类、形成机理及危害，掌握必要的预防措施能最大限度地降低有害化合物的产生。

【知识点概要】

一、丙烯酰胺

1. 形成

丙烯酰胺主要在高碳水化合物、低蛋白质的植物性食物加热（120℃以上）烹调过程中形成。140～180℃为生成的最佳温度。但咖啡除外，在焙烤后期反而下降。

丙烯酰胺的主要前体物为游离天冬氨酸与还原糖，二者发生 Maillard 反应生成丙烯酰胺。

食品中形成的丙烯酰胺比较稳定；但咖啡除外，随着储存时间延长，丙烯酰胺含量会降低。

2. 丙烯酰胺毒性

中等毒性物质。神经毒性和生殖发育毒性。致突变作用，丙烯酰胺的代谢产物环氧丙酰胺是其主要致突变活性物质。致癌作用。IARC 1994 年对其致癌性进行了评价，将丙烯酰胺列为 2 类致癌物（2A）。

3. 控制与预防

避免过度烹饪食品。提倡平衡膳食，减少油炸和高脂肪食品的摄入，多吃水果和蔬菜。食品生产加工企业，改进食品加工工艺和条件。

二、氯丙醇

氯丙醇一般指丙三醇上羟基被氯原子取代 1～2 个所构成的一系列同系物、同分异构体的总称。在实际生产中，大量产生的是 3-MCPD，少量产生的是 1，3-DCP、2，3-DCP 及 2-MCPD。

1. 氯丙醇类化合物产生过程

水解蛋白质是用浓盐酸在 109℃ 下回流酸解，为了提高氨基酸得率，加入过量盐酸，若原料中还留存油脂，则其中甘油就同时水解成丙三醇，并进一步与盐酸中氯离子发生反应，生成一系列氯丙醇类化合物。

2. 氯丙醇的毒性

致癌性、生殖毒性、遗传毒性、神经毒性。

3. 食品污染来源

（1）酸水解植物蛋白（HVP）

是一种食品添加剂，主要作为鲜味剂添加到鲜味酱油、特鲜酱油、蚝油等调味品中。氯丙醇是其生产过程中产生的污染物，如果不采取特殊的生产工艺，凡是以 HVP 为原料的食品中都会存在不同水平的氯丙醇的污染。

（2）酱油等调味品的使用

（3）不含 HVP 成分的食物，烤谷物和焦麦芽及提取物和发酵香肠

（4）家庭烹调

烤面包、烤奶酪和炸奶油过程中 3-MCPD 含量升高，可能是由于烘焙烤下发生 Maillard 反应，脂质形成 3-MCPD。烹调肉、肉汁、汤料等检测不出 3-MCPD。

（5）包装材料

采用 ECH（环氧氯丙烷）交联树脂进行强化的纸张（如：茶叶袋、咖啡滤纸、肉吸附填料）和纤维素肠衣。

（6）饮水

英国发现饮水中含有，原因：一些水处理工厂使用以 ECH 交联的阳离子交换树脂作为絮凝剂对饮用水进行净化。

4. 控制措施

原料控制；油脂含量低或脱脂；生产过程控制。

三、N-亚硝基化合物

1. 亚硝胺的形成

亚硝胺是在加工和干燥过程中由硝酸盐和仲胺反应产生。R^1 和 R^2 为烷基、芳烷基、芳基时，称为亚硝胺；当 R^1（或 R^2）为酰基，R^2（或 R^1）为烷基或芳烷基时，称为亚硝酰胺。

2. 亚硝胺的来源

自然界中的闪电、火灾、化石燃料燃烧产生 NO_x，在土壤微生物的硝化作用下，硝酸

盐被还原为亚硝酸盐；大量使用氨肥造成部分地区土壤中亚硝酸盐、亚硝胺严重超标，形成区域性癌症高发区。人们通过食物摄入亚硝胺的主要来源是啤酒和腌制品（腌猪肉、腌豆角等）。

3. 毒性

急性中毒，主要表现在肝脏损伤及破坏血小板两个方面。

慢性中毒，以肝硬化为主。

致癌作用。

致畸作用和致突变作用。

4. 控制措施

防止食物霉变以及其他微生物污染。控制食品加工中硝酸盐及亚硝酸盐的使用量。施用钼肥，降低硝酸盐含量。增加维生素 C 摄入量，维生素 C 有阻断亚硝基化的作用。制定标准并加强监测。

四、多环芳烃化合物

指分子中包括两个或两个以上苯环结构的碳氢化合物。

1. 食品中的 PAHs 来源

（煤）烟尘的污染，工业三废的污染；有机物不完全燃烧，废气中的 PAHs 随灰尘降落到农作物或土壤中，农作物吸收造成污染。食品烹调过程：熏制，烘烤油炸。脂肪热解或热聚，以及植物和微生物可合成微量多环芳烃。

2. 苯并 [a] 芘的危害

苯并 [a] 芘是多环芳烃中毒性最大的一种强致癌物。苯并 [a] 芘可通过皮肤、呼吸道、消化道等途径进入人体，其危害主要是致癌、致畸、致突变作用。流行病学研究表明，在苯并 [a] 芘高污染区，它与肺癌、皮肤癌、胃癌等的高发相关。对机体多种组织器官有损害作用，如生殖系统、神经系统。具有免疫抑制作用。

3. 预防 PAHs 危害的措施

控制环境（空气、水）污染，防止食品受到 PAHs 的污染。

改进烟熏、烘烤等加工工艺。

避免采用高温煎炸方式，油温控制在 200℃ 以下。

制订食品苯并 [a] 芘的允许含量标准。

五、杂环胺类化合物

1. 杂环胺概况

杂环胺（heterocyclic amines，HCAs）是在食品加工、烹调过程中由于蛋白质、氨基酸热解产生的一类小分子有机化合物。

具有强烈的致突变作用，在多种动物的不同组织或器官可以诱发肿瘤。迄今为止，已发现的 HCAs 有 20 多种，其中对动物致癌的有 10 种。

2. 分类

杂环胺分为两大组：

氨基咪唑氮芳烃类：喹啉类（IQ）、喹喔啉类（IQx）、吡啶类（PhIP）。

氨基咔啉类：α-咔啉（AαC）、δ-咔啉、γ-咔啉。

3. 杂环胺的形成

食物蛋白质或某些氨基酸成分在高温下，合成 HCAs，是膳食中产生的 HCAs 的主要来源。烹调时间和温度是杂环胺形成的关键因素。PhIP 在烹调的肉类食品中普遍存在，含量最高。

4. 杂环胺的致突变性

具有强烈的致突变作用，比 PAHs 的致突变作用强；间接致突变物，代谢活化后才有致突变性；IQ 和 MeIQx 对细菌的致突变性较强，PhIP 对哺乳动物细胞具有较强的致突变性。

5. 防止杂环胺危害的措施

① 改进加工方法，避免明火接触食品，采用微波加工可有效减少杂环胺的产生量。

② 尽量避免高温、长时间烧烤或油炸鱼和肉类。

③ 烹调肉和鱼类食品时，添加适量抗坏血酸、抗氧化剂、大豆蛋白、膳食纤维、维生素 E 及黄酮类物质等，可减少杂环胺的形成。

④ 不食用烧焦、炭化的食品。

⑤ 用次氯酸、过氧化酶等处理可使杂环胺氧化失活，亚油酸可降低其诱变性。

⑥ 加强监测，建立和完善杂环胺的检测方法，制定食品中的允许限量标准。

【思考题】

1. 影响食品中杂环胺类化合物形成的主要因素有哪些？其对健康的危害和主要预防措施是什么？

2. 食品中丙烯酰胺的污染来源及危害？

3. 食品中氯丙醇的污染来源有哪些？如何控制？

第三节　非热力杀菌食品的安全性

【知识点概要】

一、食品非热力杀菌

指食品在杀菌过程中不引起食品本身温度有较大增加的杀菌方法。

目前食品非热力杀菌方法有：辐照杀菌、超高压杀菌、臭氧杀菌、高压脉冲电场杀菌、电磁场杀菌。

采用非热力杀菌的目的：一是非热力杀菌能较好地保持食品的品质，尤其是食品中的热敏性成分能最大限度地保留；二是非热力杀菌能杀死食品中的致病菌、腐败菌，保证食品的安全性。

二、超高压杀菌

1. 定义

将食品放置在高压容器中，在常温或低温下，对食品施加100MPa以上的压力完全杀死或降低食品中的微生物和酶的活性，同时能较好地保持食品的色、香、味和营养品质的一种物理杀菌方法。

2. 超高压处理的原理

（1）Lechatelier原理

指系统的反应平衡总是朝着减小施加于系统外部作用力的方向进行。对超高压处理而言，食品将向着体积减小的方向运动，包括食品各组分的体积和结构的压缩。

（2）帕斯卡原理

指液体物料的压力能够瞬间均匀地传递到物料的各个部位，而与食品的体积、尺寸无关。

3. 超高压技术对食品营养成分的影响

（1）对蛋白质的影响

高压使蛋白质变性，其解释是由于压力使蛋白质原始结构伸展，导致蛋白质体积的改变。酶是蛋白质，高压处理对食品中酶的活性也是有影响的。使蛋白质发生变性的压力大小依不同的物料及微生物特性而定，通常在100～600MPa范围内。

（2）对淀粉的影响

高压可使淀粉改性。常温下加压到400～600MPa，可使淀粉糊化而成不透明的黏稠糊状物，且吸水量也发生改变，原因是压力使淀粉分子的长链断裂，分子结构发生改变。

（3）对油脂的影响

油脂类耐压程度低，常温下加压到100～200MPa，基本变成固体，但解除压力后固体仍能恢复到原状。

4. 超高压杀菌技术在食品加工中的应用

（1）在肉制品加工中的应用：经高压处理后的肉制品在柔嫩度、风味、色泽及成熟度方面均得到改善，同时也增加了保藏性。

（2）在水产品加工中的应用：高压处理可保持水产品原有的新鲜风味。

（3）在果酱加工中的应用：在生产果酱中，采用高压杀菌，不仅使水果中的微生物致死，而且还可简化生产工艺，提高产品品质。

（4）在其他方面的应用：在低盐、无防腐剂的腌菜制品中，高压杀菌显示出其优越性。高压用于改变或改善食品的某些特性。

三、辐照加工技术

指以原子能射线作为能量对食品原料或食品进行辐照杀菌、杀虫、抑制发芽、延迟后熟等处理，使其在一定的贮藏条件下能保持食品品质的一种物理性的加工方法。

1. 辐照加工技术的安全性

食品辐照保藏技术主要应用于延缓呼吸、抑制发芽、延长货架期、杀虫、灭菌、检疫处理等方面。

食品辐照加工属于一种物理性处理，加工过程温度变化较小，不会引起食品内部温度的增加，同时辐照加工过程食品物料绝对不直接接触辐照源，而是通过放射源发射的物理射线作用于食品，这种高能射线再对食品中的水、脂肪、蛋白质、维生素、糖类等产生作用。

2. 辐照加工技术的优点

① 杀死微生物的效果明显，剂量可根据需要进行调整。

② 放射性辐照的穿透力强、均匀、瞬间即逝；与加热相比，可以对辐照过程进行准确控制。

③ 产生的热量极少，可保持原料食品的特性，在冷冻状态下也能进行处理。

④ 没有非食品成分的残留。

⑤ 可对包装好的食品进行杀菌处理。

⑥ 节省能源。

3. 辐照食品的安全性评价

（1）感官质量

使用高剂量的食物辐照灭菌中，辐照食品在风味和组织结构上都发生了一些不好的变化。1.5~2.5kGy 的剂量就可导致风味的变化，并且随着剂量增加而加重。

（2）营养品质

食品经电离辐照处理后，其宏量营养素和微量营养素都会受到一些影响。但总的来说，辐照处理在规定使用的剂量下，不会使食品营养质量有显著下降。

① 蛋白质和氨基酸

电离辐射对蛋白质会产生严重的影响，主要表现在色、香、味的变化上。辐照引起蛋白质分子的化学变化主要有脱氨，放出二氧化碳，巯基的氧化、交联和降解。

一般来说，在低剂量下辐照，主要发生特异蛋白质的抗原性变化。高剂量辐照可能引起蛋白质的伸直、凝聚、伸展甚至使分子断裂并使氨基酸分裂出来。

② 碳水化合物和糖类

碳水化合物对辐照不敏感，在食品通常辐照剂量范围内相对稳定。大剂量辐照会引起碳水化合物的氧化和降解，产生辐解产物。辐照会导致复杂的糖类的解聚作用。

③ 脂类

辐照脂肪的氧化程度与脂肪酸的饱和度、抗氧化剂的种类和含量、物料中的氧气和水的含量、辐照的总剂量、速度剂量率等有关。在较高的辐照剂量下，一般来说会出现类脂质过氧化作用，而这种作用又影响维生素 E 和维生素 K 等一些不稳定的维生素，还会有过氧化物和挥发性化合物的形成以及产生酸败和异味。辐照对食品中的脂肪酸，尤其是不饱和脂肪酸有一定的破坏作用，但与其他加工方法相比这种破坏损失是较小的。

④ 维生素

维生素 K 是对辐照最敏感的脂溶性维生素。纯维生素溶液对辐照很敏感，若在食品中与其他物质复合存在，其敏感性就降低。

水溶性维生素 C 对辐照敏感性很强，其他水溶性维生素，如维生素 B_1、维生素 B_2、维生素 B_6、泛酸、叶酸等对辐照也较敏感。在常温条件下，水溶液中的维生素 C 辐照将会受到较大程度的破坏，而在冷冻状态下其辐照破坏作用小。

（3）放射安全性

放射安全性，无可检测放射性和无有害辐射产品；微生物安全性，无致病菌及其分泌的毒素；营养充足，避免营养价值的过度损失；毒理安全性。

（4）生物安全性

2～7kGy 的中等剂量的辐射，足以杀死致病菌。达 50kGy 的高辐射剂量可根除有高抗性 *Clostridium botulinum* 的孢子。

（5）毒理性

FAO/IAEA/WHO 专家联合会议认为：总平均辐射剂量达 10kGy 处理过的辐射食品不会产生任何毒理性危害。

4. 不良后果

当食品受到的辐射剂量不足以杀菌，一些微生物将存活下来，其后果：

① 辐射对食品中微生物菌丛的选择性提高。

② 存活微生物的突变概率提高。

③ 重复使用亚致死的辐射剂量从而使对辐射的抗性提高。

④ 辐射后，微生物的鉴定特征可能发生改变，从而导致种类或菌株不能正确地鉴别。

⑤ 产毒细菌或霉菌的毒素形成量提高。曾有报道，当 *Aspergillus flavus*、*Asperillus parasiticus* 的孢子，或这些孢子形成的菌落经辐射后，黄曲霉毒素的产量会提高。

四、流体静力压加工技术在食品中的潜在应用

1. 抗菌特性

（1）巴氏消毒法（在低压范围内）

杀死和损伤细菌细胞、病毒和噬菌体、酵母和霉菌、寄生虫和原生动物，以及诱导细菌孢子发芽。

（2）商业消毒（在高压条件下）

破坏细菌孢子。

2. 提高质量

① 提高果汁、果酱和果冻的口感；② 改善水果产品和蛋黄的色泽；③ 使肉嫩化；④ 促进奶酪成熟；⑤ 促进食品成分的反应。

3. 蛋白质改性

① 促进富含蛋白质食品的凝胶、结构改变和卷曲；② 使酶、过敏原和毒素失活；③ 使血液中的血红蛋白变色；④ 增加蛋白质对酶活的敏感性。

4. 相变

① 迅速均匀地解冻食品；② 在 −20℃ 下贮存解冻食品；③ 由于淀粉凝胶使种子和谷粒软化；④ 由于脂质熔点升高，调和巧克力。

5. 气溶性和除杂

① CO_2 的饱和水溶液；② 除去食品中的空气。

五、消毒剂

需要消毒的对象：水，水果和蔬菜，物质表面和设备。

消毒剂：氯，次氯酸盐，二氧化氯，碘酒，氯胺，臭氧。

在 5℃ 和 pH6～7 下，氯化水钝化 99% 的微生物。因为，消毒剂有可能被水中的有机物

质和易氧化的化合物中和。被特殊物质聚集或吸附的微生物较难消毒。因此，消毒前对水进行适当处理，使水的半混浊度不超过 1 浊度的浊度单位（NTU），在任一纯样品中不超过 5NTU 是很重要的。根据水果和蔬菜的类型，能有一定的消毒作用，但并不能达到圆满的效果。

━━━━━━ 【思考题】 ━━━━━━

1. 列举食品非热力杀菌方法。
2. 简述超高压处理的原理。
3. 辐照加工技术的优点有哪些？

第四章

包装材料和容器对食品安全性的影响

食品包装是食品商品的重要组成部分，是食品的一层保护层，使食品在离开工厂到消费者手中的过程中不被破坏、变质。因此，食品包装可以保持食品本身质量的稳定，并且方便食物的流通、运输。食品包装是食物首先被消费者看到的部分，承担着吸引消费者的重任，因此，其具有物质成本以外的价值。由于食品包装是食品的重要组成部分，也是与食品紧密接触的一部分，食品包装的安全性就显得尤为重要。有关机构统计发现，每个人一生大约会吃掉75t食物，在这75t食物中，大约会用到8t各种各样的食品包装。随着我国居民生活品质的提高，人们已经不再简单地关注吃饱的问题，越来越关注食品是否安全、是否干净以及食品包装是否安全。各类食品包装都可以看作是一种食品添加剂，作为食物的保护层，其是与食物接触最近的一类物品，食品包装的材料、辅料、工艺等或多或少地影响着食物的品质。

食品在整个流通过程中，要经过搬运、装卸、运输和储藏，易造成食品外观质量的损伤，食品经过内、外包装后，就能很好地保护食品，以免造成损坏。

食品本身具有一定的营养成分和水分，这是细菌、霉、酵母等生产繁殖的基本条件，当食品保存的温度适合它们繁殖时，便会使食品腐败变质。如果食品采用无菌包装或包装后进行高温杀菌、冷藏等处理，就会防止食品腐败现象的发生，延长了食品的保存期。

食品包装的主要作用是保护食品不受外界影响和损害，容纳食品并提供食物成分及营养信息。可追溯性、方便性和篡改提示是越来越重要的次要功能。食品包装的目的是用合算的方式包装食品，满足行业需求和消费者的需求，维护食品安全，最大限度地减少对环境的影响。

食品包装材料安全性的要求：① 不能向食品中释放有害物质；② 不与食品中成分发生反应。

目前我国允许使用的食品容器、包装材料从原料上可分为塑料制品；天然、合成橡胶制品；陶瓷、搪瓷容器；铝、不锈钢、铁质容器；玻璃容器；食品包装用纸；复合薄膜、复合薄膜袋；竹木棉麻等。

第一节　塑料包装材料的食品安全性

一、塑料包装材料中有害物质的来源

塑料是一种以高分子聚合物——树脂为基本成分，再加入一些用来改善其性能的各种添加剂制成的高分子材料。塑料包装材料作为包装材料的后起之秀，因其原材料丰富、成本低廉、性能优良、质轻美观的特点，成为近40年来世界上发展最快的包装材料。塑料包装材料内部残留的有毒有害物质迁移、溶出而导致食品污染，主要有以下几方面。

1. 树脂本身所具有的毒性

树脂中未聚合的游离单体、裂解物（氯乙烯、苯乙烯、酚类、丁腈胶、甲醛）、降解物及老化产生的有毒物质对食品安全均有影响。美国食品与药物管理局指出，不是聚氯乙烯（PVC）本身而是残存于PVC中的氯乙烯（VCM）在经口摄取后有致癌的可能，因而禁止PVC制品作为食品包装材料。聚氯乙烯游离单体氯乙烯（VCM）具有麻醉作用，可引起人体四肢血管的收缩而产生痛感，同时具有致癌、致畸作用，它在肝脏中形成氧化氯乙烯，具有强烈的烷化作用，可与DNA结合产生肿瘤。聚苯乙烯中残留物质苯乙烯、乙苯、甲苯和异丙苯等对食品安全构成危害。苯乙烯可抑制大鼠生育，使肝、肾重量减轻。低分子量聚乙烯溶于油脂产生蜡味，影响产品质量。这些有害物质对食品安全的影响程度取决于材料中这些物质的浓度、结合的紧密性，与材料接触的食物性质、时间、温度及有害物质在食品中的溶解性等。

2. 塑料包装表面污染

因塑料易带电，易吸附微尘杂质和微生物，从而对食品形成污染。

3. 制造过程中的添加剂污染

同济大学基础医学院厉曙光教授和他的科研小组进行的一项科学研究显示，我国食品中的增塑剂污染几乎无处不在。研究发现，几乎所有品牌的塑料桶装食用油中，都含有"邻苯二甲酸二丁酯（DBP）"和"邻苯二甲酸二辛酯（DOP）"这两种增塑剂，而铁桶装的食用油中却几乎没有。

4. 回收塑料

塑料材料的回收复用是大势所趋，由于回收渠道复杂，回收容器上常残留有害物质，难以保证清洗处理完全。有的为了掩盖回收品质量缺陷，往往添加大量涂料，导致涂料色素残留多，造成对食品的污染。因监管原因，甚至大量的医学垃圾塑料被回收利用，这些都给食品安全造成隐患。

5. 油墨污染

油墨中主要物质有颜料、树脂、助剂和溶剂。油墨厂家往往考虑树脂和助剂对安全性的影响，而忽视颜料和溶剂间接对食品安全的危害。有的油墨为提高附着牢度会添加一些促进剂，如硅氧烷类物质，此类物质会在一定的干燥温度下使基团发生键的断裂，生成甲醇等物质，而甲醇会对人的神经系统产生危害。在塑料食品包装袋上印刷的油墨，因苯等一些有毒物不易挥发，对食品安全的影响更大。近几年来，各地塑料食品包装袋抽检合格率普遍偏低，只有50%～60%，主要不合格项是苯残留超标等，而造成苯超标的主要原因是在塑料包装印刷过程中为了稀释油墨使用含苯类溶剂。2005年7月《每周质量报告》报道，央视记者在甘肃、青海、浙江、江苏4个省对十几家不同规模的塑料彩印企业调查发现，由于甲苯价格低，企业为了把浓稠的油墨快速印制在塑料薄膜上，都把它作为调配混合溶剂的主要原料。兰州质监稽查人员随机抽查了7家生产复合型食品包装膜的塑料彩印企业，送往甘肃省产品质量检验中心和国家包装制品质量检验中心检测，结果显示，7个样品中有5个被检出苯残留超标，涉及牛肉干、奶粉、糖果、卤豆干、薯片5种食品的包装。

6. 复合薄膜用黏合剂

黏合剂大致可分为聚醚类和聚氨酯类黏合剂。聚醚类黏合剂正逐步被淘汰，而聚氨酯类黏合剂有脂肪族和芳香族两种。黏合剂按照使用类型还可分为水性黏合剂、溶剂型黏合剂和无溶剂型黏合剂。水性黏合剂对食品安全不会产生什么影响，但由于功能方面的局限，在我国还没有广泛的应用，在我国主要还是使用溶剂型黏合剂。在食品安全方面，绝大多数的人们只是认为如果产生的残留溶剂不高就不会对食品安全产生影响，其实这只是片面的。在我国使用的溶剂型黏合剂有99%是芳香族的黏合剂，它含有芳香族异氰酸酯，用这种袋装食品后经高温蒸煮，可使它迁移至食品中并水解生成芳香胺，是致癌物质。我国目前没有食品包装用黏合剂的国家标准，各个生产供应商的企业标准中也没有重金属含量指标，但国外的食品包装中对芳香胺有着严格的限制，如欧盟规定其迁移量小于$10\mu g/kg$。

二、食品包装常用塑料材料及其安全性

塑料是由缩聚反应（缩聚）或加成聚合反应（加聚合）产生单体单元。缩聚反应中，聚合物链增长是由缩合反应产生的，并伴随着低分子量水和甲醇等副产品的生成。缩聚是单体如醇、胺或羧酸两个功能团之间的反应。在加成聚合反应中，聚合物链增长由2个或更多的分子结合形成更大的分子，并不产生副产物。加聚合反应是由不饱和单体的双键和叁键打破而形成单体链。使用塑料包装食品具有几项优点，由于塑料具有流动和可塑性，塑料可以制成片状，成型和形成一定构造，提供相当大的设计灵活性。因为它们耐化学药品，塑料即便宜又轻便，具有广泛的物理和光学性质。事实上，许多塑料是可热密封的，易于印刷，并可以集成到生产过程在同一生产线中形成、填充和密封。塑料的主要缺点是其对于气体、蒸汽和低分子量的分子具有一定的渗透性。

塑料有两大类：热固性塑料和热塑性塑料。热固性材料是聚合物固化或加热后不可逆转，不能重新利用。因为它们坚固耐用，它们主要用于汽车和建筑用黏合剂和涂料等，不在食品包装中使用。另外一种是热塑性塑料，其加热可熔化并在室温下返回到原来的状态。因为热塑性塑料可以很容易地塑型，可以用于各种产品，如瓶、壶和塑料薄膜，适合食品包装。此外，几乎所有的热塑性塑料都可回收（熔化和重用为原料生产新产品）。

1. 聚乙烯

聚烯烃是一个集体名词，包括聚乙烯、聚丙烯（食品包装使用最广泛的塑料）和其他不那么热门的烯烃聚合物。聚乙烯和聚丙烯具有较好的属性，包括灵活性、坚固、轻便、稳定、耐化学药品及良好的加工性能，并具有较好的回收利用性能。

聚乙烯分成两类：高密度聚乙烯和低密度聚乙烯。高密度聚乙烯坚硬、坚固、坚韧，并

具有抗化学物质、水分的作用，对气体具有渗透性，易加工，易成型。通常被用来加工为牛奶瓶、果汁瓶和水瓶、谷物箱衬纸、黄油盒。低密度聚乙烯具有弹性、坚硬、坚固、容易密封、耐水分的特点。因为低密度聚乙烯相对透明，主要用于膜及需要热封的包装。低密度聚乙烯可用于面包和冷冻食品塑料袋、灵活的盖子、可压缩的食品瓶等。聚乙烯袋有时可重新利用（食品杂货店和非食品杂货店零售）。两种聚乙烯材料中，高密度聚乙烯容器，特别是牛奶瓶，是回收最多的塑料包装。

2. 聚丙烯

聚丙烯比聚乙烯更坚固、密度更大和更透明。聚丙烯具有良好的耐化学物质及有效地阻隔水蒸气的特点。其高熔点（160℃）使它适合应用在热加工中，如热灌装和微波包装。常用于酸奶和黄油盒容器。当与阻氧性材料乙烯醇或聚偏二氯乙烯结合使用时，聚丙烯主要提供刚性和防水性，从而可加工为番茄酱瓶和沙拉酱瓶。

3. 聚苯乙烯

聚苯乙烯是苯乙烯的加成聚合物，具有清晰、坚硬、易碎的特点，并具有相对较低的熔点。它可以单独挤压，也可与其他塑料共挤压，注塑成型或形成发泡塑料等一系列产品。发泡加工产生不透明的、刚性的、轻量级材料，具有保护和隔热性能。典型应用包括防护包装（如蛋托、集装箱、一次性塑料餐具），盖子，杯子，盘子，瓶子，食品托盘。扩展开来，聚苯乙烯常用于非食品包装和减震，它可被回收或焚烧。

4. 聚氯乙烯

聚氯乙烯（PVC）是氯乙烯的加成聚合产物，具有重、坚硬、延展性的中等强度，无定形，透明材料。具有优良的耐化学（酸和碱）、油脂、石油的性质；良好的流动特性；稳定的电性能。PVC 主要是用于医疗和其他非食品应用程序，其食品用途包括瓶和膜。因为它易于加热成型，PVC 板广泛用于透明护罩如肉制品和药物包装。熟食店和食品杂货店的肉、奶酪和其他食品常用 PVC 来包裹。

PVC 生产的材料具有广泛的灵活性，这与邻苯二甲酸酯等增塑剂、己二酸、柠檬酸和磷酸盐的加入有关。邻苯二甲酸酯主要用于非食品包装应用，如化妆品、玩具、医疗设备。玩具等产品由于使用邻苯二甲酸酯而出现安全问题。由于这些安全隐患，在美国邻苯二甲酸盐不能用于食品包装材料；而类增塑剂如己二酸等作为替代品使用。例如邻苯二甲酸二（2-乙基）己酯（DEHA）用于塑料保鲜膜制造。这些替代增塑剂也有可能渗入食品，但比邻苯二甲酸酯要少，低水平的 DEHA 对动物没有毒性。PVC 难以回收，因为它用于各种各样的产品，这使它难以被识别和分离。此外，因为 PVC 含有氯，焚烧会造成环境污染问题。

5. 聚偏二氯乙烯

聚偏二氯乙烯是偏二氯乙烯的加成聚合物，是当今世界上塑料包装中综合阻隔性能最好的一种包装材料。具有热密封性，良好的阻水蒸气、气体、脂肪和油性产品的作用。它用于软包装单层膜，涂层，或部分共挤压产品。主要应用包括包装家禽、熏肉、奶酪、零食、茶、咖啡、糖果。它也用于热灌装、蒸馏、低温贮藏、气调保鲜包装。PVDC 含氯是 PVC 的两倍，焚烧也会造成环境污染问题。

6. 聚碳酸酯

聚碳酸酯是由双酚酸的钠盐与碳酰氯聚合而成。清晰、耐热和耐用，主要用作替代玻璃等物品，如可回收/重复利用的水瓶和灭菌婴儿奶瓶。清洁聚碳酸酯时必须小心，因为使用次氯酸钠等洗涤剂会促进双酚 A 的释放，具有潜在的健康危害。大量的文献分析表明，需要建立新的风险评估对这种化合物低剂量造成的危害进行分析。

━━━━━━━ 【思考题】 ━━━━━━━

简述塑料包装材料中有害物质的来源。

第二节　纸和纸板包装材料的食品安全性

纸和纸板是利用木材中硫酸盐和亚硫酸盐形成的纤维交错网络片材，然后纤维制浆和/或漂白，再利用除黏菌剂及强化剂等化学物质进行处理生产纸产品。纸和纸板通常用于瓦楞纸箱、牛奶盒、折叠纸盒、袋和麻袋以及包装纸。

纸和纸板可提供一定的机械强度，可生物降解，具有良好的印刷性。涂料，如蜡或高分子材料可以用来改善纸张较差的阻隔性能。除了较差的阻氧气、二氧化碳和水蒸气外，其他缺点还包括不透明、可渗透及不可热密封。

【知识点概要】

一、纸包装材料安全性概况

纸和纸板被广泛用作食品包装材料，常与食品直接接触。在生产过程中使用大量的化学物质如除黏菌剂、漂白剂、油墨。未用过的纸和纸板生产过程包括：制浆、漂白和处理工艺。制浆是使用酸和碱使木材离散为纤维的过程。再生纸和纸板是利用用过的纸，如报纸、杂志和牛奶盒重新制浆、净化及利用表面活性剂去除油墨生产出来的。漂白是利用次氯酸钠、二氧化氯、过氧化氢等处理过程去除木质素和使纸浆更明亮。在处理过程中会使用各种添加剂，如除黏菌剂、施胶剂、纸力增强剂。最后进行印刷。纸和纸板食品包装中使用的添加剂是由国家规定的。在美国，食品与药物管理局（FDA）给出了相应的要求。

据报道，二噁英是木材中木质素的氯化作用形成的，因此，主要利用氧进行漂白而不是氯。然而，含氯的漂白剂仍然在使用，可能会导致产生氯化物。除黏菌剂物质用于控制细菌和真菌，若没有充分控制则产生蛋白质和多糖黏液。还没有报告说明这些化合物是否仍然出现在最后的纸和纸板产品中。据报道，虽然使用了表面活性剂去除回收纤维中的油墨，油墨成分仍然存在于再生纸和纸板中。

二、食品包装用纸中的主要有毒有害物质

纸包装材料因其一系列独特的优点，在食品包装中占有相当重要的地位。在某些发达国家，纸包装材料占总包装材料总量的 40％～50％，我国占 40％左右。国家标准对食品包装原纸的卫生指标、理化指标及微生物指标有规定。单纯的纸是卫生、无毒、无害的，且在自然条件下能够被微生物分解，对环境无污染。纸中有害物质的来源及对食品安全的影响主要存在以下几个方面。

① 造纸原料本身带来的污染。

② 造纸过程中的添加物。

③ 油墨造成的污染。

④ 贮存、运输过程中的污染。

1. 荧光增白剂（FWAs）

荧光增白剂通常用于增强纸和纸板（包括食品包装）"白"和"亮度"。荧光增白剂将紫外线（波长范围为360~420nm）转换为波长较长的蓝光可见光（440~480nm）。结果在纸的表面蓝色光区发出更多的可见光，从而使制品显得更白、更亮。用于纸和纸板的大约80％的FWAs是以二苯代乙烯衍生物为基础的，因为它们具有大平面或线性分子（具有广泛的离域π电子系统和一个或多个磺酸组），可能被认为化学性质类似于阴离子染料。常用于与食品接触的纸和纸板的包装用FWAs主要有三种类型：分别是二磺基物质、四磺基物质、六磺基物质。

英国最近的一项调查发现与食品接触的纸和纸板55％的样本中包含FWAs。最高浓度出现在"外卖"食品的包装中，四个样品中FWAs的含量为430~1160mg/kg。特定类型的FWAs有限的毒理学资料表明即使包装中的FWAs以最高水平迁移到食物中，出现在食物中的水平不会对人类健康造成危害。即使如此，仍需要对食品包装材料中的FWAs进行持续的检测。

2. 重金属

纸和纸板中的重金属主要来自于油墨。金属无机颜料种类很多，如果包装设计不良，金属成分可以从印刷表面进入到食品中。特别是使用含重金属铅和六价铬的油墨用于食品包装，重金属会转移至食品中。科学研究已证明，这些重金属对环境和健康有害。因此，在食品包装或包装材料中有意使用颜料如含有铬酸铅要受到严格的控制。

3. 多氯联苯

多氯联苯（PCB）是联苯含氯的有机化合物，分子组成含两个苯环。多氯联苯被广泛用作绝缘和冷却剂，例如在电气设备，切削液加工操作，复写纸和传热液体。根据美国环境保护署（EPA），多氯联苯已被证明对动物包括人类具有致癌性。

4. 甲醛

纸包装产品中甲醛的来源主要有3个方面：造纸过程中加入的助剂可能含有甲醛，如三聚氰胺甲醛树脂等；部分不法企业使用废纸作原料，废纸中的填料、油墨等物质可能含有甲醛；成型时所使用的胶黏剂可能含有甲醛。

5. 二噁英

二噁英是一群具有类似结构的化合物的通用名称。这些化合物由碳、氧、氢和氯原子组成。氯原子的数量和它们的位置决定不同二噁英的毒性。毒性最大的二噁英四个氯原子位置为2、3、7和8，化学名2,3,7,8-四氯二苯并二噁英，通常被称为TCDD或"二噁英"。TCDD是研究最多和毒性最大的二噁英。

二噁英主要是工业过程的副产品，但也可能来自于自然过程，如火山爆发和森林火灾。二噁英是各种不同的制造工艺包括冶炼、纸浆氯漂白和一些除草剂及杀虫剂制造中不希望产生的副产物。

1. 纸包装材料中有害物质的来源？
2. 简述食品包装用纸中的主要有毒有害物质。

第三节　橡胶制品包装材料的食品安全性

橡胶在机械行业受欢迎的原因是由于其独特的热性能、高弹性、优良的抗冲击性。在食品工业中橡胶受到广泛应用的原因是其具有良好的耐化学性，包括酸、碱和盐。例如，由橡胶成分构成的离合器、防护器、防尘罩、垫圈和密封圈作为集团或独立的组件存在于食品生产设备或机械。尽管食品工业中大多数的橡胶产品符合美国食品与药物管理局（FDA）的要求，然而，橡胶前处理中存在的微量的化学物质可能会意外地污染食品，造成的污染可能使食品发生质量、口味、气味甚至性状的变化。

【知识点概要】

一、橡胶基料

直接接触食物的重要的橡胶类制品有：
① 天然橡胶（顺式-聚异戊二烯）及一系列天然橡胶与其他聚合物的混合物。
② 丁腈橡胶（丁二烯丙烯腈共聚物）和混合物，如丁苯橡胶等。
③ 乙丙烯共聚物（EP）及三聚物（EPDM）。
④ 碳氟弹性体或氟橡胶（FE）。
⑤ 硅胶聚合物。
⑥ 热塑性弹性体（TPEs）。

1. 天然橡胶

天然橡胶是从可再生种植园中巴西橡胶树汁液中提取的，它可以完全生物降解。与食品接触的天然橡胶主要是手套、橡皮奶头和安抚奶嘴（橡胶化合物）。有时与其他化合物混合的天然橡胶也用于传送带和冲水软管。这些材料长期使用时温度通常限制在80℃。橡胶化合物也用作罐头密封垫。

2. 合成橡胶

合成橡胶是任何类型的人工合成的弹性体，是一种聚合物，主要从石油副产品中得到。橡胶具有机械（或材料）属性，与大多数材料相比，在压力之下，它可以承受更多弹性形变而不会永久变形，可恢复到原来的尺寸。每年生产大约150亿千克的橡胶，其中三分之二是合成的。

二、橡胶助剂

1. 促进剂

由于橡胶固化时间长，需要添加催化剂，例如：六亚甲基四胺、二硫代氨基甲酸或秋兰姆通常与硫和氧化锌结合而加快橡胶成熟时间。在加热期间，甲醛可能从六亚甲基四胺释放，同时因为它们前体 N-亚硝胺的存在，任何二级胺衍生物的使用将导致亚硝基化的发生。除此之外，一些细菌能够促进 N-亚硝化反应，可能会进一步增加 N-亚硝胺在橡胶制品中的含量。然而，Wacker 提到的 N-亚硝胺含量可以减少一种氨基酸成分，使得促进剂原料变得"安全"。通过消除亚硝化试剂，橡胶制品中的亚硝胺水平能够大幅降低。

2. 增塑剂

添加增塑剂有助于提高天然橡胶产品的耐用性，但可用于橡胶制品或其他类型的橡胶增塑剂的最大量达 30％，这可能会导致邻苯二甲酸酯污染食物。高百分比的增塑剂邻苯二甲酸盐可能脱离橡胶制品并容易迁移至食品表面。邻苯二甲酸盐的使用将进一步导致啮齿动物肝癌和生殖系统破坏。邻苯二甲酸酯具有亲脂性，高脂肪食物易于接触邻苯二甲酸酯。然而，不同国家增塑剂使用法规不同，导致邻苯二甲酸酯在食品中的高污染率。其他类型的增塑剂多氯联苯自 20 世纪 70 年代已被禁止使用。

3. 填充剂

在实际生产中，利用填充剂这些化学物质提高橡胶属性，为了经济目的，炭黑作为一种填充剂高百分比添加在天然橡胶产品中。不管怎样，盛装液体时，特别是在与食用油和牛奶的接触使用时，据 FDA 法规规定填料含量必须低于 10％。尽管填充剂含量较低，液体食品与固体食品相比可能更具危险性，并与橡胶制品中的炭黑相互作用。然而，为了提高经济收益，高剂量的填充剂可能加入到制品中，橡胶中填充剂通过食品加工设备可能对食品造成一些影响。在橡胶制品中作为食品可接触材料使用时，所有化学溶出实验必须符合 FDA 标准，但这些产品若不出口到美国可能不需要符合 FDA 标准。这意味着在许多地方化学物质从橡胶到食品的迁移具有较高的可能性。

【思考题】

列举几种橡胶基料？

第四节 金属、玻璃和陶瓷包装材料的食品安全性

【知识点概要】

一、金属包装材料的食品安全性

金属包装材料是传统包装材料之一，用于食品包装有近 200 年的历史。金属包装材料以金属薄板或箔材为原料加工成各种形式的容器用于包装食品。由于金属包装材料的高阻隔性、耐高低温性、废弃物易回收等优点，在食品包装上的应用越来越广。金属作为食品包装材料最大的缺点是化学稳定性差，不耐酸碱性，特别是用其包装高酸性食品时易被腐蚀，同时金属离子易析出，从而影响食品风味。铁制容器的安全问题主要是镀锌层接触食品后锌会迁移至食品引起食物中毒。铝制材料含有铅、锌等元素，长期摄入会造成慢性蓄积中毒。铝的抗腐蚀性很差，易发生化学反应析出或生成有害物质。回收铝的杂质和有害金属难以控

制。不锈钢制品中加入了大量镍元素，受高温作用时，使容器表面呈黑色，同时其传热快，容易使食物中不稳定物质发生糊化、变性等，还可能产生致癌物。不锈钢不能与乙醇接触，乙醇可将镍溶解，导致人体慢性中毒。因此，一般需要在金属容器的内、外壁施涂涂料。内壁涂料是涂布在金属罐内壁的有机涂层，可防止内容物与金属直接接触，避免电化学腐蚀，提高食品货架期，但涂层中的化学污染物也会在罐头的加工和贮藏过程中向内容物迁移造成污染。这类物质有 BPA（双酚 A）、BADGE（双酚 A 二缩水甘油醚）、NOGE（酚醛清漆甘油醚）及其衍生物。双酚 A 环氧衍生物是一种环境激素，通过罐头食品进入体内，造成内分泌紊乱及遗传基因变异。

二、玻璃包装材料的食品安全性

玻璃是一种古老的包装材料。3000 多年前埃及人首先制造出玻璃容器，从此玻璃成为食品及其他物品的包装材料。玻璃是硅酸盐、金属氧化物等的熔融物，是一种惰性材料，无毒无害。玻璃作为包装材料的最大特点是：高阻隔、光亮透明、化学稳定性好、易成型。其用量占包装材料总量的 10% 左右。

1. 熔炼过程中有毒物质的溶出

一般来说，玻璃内部离子结合紧密，高温熔炼后大部分形成不溶性盐类物质而具有极好的化学惰性，不与被包装的食品发生作用，具有良好的包装安全性。但是熔炼不好的玻璃制品可能发生来自玻璃原料的有毒物质溶出问题。所以，对玻璃制品应作水浸泡处理或加稀酸加热处理。对包装有严格要求的食品或药品可改钠钙玻璃为硼硅玻璃，同时应注意玻璃熔炼和成型加工质量，以确保被包装食品的安全性。

2. 重金属含量的超标

高档玻璃器皿中如高脚酒杯往往添加铅化合物，加入量一般高达玻璃的 30%。这是玻璃器皿中较突出的安全问题。

3. 加色玻璃中着色剂的安全隐患

为了防止有害光线对内容物的损害，用各种着色剂使玻璃着色而添加的金属盐，其主要的安全性问题是从玻璃中溶出的迁移物，如添加的铅化合物可能迁移到酒或饮料中，二氧化硅也可溶出。

三、陶瓷包装材料的食品安全性

我国是使用陶瓷制品历史最悠久的国家。与金属、塑料等包装材料制成的容器相比，陶瓷容器更能保持食品的风味。例如用陶瓷容器包装的腐乳，质量优于塑料容器包装的腐乳，是因为陶瓷容器具有良好的气密性，而且陶瓷分子间排列并不是十分严密，不能完全阻隔空气，这有利于腐乳的后期发酵。陶瓷包装材料用于食品包装的卫生安全问题，主要是指上釉陶瓷表面釉层中重金属元素铅或镉的溶出。一般认为陶瓷包装容器是无毒、卫生、安全的，不会与所包装食品发生任何不良反应。但长期研究表明，釉料主要由铅、锌、镉、锑、钡、铜、铬、钴等多种金属氧化物及其盐类组成，多为有害物质。陶瓷在 1000～1500℃下烧制而成，如果烧制温度低，彩釉未能形成不溶性硅酸盐，在使用陶瓷容器时易使有毒有害物质溶出而污染食品。如在盛装酸性食品（如醋、果汁）和酒时，这些物质容易溶出而迁入食品，引起安全问题。国内外对陶瓷包装容器铅、镉溶出量均有允许极限值的规定。

1. 简述金属包装材料的安全性。
2. 玻璃包装材料存在哪些安全隐患？

第五章

食品安全理化检验的基本知识

食品种类繁多，成分复杂，来源不一，进行理化检验的目的、项目、要求也不尽相同，尽管如此，不论什么食品，只要进行理化检验，都基本按照一个共同的程序进行。食品理化检验的基本程序大概如下：① 样品的采集、保存；② 样品的制备和预处理；③ 检验分析；④ 数据处理；⑤ 出具检验报告。

第一节　样品的采集与保存

【知识点概要】

一、样品的采集

1. 基本概念

食品理化检验的首项工作就是从大量的分析对象中抽取一部分分析材料供分析化验用（取之于总体又可显示整体质量的那一部分食品），这些分析材料即样品。这项工作称为样品的采集，又叫采样（采样：就是从总体中抽取样品的过程。样品：就是从总体中抽取的一部分分析材料）。

样品：可分为检样、原始样和平均样。

检样：指从分析对象的各个部分采集的少量物质。

原始样：是把许多份检样综合在一起。

平均样：指原始样经处理后，再采取其中一部分供分析检验用的样品。

2. 采集样品的作用

采样是进行食品卫生质量鉴定以及营养成分分析，进行食品卫生与营养指导、监督、管理和科学研究的重要依据和手段，是食品理化检验的最基础工作，是食品检验分析中重要环节的第一步。

由于食品的种类繁多，成分十分复杂，而且组成很不均匀，所以采样必须能代表全部被检的物料，否则即使以后的样品处理及检验计算结果如何严格、准确，亦将毫无价值。

3. 采样量和采样位点的设定

简单地加大采样量和增加采样位点，可以提高采样的代表性和精度，但从经济的角度出发，采样量越少越好。从分析方法要求的试样量出发，采样量不得太低，但过多则是浪费。控制采样量和采样位点时，首先考虑采样对象的均匀性。

4. 采样的原则

首先，所采集的样品对总体应该具有充分的代表性，能反映全部被检查食品的组成、质量和卫生状况。其次，采样过程中要确保原有的理化性质，防止成分的损失或样品污染。

① 采样必须注意样品的生产日期、批号、代表性和均匀性（掺伪食品和食物中毒样品除外）。采集的数量应能反映该食品的卫生质量和满足检验项目对试样量的需要，一式三份，供检验、复验、备查或仲裁，一般散装样品每份不少于 0.5kg。

② 采样容器根据检验项目，选用硬质玻璃瓶或聚乙烯制品。

③ 粮食、固体、颗粒状样品的采集应注意，应自每批食品上、中、下三层中的不同部位分别采取部分样品，混合后按四分法对角取样，再进行几次混合，最后取有代表性的样品。

④ 液体、半流体样品的采集应先充分混匀后再采样。

⑤ 罐头、瓶装食品或其他小包装食品，应根据批号随机取样。至于取样件数，250g 以上的包装不得少于 6 个，250g 以下的包装不得少于 10 个。

⑥ 鱼、肉、果蔬等组成不均匀的样品对各个部分分别采样，经过捣碎混合成为平均样品。

⑦ 掺伪食品和食品中毒的样品采集，要具有典型性。

⑧ 检查后的样品保存：一般样品在检验结束后，应该保留一个月，以备需要时复检。易变质食品不予保留，保存时应加封并尽量保持原状。检验取样一般皆指取可食部分，以所检验的样品计算。

⑨ 感官不合格产品不必进行理化检验，直接判为不合格产品。样品应按不同检验目的要求妥善包装、运输、保存，送实验室后，应尽快进行检验。

5. 采样的方式

① 随机抽样：使总体中每个部分被抽取的概率都相等的抽样方法。适用于对被测样品不大了解时以及检验食品合格率及其他类似的情况。

② 系统抽样：已经了解样品随空间和时间变化规律，按此规律进行采样的方法。如大型油脂贮池中油脂的分层采样，随生产过程的各个环节采样，定期抽测货架陈列样品。

③ 指定代表性抽样：用于检测有某种特殊检测重点的样品采样。如对大批罐头中的个别变形罐头采样，对有沉淀的啤酒的采样等。

6. 采样方法

① 不定比例采样：在大批物料堆垛或车皮中，分别从上、中、下层的中央或四周或四边各取一定数量的样品，然后使其混合缩分。

② 定比例采样：按产品的批量定出抽样的百分比，如抽取 0.1%、0.2%、0.05% 等。

③ 定时采样：在生产过程中每隔一定时间抽取一定量的样品进行检验。

④ 两级采样：首先由生产单位抽样检验，经检验合格后，再由国家质检部门或卫生检验部门进行抽样检验。

不同食品或相同食品的不同检验项目，它们所要求的采样方法和样品数量均不相同。国家标准对操作方法和样品数量有规定者，应按照规定采样。

注意：为分析而采用的取样方法，在食品分析的一系列潜在误差源中占第一位。

二、样品的保存

采得样品后应尽快进行检验，尽量减少保存时间，以防止其中水分或挥发性物质的散失以及其他待测成分的变化。

1. 样品保存的意义

样品的任何变化都能对检验结果的正确性产生影响。由于食品本身的成分易变不稳定，容易发生自然变化，尤其是动物性食品营养丰富，富含水分，易受微生物的侵袭和环境影响，致使有关成分发生变化，造成检验失误。

另外，采样操作经历了切割粉碎和混匀等过程，加快了食品样品的变化速度。因此，必须防止食品样品的任何变化，高度重视检验样品的保存。

2. 影响样品变化的因素

① 水分或挥发性成分的挥发和吸收。

② 空气氧化。

③ 样品中酶的作用。

④ 微生物的分解。

3. 样品保存的原则

① 防止污染：根据分析的目的物不同，清洁的标准亦不相同，以不带入新的污染物质，不使食品成分增加或减少为依据。

② 防止腐败变质：采取低温冷藏，是防止腐败变质的常规方法，以 $0 \sim 5 ℃$ 为宜；尽量避免在样品中加入防腐剂；尽快进行分析前的样品制备和处理。

③ 稳定水分：保持食品样品中原有水分含量，防止蒸发损失和干食品的吸湿。密闭加封可防止样品中水分的变化。若食品样品含水量高，且分析项目多，可先测定其水分含量，而后烘干水分，保存干燥样品，可通过水分含量而折算出鲜样品中待测物质的分析结果。

④ 固定待测成分：加入适宜的溶剂或稳定剂。

样品保存的方法：净、密、冷、快。

===== 【思考题】 =====

1. 简述样品采样的原则。

2. 影响样品变化的因素是什么？

第二节　样品的制备与处理

一、样品的制备

按照上述的采样要求采得的样品往往数量过多，颗粒太大，因此必须进行粉碎、混匀和缩分。

样品制备的目的：保证样品十分均匀，分析时取任何部分都具有代表性。样品的制备必须考虑到在不破坏待测成分的条件下进行。必须先去除不可食部分。

为了得到具有代表性的均匀样品，必须根据水分含量、物理性质和不破坏待测组分等要求采集试样。采集的试样还须经过粉碎、过筛、磨匀、溶于溶液等步骤，进行样品制备。

对于水分多的新鲜食品，用研磨法混匀；而水分少的食品，用粉碎方法混匀。液体食品，将其溶于水或用适当溶剂使其成为溶液，以溶液作为试样。

用于食品分析的样品量通常不足几十克。可在现场进行样品的缩分。缩分干燥的颗粒状及粉末状样品，最好使用圆锥四分法，圆锥四分法是把样品充分混合后堆砌成圆锥体，再把圆锥体压成扁平的圆形，中心划两条垂直交叉的直线，分成对称的四等份，弃去对角的两个四分之一圆，再混合，反复用四分法缩分，直到留下合适的数量作为"检验样品"。

分样筛——用来筛分体积大小不同的固体颗粒的筛子。

分子筛——具有均一微孔结构而能将不同大小分子分离的固体吸附剂。

二、样品的处理

食品的组成是复杂的，在分析过程中各成分之间常常产生干扰；或者被测物质含量甚微，难以检出，因此在测定前需进行样品处理，以消除干扰成分或进行分离、浓缩。

样品处理过程中，既要排除干扰因素，又不能损失被测物质，而且使被测物质达到浓缩，以满足分析化验的要求，保证测定获得理想的结果，因此，样品处理在食品理化检验工作中占有重要的地位。

1. 样品处理的目的

① 使被测成分转化为便于测定的状态。

② 消除共存成分在测定过程中的影响和干扰。

③ 浓缩富集被测成分。

2. 样品处理常用的方法

样品处理时按照食品的类型、性质、分析项目，采取不同的措施和方法，常用的方法如下。

① 溶剂提取法：浸泡法、萃取法、盐析法。

② 有机物破坏法：干法灰化、湿法消化。

③ 蒸馏法和挥发法：减压蒸馏、常压蒸馏、分馏、水蒸气蒸馏、扩散法、顶空法、扫集共蒸馏法。

④ 色谱分离法：纸色谱、柱色谱、薄层色谱等。

⑤ 磺化法与皂化法。

⑥ 沉淀分离法。

⑦ 掩蔽法。

⑧ 浓缩法：常压浓缩、减压浓缩。

具体应用时，应根据需要选择几种方法配合使用，以达目的。

三、常见样品的处理方法

1. 溶剂提取法

利用样品各组分在某一溶剂中溶解度的不同，将它溶解分离的方法，称为溶剂提取法。所用溶剂可以是水、有机溶剂，也可以是酸、碱溶液或氧化剂、还原剂溶液。

2. 有机物破坏法

测定食品中金属或非金属的无机成分时，将有机物质进行破坏，使之转化为无机状态或生成气体逸出，消除有机物质对实验的干扰。破坏有机物质的操作，称为样品的无机化处理。样品的无机化处理方法很多，根据被检食品基体的性质和被测元素的种类和性质加以选择。

有机物破坏方法的选择原则是：① 方便，使用试剂愈少愈好。② 样品处理耗时短，有机物质破坏愈彻底愈好。③ 破坏后的溶液容易处理，不影响以后的测定步骤和测定结果。

常见的无机化处理方法有两种：一为干法灰化，一为湿法消化。

（1）干法灰化

是用高温灼烧的方式破坏样品中有机物的方法，也称灼烧法。是破坏有机质的常规方法。此法就是将一定量的样品置于坩埚中加热，使其中的有机物脱水炭化分解氧化，最后再在高温炉中灼烧成灰。

① 灰化温度

视样品和待测成分而异，一般为 500～550℃，不能太高也不能太低，否则会因温度过高而造成某些成分的散失，或因温度太低而灰化不完全，导致分析结果误差。

② 灰化时间

对于一般样品，并不规定时间，以灰化完全为度，要求灼烧至灰分为白色或浅灰色并达到恒量为度，一般为 4～6h。

③ 干法灰化的优缺点

主要优点是：① 能灰化大量样品。因灼烧后灰分少、体积小，故可加大称样量。在检测灵敏度相同的情况下，能够提高检出率。② 灰化操作简单，空白值最小。需要设备少，不需要使用大量试剂，因而空白值最小。③ 有机物破坏彻底。④ 操作者不需要时常观察。

其主要的缺点为：① 回收率偏低。灰化时因高温挥发造成被测元素的损失。此外，还会因与容器起化学反应，或吸附在未烧尽的炭粒上，或形成化合物，以及坩埚物质的吸留作用都能使被测元素遭受损失。② 所需时间长。因此，在分析测定食品中痕量重金属时，一般多采用湿法消化。

④ 灰化法注意事项

a. 尽可能保持低温，应在合理的时间内消化完全。

b. 灰化时间不宜过长，过长会增加样品在炉中污染的可能性。

c. 采取适当的措施加速灰化,并减少挥发损失。

(2)湿法消化

利用强氧化剂加热消煮,破坏样品中有机物的方法,是破坏样品中有机质的有效方法之一。

通常在适量的样品中加入强氧化剂加热消煮,使样品中的有机物质氧化分解,生成 CO_2、H_2O、各种气体等,将待测成分转化为无机状态而留于消化液中。根据湿法消化法的具体操作不同,可分为:敞口消化法,回流消化法,冷消化法,密封罐消化法和微波消化法。

在消化过程中应控制加热温度,防止样品发泡外溢。根据需要可适当加入催化剂,以加快消化速度。可采取回流手段防止易挥发性成分散失。

① 湿法消化的优缺点

优点:a. 适用于各种不同的食品样品;b. 快速;c. 挥发损失或附着损失均较少。

缺点:a. 不能处理大量样品;b. 有潜在的危险性,需要不断地监控;c. 试剂用量大,在有些情况下导致空白值高;d. 在消化过程中产生大量酸雾和刺激性气体,危害工作人员的健康,因而消化工作必须在通风橱中进行。

② 湿法消化注意事项

a. 消化操作中应采用质量纯净的酸及氧化剂,注意消化容器的洗涤和清洁。同时做试剂空白。消化容器应选择质地较好的硬质玻璃,以减少碎裂及溶解成分产生的测定误差。

b. 消化瓶应 45°斜放,防止消化液迸溅到瓶外;瓶内加玻璃珠或瓷片,防止暴沸;瓶口不能对着人。加热时火力集中于消化液部分,瓶内其余部分应保持较低的温度;在瓶口加一小漏斗,可增加酸雾冷凝,减少挥发损失。

c. 消化过程中若需要加入另一种氧化剂时,首先停止加热,待消化液稍冷后,再沿瓶壁缓慢加入,以免发生剧烈反应而引起喷溅,造成样品损失。

d. 必须在通风橱中进行。

空白试验:指除不加样品外,采用完全相同的分析步骤、试剂和用量,进行平行操作所得的结果。用于扣除样品中试剂本底和计算检验方法的检出限。

常用的强氧化剂:硝酸、高氯酸、高锰酸钾、过氧化氢等。

③ 氧化剂及常见的消化方法

实际工作中通常使用混合的氧化剂,如硝酸-硫酸、硝酸-高氯酸、硫酸-过氧化氢、硝酸-硫酸-高氯酸、硝酸-硫酸-过氧化氢等。

a. 硝酸-硫酸法 硝酸和硫酸是对有机质具有强烈氧化作用、破坏力很强的试剂。在实践中将硝酸与硫酸两种试剂配成混合液使用,或先用硫酸再逐渐滴加硝酸的方法,可以取得更好的消化效果,是常用的一种有机质破坏法。

优点:对有机物质破坏彻底,消化时间较短,并能较广泛地用于样品中多种金属的检测。但对含有钡、锶等金属的样品不宜采用此法。

注意事项:在消化过程中要避免发生炭化现象,溶液颜色变深就说明硝酸不够,需添加硝酸。添加的量一次不要过多,以免溶液中残留过多的氧化氮,不易除尽,影响以后的检验。因汞具有挥发性,测汞时为防止汞的挥发损失,样品消化最好使用具有回流冷凝装置的烧瓶。含碳水化合物多的样品需放置过夜。因为开始的反应相当剧烈,故加入硝酸后到开始加热的时间必须足够。对于产生泡沫多的样品,开始时加 2~3 滴癸醇或辛醇效果较好。

b. 高氯酸-硝酸法　高氯酸和硝酸对有机质的氧化能力比硫酸强，而所需消化温度都比硫酸低，是一种破坏有机质的常用方法。

优点：氧化能力强，反应速度快，炭化过程不明显，消化温度低，挥发损失小。但对于某些还原性较强的样品，如含有酒精、甘油、油脂和大量磷酸盐的样品，容易引起爆炸，不宜采用。

注意事项：使用高氯酸时应小心谨慎，先将消化瓶离火稍冷，再沿瓶壁缓慢滴加，如速度过猛有发生爆炸的危险。消化过程中不可出现任何蒸干现象，一旦蒸干容易引起残余物燃烧、爆炸。为了防止这种现象的发生，可加入少量硫酸以防蒸干，且加入硫酸后可适当提高消化温度，充分发挥硝酸和高氯酸的氧化能力。在消化过程中如出现炭化现象，则需重新取样，或者增加消化液用量，或者减少取样量，重新操作。

c. 单独使用硫酸的消化法　单独使用硫酸的消化，如凯氏定氮法测定食品中蛋白质的操作，用硫酸进行有机质破坏，使蛋白质中的氮元素转变成硫酸铵留在消化液中，而不会进一步氧化成氮氧化物损失掉。

消化样品时，仅加入浓硫酸一种氧化剂，加热时，依靠硫酸强烈的脱水炭化作用使有机物破坏。分析某些含有机物较少的样品（如饮料）时，也可单独使用硫酸，或加入高锰酸钾和过氧化氢等氧化剂以加速消化进程。

硫酸的氧化能力较其他酸弱，沸点又高，因此需要较高的加热温度。消化过程中消化液炭化变黑后，可保持较长的炭化阶段，延长消化过程。为了缩短消化时间，经常要加入一些催化剂如 $CuSO_4$ 等，或加入硫酸盐如 K_2SO_4 或 Na_2SO_4 等以提高沸点。

④ 根据消化操作技术不同的分类

敞口消化法：在凯氏烧瓶中进行。

回流消化法：上端接冷凝管，使挥发性成分随同酸雾冷凝回流反应瓶内，避免被测组分的损失，防止烧干。

冷消化法：低温消化法，将消化液与样品混匀，于 $37\sim40℃$ 烘箱内过夜。避免易挥发物质的损失（如汞），但仅适用于含有机物较少的样品。

密封罐消化法：高压消解罐消化法已广泛应用。在聚四氟乙烯内罐中加入样品和消化剂，放入密封罐内并在 $120\sim150℃$ 烘箱中保温数小时。消化时间短，蒸汽在高压的密封罐内不扩散，提高消化试剂的利用率。克服了常压湿法消化的一些缺点，但要求密封程度高，高压消解罐的使用寿命有限。

微波消化法：在 2450MHz 的微波电磁场作用下，消化介质吸收微波能量后，介质分子相互摩擦产生高热，消化。消化时间短（几十秒至几分钟）、消化试剂用量少、空白值低，减少因消化产生的大量酸雾对环境的污染。

3. 蒸馏法和挥发法

（1）蒸馏法

利用液体混合物各组分沸点的不同而将样品中有关成分进行分离或净化的方法。有些有机物质的沸点较高，直接加热蒸馏容易引起分解，对这些具有一定蒸气压的有机组分，常采用水蒸气蒸馏。根据样品中有关成分性质的不同，可采用常压蒸馏、减压蒸馏、水蒸气蒸馏以及分馏等方式以达到分离净化的目的。

（2）扩散法

加入某种试剂使待测成分产生气体而被测定，通常在扩散皿中进行。如肉、鱼或蛋制品中挥发性盐基氮的测定等。

（3）顶空法

分为静态顶空法和动态顶空法。动态是指在样品的顶空分离装置中不断通入氮气，使其中的挥发性成分随氮气逸出，收集。

优点：使复杂的样品提取、净化过程一次完成，简化样品的前处理操作。用于液体、固体、半固体样品中痕量易挥发组分的测定。

（4）扫集共蒸馏法

扫集共蒸馏法是美国分析测试协会（AOAC）农药分析手册中用于挥发性有机磷农药的分离、净化的方法。是在成套的专门装置中进行的。用乙酸乙酯提取样品中的残留农药，样品提取液用注射器从填有玻璃棉、砂子的施特勒（Storhler）管的一端注入后，农药便和溶剂在加热的管中化为蒸气，并借氮气流吹入冷凝管，然后通过微色谱柱进入收集器中。样品中的脂肪、蜡质、色素等则留在施特勒管和微色谱柱中。用此法净化只需 30～40min，速度快且节省溶剂，是一种颇有前途的净化方法。

4. 色谱分离法

就是利用吸附作用将样品中各组分进行分离的方法。

（1）经典的色谱法　包括纸色谱、柱色谱和薄层色谱。

色谱分离是应用最广泛的分离方法之一，尤其对有机物质的分析测定具有独特的优点。色谱分离法的最大特点是不仅分离效果好，而且分离过程往往就是鉴定的过程。

在食品理化检验工作中，常用色谱分离法进行样品处理工作，使样品中各种成分分开，以便于各个成分的测定。

① 纸色谱

在一张特制的滤纸上，一端滴上要分离的样品溶液，放在密闭容器中，使溶剂从有样品的一端流向另一端，从而使样品中的混合物得到分离。再通过显色，使分离后的各物质在滤纸的各个不同位置上显示出来。它是一种微量分离与分析方法。

② 柱色谱

利用色谱柱将被测组分与干扰物质分离达到净化的目的。是净化提取液中杂质最通用的方法。使用此法时，调整吸附剂的活性及选用极性强弱适宜的洗脱液是净化成败的关键。

③ 薄层色谱

把吸附剂或支持剂均匀涂抹在玻璃板上成一薄层，把样品溶液点在薄层板上，然后用适量的溶剂使之展开，从而达到分离和定量分析目的的分离方法。

根据被分离组分的极性而选择不同的吸附剂和展开剂，将不同极性的组分在薄层色谱上分离出来。

（2）根据分离机理分类　可将色谱法分为吸附色谱法、排阻色谱法、分配色谱法和离子交换色谱法等。

① 吸附色谱法：利用物质在固体表面吸附能力不同达到分离的目的。

利用聚酰胺、硅胶、硅藻土、氧化铝、大孔树脂等吸附剂经活化处理后所具有的适当吸附能力，对被测成分或干扰组分进行选择性吸附而进行的分离称吸附色谱分离。例如：聚酰胺对色素有强大的吸附力，而其他组分难于被其吸附，测定食品中色素含量时，常用聚酰胺吸附色素，经过过滤洗涤，再用适当溶剂解吸，可以得到较纯净的色素溶液，供测试用。

② 排阻色谱法：利用分子尺寸大小不同，前进时所受的阻力不同而分离。

③ 分配色谱法：利用物质在两相中分配系数不同达到分离的目的。

④ 离子交换色谱法：利用离子交换树脂对物质的亲和力不同达到分离的目的。

有时一种色谱法可能兼有几种分离机理。根据流动相的状态，色谱法又可分为气相色谱法和液相色谱法。

5. 磺化法和皂化法

磺化法和皂化法是处理油脂或含脂肪样品时经常使用的方法。

（1）磺化法　油脂遇到浓硫酸即发生磺化反应，生成极性甚大且溶于水的化合物。利用磺化反应，可使样品中的脂肪磺化后再用水洗除，此即磺化净化法。磺化净化法是去除样品中脂肪的主要方法，可用于对酸稳定的有机氯农药，如六六六和 DDT 等，不能用于有机磷农药，但个别有机磷农药也可在控制一定酸度的条件下应用。

（2）皂化法　一些对碱稳定的农药（如狄氏剂、艾氏剂等）进行净化时，可用皂化法除去脂肪。样品处理的方法很多，可根据具体的食品样品和具体的测定项目而决定采用哪种处理方法。

【思考题】

1. 样品预处理的方法有哪些？
2. 干法灰化法的优点和缺点？
3. 湿法消化法的优点和缺点？
4. 采用高氯酸-硝酸法进行样品处理的注意事项有哪些？

第三节　检验测定

【知识点概要】

一、食品理化检验方法的选择

食品理化检验方法的选择是质量控制程序的关键之一，选择的原则是：精密度高、重复性好、判断准确、结果可靠。在此前提下根据具体情况选用仪器灵敏、试剂低廉、操作简便、省时省力的分析方法，应以中华人民共和国国家食品卫生检验方法（理化部分）为仲裁法。

二、食品检测仪器的选择及校正

食品理化检验工作中分析仪器的规格与校正对质量控制也是十分重要的，必须慎重选择，认真校正、照章操作。因为食品中有些成分含量甚微，如黄曲霉毒素。因此，检测仪器的灵敏度必须达到同步档次，否则将难以保证检测质量。购置、使用有关检测仪器时切勿主观盲目。

三、试剂、标准品、器具的选择和水质标准

1. 食品理化检验所需的试剂和标准品

以优级纯（G.R.）或分析纯（A.R.）为主，必须保证纯度和质量。化学试剂的规格及标志见表5-1。

表 5-1　化学试剂的规格及标志

级别	名称	代号	标志颜色
一级品	优级纯	G.R.	绿色
二级品	分析纯	A.R.	红色
三级品	化学纯	C.P.	蓝色

注：G.R.—优级纯（guaranteed reagent）；A.R.—分析纯（analytical reagent）；C.P.—化学纯（chemically pure）。

2. 食品理化检验所需的量器

食品理化检验所需的量器（滴定管、容量瓶等）必须校准，容器和其他器具也必须洁净并符合质量要求。

常用带刻度的玻璃仪器是在20℃条件下标注的。

3. 检验用水

在没有注明其他要求时，是指其纯度能够满足分析要求的蒸馏水或去离子水。实验室用水的技术指标见表5-2。

表 5-2　实验室用水的技术指标

水质指标		一级水	二级水	三级水
杂质总含量/(mg/L)		0.1	0.1	1.0
pH 范围(25℃)		—	—	5.0~7.5
$KMnO_4$ 褪色时间/min		60	60	10
电导率(25℃)/(mS/m)	≤	0.01	0.10	0.50
可氧化物质(以氧计)/(mg/L)	≤	—	0.08	0.4
吸光度(254nm,1cm)	≤	0.001	0.01	—
蒸发残渣(105℃±2℃)/(mg/L)	≤	—	1.0	2.0
可溶性硅(以 SiO_2 计)/(mg/L)	≤	0.01	0.02	—

国家标准 GB/T 6682—2008 中规定了分析实验室用水规格和试验方法。分析实验室用水的外观应为无色透明的液体，制备实验室用水的原水应为饮用水或适当纯度的水。分析实验室用水共分为三个级别：一级水、二级水和三级水。

（1）一级水

用于微量和超微量分析，基本上不含有溶解或胶态离子杂质及有机物。它可以用二级用水经过进一步加工处理而制得。例如，可以用二级水经蒸馏或离子交换混合床处理，再经 $0.2\mu m$ 过滤膜过滤的方法，或者用石英装置经进一步加工制得。

（2）二级水

用于一般分析及试剂的配制，可含有微量的无机、有机或胶态杂质。可采用蒸馏、反渗

透或去离子后再进行蒸馏等方法制备。

（3）三级水

用于要求不高的实验场合，适用于一般实验室的实验工作和分析实验室玻璃仪器的初步洗涤，它可以采用蒸馏、反渗透或去离子等方法制备。

━━━━━━ 【思考题】 ━━━━━━

简述试剂、标准品、器具和水质标准的选择。

第四节　数据处理及报告

【知识点概要】

一、检验结果的数据处理

通过测定工作获得一系列有关分析数据以后，需按以下原则记录、运算和处理。

1. 记录

食品理化检验中直接或间接测定的量均用有效数字表示，在测定值中只保留最后一位可疑数字，记录数据反映了检验测定量的可靠程度。有效数的位数与方法中测量仪器精度最低的有效数位数相同，并决定报告的测定值的有效数的位数。

2. 称量值的记录

"称取"——用天平进行的称量，其准确度要求用数值的有效数位表示，如"称取 20.0g……"指称量准确至 ±0.1g；"称取 20.00g……"指称量准确至 ±0.01g。

"准确称取"——用天平进行的称量操作，其称量准确度为 ±0.0001g。

"准确称取约"——必须精确至 0.0001g，可接近所列数值，不超过所列数值的 10%。

3. 分析数据的取舍

（1）可疑值

在实际分析测试中，由于随机误差的存在，使多次重复测定的数据不可能完全一致，而存在一定的离散性，并且常常出现一组测定值中某一两个测定值与其余的相比，明显地偏大或偏小，这样的值称为可疑值。

（2）极值

虽然明显偏离其余测定值，但仍然是处于统计上所允许的合理误差范围之内，与其余的测定值属于同一总体，称为极值。极值是一个好值，这时必须保留。

（3）异常值

可疑值与其余测定值并不属于同一总体，超出了统计学上的误差范围，称为异常值、界外值、坏值，应淘汰。

对于可疑值，必须要弄清楚出现的原因，如果是由于实验技术上的失误引起的，不管这样的测定值是否是异常值都应该舍去。如果不是，则需要进行统计学的验证，是否是异常值，确定是则舍去。

4. 可疑值的验证方法

目前常用的方法为狄克逊（Dixon）检验法。具体步骤如下：

① 将测定值按大小排序：$x1 \leqslant x2 \leqslant x3 \leqslant \cdots \cdots \leqslant xn$；很显然，可疑值出现在两端。

② 计算数据的显著性概率。

③ 查表，查出检验显著概率为 5% 和 1% 的统计量临界值 $r0.05$ (n) 和 $r0.01$ (n)，从受检验的测定值的两个统计量计算值中选取较大的统计量临界值比较。

④ 判定，若 $r \leqslant r0.05$ (n)，则受检验值为极值，保留；

若 $r0.05$ $(n) \leqslant r \leqslant r0.01$ (n)，测定值为可疑值，用 * 标记在右上角，有技术原因舍去，否则保留；

若 $r \geqslant r0.01$ (n)，为界外值，用 ** 表示，舍去。

⑤ 当舍去 $x1$ 或 xn 后，还需对 $x2$、x $(n-1)$ 进行检验，依次类推。

5. 运算规则

食品理化检验中的数据计算均按有效数字计算法则进行。除有特殊规定外，一般可疑数字为最后一位有 ±1 个单位的误差。一般测定值的有效数的位数应能满足卫生标准的要求，甚至高于卫生标准，报告结果应比卫生标准多一位有效数。复杂运算时，其中间过程可多保留一位，最后结果按有效数字的运算法则留取应有的位数。

6. 计算及标准曲线的绘制

食品理化检验中多次测定的数据均应按统计学方法计算其算术平均值、标准偏差、相对标准差、变异系数。同时用直线回归方程式计算结果并绘制标准曲线。

7. 回收率

食品理化检验工作中常采用回收试验以消除测定方法中的系统误差。回收试验中，某一稳定样品中加入不同水平已知量的标准物质（将标准物质的量作为真值）称为加标样品。同时测定加标样品和样品，可按下列公式计算出加入标准物质的回收率。

加标样品扣除样品值后与标准物质的误差即为该方法的准确度。

$$P = \frac{X_1 - X_0}{m} \times 100\%$$

式中　　P——加入的标准物质的回收率；

　　　　m——加入标准物质的量；

　　　　X_1——加标样品的测定值；

　　　　X_0——样品的测定值。

8. 检验结果的表示方法

检验结果的表示方法应与食品卫生标准的表示方法一致。

① 毫克百分含量（mg/100g）：即每 100g 或 100mL 样品中所含被测物质的质量（mg）。

② 百分含量：%。

③ 百万分含量：mg/kg、mg/L。

④ 十亿分含量：μg/kg、μg/L。

二、理化检验报告

食品理化检验的最后一项工作是写出检验报告，写检验报告时应该做到以下几点：

① 实事求是、真实无误。

② 按照国家标准进行公正仲裁。

③ 认真负责,签字盖章。

===== 【思考题】 =====

1. 食品理化检验的基本程序是什么?

2. 样品采集与保存的原则是什么?

3. 样品处理的目的和有机物破坏方法的选择原则是什么?

4. 干法灰化和湿法消化各有哪些优缺点?分别适用于哪些样品?

5. 对试剂、标准品和水质的要求是什么?

第六章
理化危害因子检测技术

第一节 食品添加剂的检测

实验一 食品中山梨酸和苯甲酸的测定

Ⅰ 气相色谱法

一、目的与要求

1. 实验目的

了解气相色谱仪的基本原理及分析流程。

掌握气相色谱法同时测定食品中山梨酸与苯甲酸的方法。

2. 实验要求

了解测定食品中山梨酸和苯甲酸的意义。

了解不同食品中，关于山梨酸和苯甲酸的相关限量标准。

掌握气相色谱标准曲线的绘制与实验测定原理。

二、实验原理

样品酸化后，用乙醚提取山梨酸、苯甲酸，用具有氢火焰离子化检测器的气相色谱仪进行分离测定，与标准系列比较定量。

三、仪器与试剂

1. 仪器

气相色谱仪：具有氢火焰离子化检测器。

2. 试剂

(1) 乙醚：不含过氧化物。

(2) 石油醚：沸程 30～60℃。

(3) 盐酸。

(4) 无水硫酸钠。

(5) 盐酸（1+1）：取 100mL 盐酸，加水稀释至 200mL。

(6) 氯化钠酸性溶液（40g/L）：于氯化钠溶液（40g/L）中加少量盐酸（1+1）酸化。

(7) 山梨酸、苯甲酸标准溶液：准确称取山梨酸、苯甲酸各 0.2000g，置于 100mL 容量瓶中，用石油醚-乙醚（3+1）混合溶剂溶解后并稀释至刻度。此溶液每毫升相当于 2.0mg 山梨酸或苯甲酸。

(8) 山梨酸、苯甲酸标准使用液：吸取适量的山梨酸、苯甲酸标准溶液，以石油醚-乙醚（3+1）混合溶剂稀释至每毫升相当于 50μg、100μg、150μg、200μg、250μg 山梨酸或苯甲酸。

四、测定步骤

1. 样品提取

称取 2.50g 事先混合均匀的样品，置于 25mL 带塞量筒中，加 0.5mL 盐酸（1+1）酸化，用 15mL、10mL 乙醚提取两次，每次振摇 1min，将上层乙醚提取液吸入另一个 25mL 带塞量筒中。合并乙醚提取液。用 3mL 氯化钠酸性溶液（40g/L）洗涤两次，静止 15min，用滴管将乙醚层通过无水硫酸钠滤入 25mL 容量瓶中。加乙醚至刻度，混匀。准确吸取 5mL 乙醚提取液于 5mL 带塞刻度试管中，置 40℃ 水浴上挥干，加入 2mL 石油醚-乙醚（3+1）混合溶剂溶解残渣，备用。

2. 色谱参考条件

(1) 色谱柱：玻璃柱，内径 3mm，长 2m，内装涂以 5%（质量分数）DEGS+1%（质量分数）H_3PO_4 固定液的 60～80 目 Chromosorb W AW。

(2) 气流速度：载气为氮气，50mL/min（氮气和空气、氢气之比按各仪器型号不同选择各自的最佳比例条件）。

(3) 温度：进样口 230℃；检测器 230℃；柱温 170℃。

3. 测定

进样 2μL 标准系列中各浓度标准使用液于气相色谱仪中，可测得不同浓度山梨酸、苯甲酸的峰高，以浓度为横坐标，相应的峰高值为纵坐标，绘制标准曲线。

同时进样 2μL 样品溶液，测得峰高，与标准曲线比较定量。

五、结果计算

计算公式为：

$$X = \frac{A \times 1000}{m \times \frac{5}{25} \times \frac{V_2}{V_1} \times 1000}$$

式中　X——样品中山梨酸或苯甲酸的含量，mg/kg；

　　　A——测定用样品液中山梨酸或苯甲酸的质量，μg；

V_1——加入石油醚-乙醚（3＋1）混合溶剂的体积，mL；

V_2——测定时进样的体积，μL；

m——样品的质量，g；

5——测定时吸取乙醚提取液的体积，mL；

25——样品乙醚提取液的总体积，mL。

由测得苯甲酸的量乘以1.18，即为样品中苯甲酸钠的含量。

六、注意事项

（1）实验结果报告算术平均值的二位有效数。

（2）允许差：相对相差≤10％。

（3）样品处理时酸化可使山梨酸钾、苯甲酸钠转变为山梨酸、苯甲酸。

（4）乙醚提取液应用无水硫酸钠充分脱水，进样溶液中含水会影响测定结果。

（5）气相色谱仪的操作按仪器操作说明进行。

注意：点火前严禁打开氢气调节阀，以避免氢气逸出引起爆炸；点火后，不允许再转动放大调零旋钮。

（6）其他。

在色谱图中山梨酸保留时间为2分53秒；苯甲酸保留时间为6分8秒。

本法最低检出浓度：最低检出量为1μg，用于色谱分析的样品为1g时，最低检出浓度为1mg/kg。本法适用于酱油、水果汁、果酱等食品中山梨酸、苯甲酸含量的测定。

Ⅱ 薄层色谱法

一、目的与要求

1. 学习薄层色谱法分离食品中苯甲酸、山梨酸的基本原理。

2. 掌握薄层色谱法的基本操作技术。

二、实验原理

试样酸化后，用乙醚提取苯甲酸、山梨酸。将试样提取液浓缩，点于聚酰胺薄层板上，展开。显色后，根据薄层板上苯甲酸、山梨酸的比移值，与标准比较定性，并可进行半定量。

三、仪器与试剂

1. 仪器

（1）吹风机；（2）展开槽；（3）玻璃板：10cm×18cm；（4）微量注射器：10μL、100μL；（5）喷雾器。

2. 试剂

（1）异丙醇。

（2）正丁醇。

（3）石油醚：沸程30～60℃。

（4）乙醚：不含过氧化物。

（5）氨水。

（6）无水乙醇。

（7）聚酰胺粉：200目。

（8）盐酸（1+1）：取100mL盐酸，缓慢倾入水中，并稀释至200mL。

（9）氯化钠酸性溶液（40g/L）：于氯化钠溶液（40g/L）中加入少量盐酸（1+1）酸化。

（10）展开剂如下：

① 正丁醇+氨水+无水乙醇（7+1+2）；

② 异丙醇+氨水+无水乙醇（7+1+2）。

（11）山梨酸标准溶液：准确称取0.2000g山梨酸，用少量乙醇溶解后移入100mL容量瓶中，并稀释至刻度，此溶液每毫升相当于2.0mg山梨酸。

（12）苯甲酸标准溶液：准确称取0.2000g苯甲酸，用少量乙醇溶解后移入100mL容量瓶中，并稀释至刻度，此溶液每毫升相当于2.0mg苯甲酸。

（13）显色剂：称取溴甲酚紫0.04g，以乙醇（50%）溶解并稀释至100mL，用氢氧化钠溶液（4g/L）调pH=8。

四、测定步骤

1. 样品提取

同气相色谱法。

2. 样品测定

（1）薄层板的制备：称取1.6g聚酰胺粉，加0.4g可溶性淀粉，加约15mL水，研磨3～5min，立刻倒入涂布器内制成10cm×18cm、厚度0.3mm的薄层板两块，室温干燥后，于80℃干燥1h，取出，置于干燥器中保存。

（2）点样：在薄层板下端2cm的基线上，用微量注射器点10μL、20μL试样液，同时各点10μL、20μL山梨酸、苯甲酸标准溶液。

（3）展开与显色：将点样后的薄层板放入预先盛有展开剂［（10）①或②］的展开槽内，周围贴有滤纸，待溶剂前沿上展至10cm，取出挥干，喷显色剂，斑点成黄色，背景为蓝色。试样中所含山梨酸、苯甲酸的量与标准斑点比较定量（山梨酸、苯甲酸的比移值依次为0.82、0.73）。

五、结果计算

试样中苯甲酸或山梨酸的含量按下式进行计算。

$$X = \frac{A \times 1000}{m \times \frac{10}{25} \times \frac{V_2}{V_1} \times 1000}$$

式中 X——试样中苯甲酸或山梨酸的含量，g/kg；

  A——测定用试样液中苯甲酸或山梨酸的质量，mg；

  V_1——加入乙醇的体积，mL；

  V_2——测定时点样的体积，mL；

  m——试样质量，g；

10——测定时吸取乙醚提取液的体积，mL；

25——试样乙醚提取液总体积，mL。

六、注意事项

1. 色谱用的溶剂系统不可存放太久，否则浓度和极性都会变化，影响分离效果，应新鲜配制。

2. 在展开之前，展开剂在展开槽中应预先平衡 1h，使展开槽内蒸汽压饱和，以免出现边缘效应。

3. 展开剂液层高度不能超过原线高度，在 0.5～1cm，展开至上端，待溶剂前沿上展至 10cm 时，取出挥干。

4. 在点样时最好用吹风机边点边吹干，在原线上点，直至点完一定量。且点样点直径不超过 2mm。

Ⅲ 酸碱滴定法——苯甲酸及其盐类的测定

一、目的与要求

1. 实验目的

了解酸碱滴定法测定苯甲酸的基本原理及分析流程。

2. 实验要求

了解测定食品中苯甲酸的意义。

了解不同食品中，关于苯甲酸的相关限量标准。

掌握食品中苯甲酸测定的常规分析方法。

二、实验原理

于试样中加入饱和氯化钠溶液，在碱性条件下进行萃取，分离出蛋白质、脂肪等，然后酸化，用乙醚提取试样中的苯甲酸，再将乙醚蒸去，溶于中性醇醚混合液中，最后以标准碱液滴定。

三、仪器与试剂

1. 仪器

（1）碱式滴定管。（2）300mL 烧杯。（3）250mL 容量瓶。（4）500mL 分液漏斗。（5）水浴箱。（6）吹风机。（7）分析天平。（8）锥形瓶。

2. 试剂

（1）纯乙醚：置乙醚于蒸馏瓶中，在水浴上蒸馏，收取 35℃部分的馏液。

（2）盐酸（6mol/L）。

（3）氢氧化钠溶液（100g/L）：准确称取氢氧化钠 100g 于小烧杯中，先用少量蒸馏水溶解，再转移至 1000mL 容量瓶中，定容至刻度。

（4）氯化钠饱和溶液。

（5）分析纯氯化钠。

（6）95％中性乙醇：于 95％乙醇中加入数滴酚酞指示剂，以氢氧化钠溶液中和至微红色。

（7）中性醇醚混合液：将乙醚与乙醇按 1：1 体积等量混合，以酚酞为指示剂，用氢氧化钠中和至微红色。

（8）酚酞指示剂（1％乙醇溶液）：溶解 1g 酚酞于 100mL 中性乙醇中。

（9）氢氧化钠标准溶液（0.05mol/L）：称取纯氢氧化钠约 3g，加入少量蒸馏水溶去表面部分，弃去这部分溶液，随即将剩余的氢氧化钠（约 2g）用经过煮沸后冷却的蒸馏水溶解并稀释至 1000mL，标定其浓度。

四、测定步骤

1. 样品的处理

（1）固体或半固体样品：称取经粉碎的样品 100g 置 250mL 容量瓶中，加入 300mL 蒸馏水，加入分析纯氯化钠至不溶解为止（使其饱和），然后加入 100g/L 氢氧化钠溶液使其成碱性（石蕊试纸实验），摇匀，再加饱和氯化钠溶液至刻度，放置 2h（要不断振摇），过滤，弃去最初 10mL 滤液，收集滤液供测定用。

（2）含酒精的样品：吸取 250mL 样品，加入 100g/L 氢氧化钠溶液使其成碱性，置水浴上蒸发至约 100mL 时，移入 250mL 容量瓶中，加入氯化钠 30g，振摇使其溶解，再加氯化钠饱和溶液至刻度，摇匀，放置 2h（要不断振摇），过滤，取滤液供测定用。

（3）含脂肪较多的样品：经制备后，于滤液中加入氢氧化钠溶液使成碱性，加入 20～50mL 乙醚提取，振摇 3min，静置分层，溶液供测定用。

2. 提取

吸取以上制备的样品滤液 100mL，移入 250mL 分液漏斗中，加 6mol/L 盐酸至酸性（石蕊试纸实验）。再加 3mL 盐酸（6mol/L），然后依次用 40mL、30mL、30mL 纯乙醚，用旋转方法小心提取。每次摇动不少于 5min。待静置分层后，将提取液移至另一个 250mL 分液漏斗中（3 次提取的乙醚层均放于这一分液漏斗中）。用蒸馏水洗涤乙醚提取液，每次 10mL，直至最后的洗液不呈酸性（石蕊试纸实验）为止。

将此乙醚提取液置于锥形瓶中，于 40～45℃ 水浴上回收乙醚。待乙醚只剩下少量时，停止回收，以风扇吹干剩余的乙醚。

3. 滴定

于提取液中加入 30mL 中性醇醚混合液、10mL 蒸馏水、酚酞指示剂 3 滴，以 0.05mol/L 氢氧化钠标准溶液滴至微红色为止。

五、结果计算

$$X_1 = \frac{V \times c \times 144.1 \times 2.5}{m \times 1000} \qquad X_2 = \frac{V \times c \times 122.1 \times 2.5}{m \times 1000}$$

式中　X_1——样品中苯甲酸钠的含量，mg/kg；

　　　X_2——样品中苯甲酸的含量，mg/kg；

　　　V——滴定时所耗氢氧化钠溶液的体积，mL；

　　　c——氢氧化钠标准溶液的浓度，mol/L；

　　　m——试样质量，g；

　　　144.1——苯甲酸钠的摩尔质量，g/mol；

　　　122.1——苯甲酸的摩尔质量，g/mol。

六、注意事项

本法只能用于苯甲酸含量的检测，只能测出苯甲酸或苯甲酸钠的总量。

Ⅳ 高效液相色谱测定方法

一、目的与要求

1. 学习高效液相色谱测定方法分离食品中苯甲酸、山梨酸的基本原理。
2. 掌握高效液相色谱测定方法的基本操作技术。

二、实验原理

样品加温除去二氧化碳和乙醇，调 pH 至近中性，过滤后进高效液相色谱仪，经反相色谱分离后，根据保留时间和峰面积进行定性和定量。

三、仪器与试剂

1. 仪器

高效液相色谱仪（带紫外检测器）。

2. 试剂

方法中所用试剂，除另有规定外，均为分析纯试剂，水为蒸馏水或同等纯度水，溶液为水溶液。

（1）甲醇：经滤膜（0.5μm）过滤。

（2）稀氨水（1+1）：氨水加水等体积混合。

（3）乙酸铵溶液（0.02mol/L）：称取 1.54g 乙酸铵，加水至 1000mL，溶解，经滤膜（0.45μm）过滤。

（4）碳酸氢钠溶液（20g/L）：称取 2g 碳酸氢钠（优级纯），加水至 100mL，振摇溶解。

（5）苯甲酸标准储备溶液：准确称取 0.1000g 苯甲酸，加碳酸氢钠溶液（20g/L）5mL，加热溶解，移入 100mL 容量瓶中，加水定容至 100mL，苯甲酸含量为 1mg/mL，作为储备溶液。

（6）山梨酸标准储备溶液：准确称取 0.1000g 山梨酸，加碳酸氢钠溶液（20g/L）5mL，加热溶解，移入 100mL 容量瓶中，加水定容至 100mL，山梨酸含量为 1mg/mL，作为储备溶液。

（7）苯甲酸、山梨酸标准混合使用溶液：取苯甲酸、山梨酸标准储备溶液各 10.0mL，放入 100mL 容量瓶中，加水至刻度。此溶液含苯甲酸、山梨酸各 0.1mg/mL。经滤膜（0.45μm）过滤。

四、测定步骤

1. 样品处理

（1）汽水：称取 5.00～10.0g 样品，放入小烧杯中，微温搅拌除去二氧化碳，用氨水（1+1）调 pH 约 7。加水定容至 10～20mL，经滤膜（0.45μm）过滤。

（2）果汁类：称取 5.00～10.0g 样品，用氨水（1+1）调 pH 约 7，加水定容至适当体积，离心沉淀，上清液经滤膜（0.45μm）过滤。

（3）配制酒类：称取 10.0g 样品，放入小烧杯中，水浴加热除去乙醇，用氨水（1＋1）调 pH 约 7，加水定容至适当体积，经滤膜（0.45μm）过滤。

2. 高效液相色谱参考条件

（1）色谱柱：YWG-C184.6mm×250mm 10μm 不锈钢柱。

（2）流动相：甲醇：乙酸铵溶液（0.02mol/L）（5：95）。

（3）流速：1mL/min。

（4）进样量：10μL。

（5）检测器：紫外检测器，波长 230μm，灵敏度 0.2AUFS。

根据保留时间定性，外标峰面积法定量。

五、结果计算

$$X = \frac{A \times 1000}{m \times \dfrac{V_2}{V_1} \times 1000}$$

式中　X——样品中苯甲酸或山梨酸的含量，g/kg；

　　　A——进样体积中苯甲酸或山梨酸的质量，mg；

　　　V_2——进样体积，mL；

　　　V_1——样品稀释液总体积，mL；

　　　m——样品质量，g。

六、注意事项

结果的表述：报告算术平均值的二位有效数。

V 硫代巴比妥酸比色法——山梨酸及其盐类的测定

一、目的与要求

1. 实验目的
了解比色法测定山梨酸及其盐类的基本原理及分析流程。

2. 实验要求
了解测定食品中山梨酸及其盐类的意义。

了解不同食品中，关于山梨酸及其盐类的相关限量标准。

二、实验原理

利用自样品中提取出来的山梨酸及其盐类，在硫酸及重铬酸钾的氧化作用下产生丙二醛，丙二醛与硫代巴比妥酸作用产生红色化合物，其红色深浅与丙二醛浓度成正比，并于波长 530nm 处有最大吸收，符合比尔定律，故可用比色法测定。

三、仪器与试剂

1. 仪器

（1）721 型分光光度计。（2）组织捣碎机。（3）10mL 比色管。

2. 试剂

(1) 硫代巴比妥酸溶液：准确称取 0.5g 硫代巴比妥酸于 100mL 容量瓶中，加 20mL 蒸馏水，然后再加入 10mL 氢氧化钠溶液（1mol/L），充分摇匀。使之完全溶解后再加入 11mL 盐酸（1mol/L），用水稀释至刻度。此溶液要在使用时新配制，最好在配制后不超过 6h 内使用。

(2) 重铬酸钾-硫酸混合液：以 0.1mol/L 重铬酸钾和 0.15mol/L 硫酸以 1:1 的比例混合均匀，配制备用。

(3) 山梨酸钾标准溶液：准确称取 250mg 山梨酸钾于 250mL 容量瓶中，用蒸馏水溶解并稀释至刻度，使之成为 1mg/mL 的山梨酸钾标准溶液。

(4) 山梨酸钾标准使用溶液：准确移取山梨酸钾标准溶液 25mL 于 250mL 容量瓶中，稀释至刻度，充分摇匀，使之成为 0.1mg/mL 的山梨酸钾标准使用溶液。

四、测定步骤

1. 样品的处理

称取 100g 样品，加蒸馏水 200mL，于组织捣碎机中捣成匀浆。称取此匀浆 100g，加蒸馏水 200mL 继续捣碎 1min，称取 10g 于 250mL 容量瓶中定容摇匀，过滤备用。

2. 山梨酸钾标准曲线的绘制

分别吸取 0.0、2.0mL、4.0mL、6.0mL、8.0mL、10.0mL 山梨酸钾标准使用溶液于 200mL 容量瓶中，以蒸馏水定容（分别相当于 0.0、1.0μg/mL、2.0μg/mL、3.0μg/mL、4.0μg/mL、5.0μg/mL 的山梨酸钾）。再分别吸取 2.0mL 于相应的 10mL 比色管中，加 2.0mL 重铬酸钾-硫酸溶液，于 100℃ 水浴中加热 7min，立即加入 2.0mL 硫代巴比妥酸溶液，继续加热 10min，立即取出迅速用冷水冷却，在分光光度计上以 530nm 测定吸光度，并绘制标准曲线。

3. 样品的测定

吸取样品处理液 2mL 于 10mL 比色管中，按标准曲线绘制的操作程序，自"加 2.0mL 重铬酸钾-硫酸溶液"开始依次操作，在分光光计 530nm 处测定吸光度，从标准曲线中查出相应浓度。

五、结果计算

$$X_1 = \frac{c \times 250}{m \times 2} \qquad X_2 = \frac{X_1}{1.34}$$

式中　X_1——样品中山梨酸钾的含量，g/kg；

$\quad\quad X_2$——样品中山梨酸的含量，g/kg；

$\quad\quad c$——试样液中含山梨酸钾的浓度，mg/mL；

$\quad\quad m$——称取匀浆相当于试样的质量，g；

$\quad\quad 2$——用于比色时试样溶液的体积，mL；

$\quad\quad 250$——样品处理液总体积，mL；

$\quad\quad 1.34$——山梨酸钾换算为山梨酸的系数。

六、注意事项

本方法仅用于山梨酸及其盐类的测定，仅能测出山梨酸及其盐类的总量。

Ⅵ 紫外分光光度法——山梨酸及其盐类的测定

一、目的与要求

1. 实验目的
了解紫外分光光度法测定山梨酸及其盐类的基本原理及分析流程。

2. 实验要求
了解测定食品中山梨酸及其盐类的意义。

了解不同食品中，关于山梨酸及其盐类的相关限量标准。

二、实验原理

样品经氯仿（三氯甲烷）提取后，再加入碳酸氢钠，使山梨酸形成山梨酸钠而溶于水溶液中。纯净的山梨酸钠水溶液在 254nm 处有最大吸收，经紫外分光光度计测定其吸光度后即可测得其含量。

三、仪器与试剂

1. 仪器
（1）紫外分光光度计。（2）组织捣碎机。

2. 试剂
（1）三氯甲烷：以三氯甲烷体积 50％的碳酸氢钠（0.5mol/L）提取 2 次，而后以无水硫酸钠干燥，过滤备用。

（2）0.5mol/L 碳酸氢钠：称取 21g 碳酸氢钠于小烧杯中，加少量蒸馏水溶解，移至 500mL 容量瓶中加水定容至刻度。

（3）0.3mol/L 碳酸氢钠。

（4）山梨酸标准溶液：准确称取 250mg 山梨酸，用 0.3mol/L 的碳酸氢钠定容至 250mL。

（5）山梨酸标准使用液：准确吸取山梨酸标准溶液 25.00mL，用 0.3mol/L 的碳酸氢钠定容至 250mL，即为 $100\mu g/mL$ 的标准使用液。

四、测定步骤

1. 样品的处理
称取 50.0g 样品，加 450mL 蒸馏水于组织捣碎机中，粉碎 5min，使成匀浆。称取 10.0g 此匀浆于 50mL 容量瓶中，并以水定容。移取 10mL 此溶液于 250mL 分液漏斗中，用 100mL 氯仿提取 1min。静置分层。将氯仿层分至 125mL 锥形瓶中，加入 5g 无水硫酸钠，振荡后静置。

2. 标准曲线的绘制
分别吸取山梨酸标准使用液 0.0、1.0mL、2.0mL、3.0mL、4.0mL、5.0mL 于 100mL 容量瓶中，用 0.3mol/L 碳酸氢钠定容（分别相当于 0.0、$1.0\mu g/mL$、$2.0\mu g/mL$、$3.0\mu g/mL$、$4.0\mu g/mL$、$5.0\mu g/mL$ 的山梨酸）。于紫外分光光度计中 254nm 处测定吸光度，以浓度为横坐标、以吸光度为纵坐标绘制标准曲线。

3. 样品的测定

移取样品氯仿提取液 50mL 于 125mL 分液漏斗中，用 25mL 碳酸氢钠（0.3mol/L）提取 1min。静置分层后，小心弃去氯仿层。将碳酸氢钠提取液于紫外分光光度计中 254nm 处测定吸光度。从标准曲线上查出相应的山梨酸含量。

五、结果计算

$$X = \frac{m_1 \times \dfrac{V_1}{V_3}}{m \times V_2}$$

式中　X——山梨酸的含量，g/kg；

　　　m_1——试液中山梨酸的含量，mg/mL；

　　　V_1——试样碳酸氢钠提取液总量，mL；

　　　V_2——吸取试样氯仿提取液体积，mL；

　　　V_3——试样氯仿提取液总体积，mL；

　　　m——用于测定的试样水提取液相当于样品的质量，g。

六、注意事项

本方法仅用于山梨酸及其盐类的测定，仅能测出山梨酸及其盐类的总量。

七、思考题

1. 苯甲酸与山梨酸及其盐类的 6 种测定方法中，各自的适用范围如何？
2. 苯甲酸与山梨酸及其盐类的样品提取步骤中，共同的步骤是什么？

允许差：相对相差≤10％。

3. 样品处理时，酸化的目的是什么？
4. 气相色谱法定性的依据是什么？用已知物对照法定性时应注意什么？
5. 气相色谱法测定中用外标法定量有何优缺点？
6. 你对薄层色谱法测定食品中苯甲酸、山梨酸的实验有什么体会？
7. 比较气相色谱、液相色谱方法各有什么优缺点？

实验二　水产品中甲醛含量的测定

一、目的与要求

1. 实验目的

掌握分光光度法测定水产品中甲醛的方法。

掌握水蒸气蒸馏的原理与方法。

2. 实验要求

了解测定水产品中甲醛的意义。

了解关于甲醛的相关限量标准。

掌握比色法标准曲线的绘制与实验测定原理。

二、实验原理

水产品中的甲醛在磷酸介质中经水蒸气加热蒸馏，冷凝后经水溶液吸收，蒸馏液与乙酰丙酮反应，生成黄色的二乙酰基二氢二甲基吡啶，用分光光度计在 413nm 处比色定量。反应式见图 6-1。

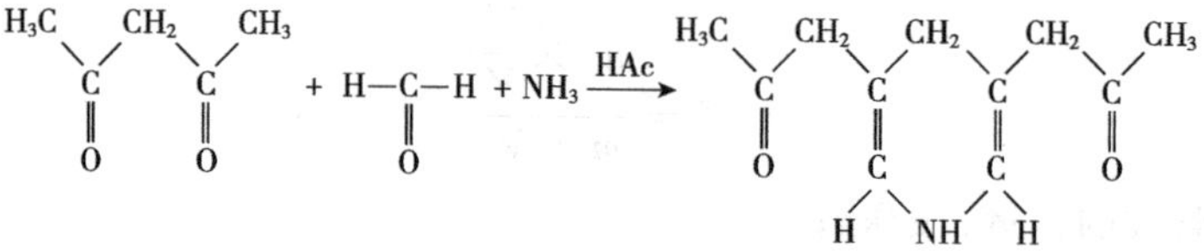

图 6-1　甲醛与乙酰丙酮反应式

三、仪器与试剂

1. 仪器

UV-265 紫外/可见分光光度计，水蒸气蒸馏装置（包括 1000mL 圆底烧瓶、250mL 圆底烧瓶、蒸馏液接收装置、KDM 型调温电热套），200mL 容量瓶，10mL 纳氏比色管。

2. 试剂

以下所用试剂均为分析纯，所用化学试剂符合 GB/T 602 要求，实验用水符合 GB/T 6682 要求。

（1）磷酸溶液（1+9）：移取 10mL 浓磷酸，加水定容至 100mL。

（2）乙酰丙酮溶液：称取乙酸铵 25g 溶于 100mL 蒸馏水中，加冰乙酸 3mL 和乙酰丙酮 0.4mL，混匀，贮存于棕色瓶（此溶液置于冰箱内可保存 1 个月）。

（3）0.1mol/L 碘溶液：称取 40g 碘化钾，溶于 25mL 水中，加入 12.7g 碘，待碘完全溶解后，加水定容至 1000mL。移入棕色瓶中，暗处贮存。

（4）1mol/L 氢氧化钠溶液：称取 4g 氢氧化钠，溶于水中，冷却后，加水定容至 100mL。

（5）硫酸溶液（1+9）：取 20mL 浓硫酸缓慢加入到 180mL 水中，冷却后备用。

（6）0.1mol/L 硫代硫酸钠标准溶液：准确称取约 0.15g 在 120℃ 干燥至恒重的基准重铬酸钾，置于 500mL 碘量瓶中，加入 50mL 水使之溶解。加入 2g 碘化钾，轻轻振摇使之溶解。再加入 20mL 硫酸溶液（1+8），密塞，摇匀，放置暗处 10min 后用 250mL 水稀释。用硫代硫酸钠标准溶液滴定至溶液呈浅黄绿色，再加入 3mL 淀粉指示液，继续滴定至蓝色消失而显亮绿色。反应液及稀释水的温度不应高于 20℃。同时做空白实验。硫代硫酸钠标准滴定溶液的浓度按下式计算：

$$C = \frac{m}{(V_1 - V_2) \times 0.04903}$$

式中　C——硫代硫酸钠标准滴定溶液的实际浓度，mol/L；

　　　m——基准重铬酸钾的质量，g；

　　　V_1——硫代硫酸钠标准滴定溶液用量，mL；

V_2——实验空白中硫代硫酸钠标准滴定溶液用量，mL；

0.04903——与 1.00mL 硫代硫酸钠标准滴定溶液 $[c(Na_2S_2O_3)=1.0000mol/L]$ 相当的重铬酸钾的质量，g。

（7）0.5%淀粉溶液：将 0.5g 可溶性淀粉，加入水约 5mL，搅拌后缓慢倾入 100mL 沸水中，随加随搅拌，煮沸 2min，放冷，备用（现用现配）。

（8）甲醛标准贮备溶液：吸取 0.3mL 含量为 36%～38%甲醛溶液于 100mL 容量瓶中，加水稀释至刻度，为甲醛标准贮备溶液，冷藏保存（此溶液可保存两周）。其浓度用下述碘量法标定。

甲醛标准储备溶液的标定：精密吸取此溶液 10.00mL，置于 250mL 碘量瓶中，加入 25.00mL 0.1mol/L 碘溶液、7.50mL 1mol/L 氢氧化钠溶液，放置 15min，再加入 10.00mL 硫酸溶液（1＋9），放置 15min；用浓度为 0.1mol/L 的硫代硫酸钠标准溶液滴定，当滴至淡黄色时，加入 1.00mL 0.5%淀粉指示剂，继续滴定至蓝色消失，记录所用硫代硫酸钠体积（V_1）。同时用水做试剂空白滴定，记录空白滴定所用硫代硫酸钠体积（V_0）。甲醛标准贮备溶液的浓度用下列公式计算：

$$X_1 = \frac{(V_0 - V_1) \times c \times 15 \times 1000}{10}$$

式中　X_1——甲醛标准贮备溶液中甲醛的浓度，mg/L；

　　　V_0——空白滴定消耗硫代硫酸钠标准溶液的体积，mL；

　　　V_1——滴定甲醛消耗硫代硫酸钠标准溶液的体积，mL；

　　　c——硫代硫酸钠溶液准确的浓度，mol/L；

　　　15——1mL 1mol/L 碘相当甲醛的量，mg；

　　　10——所用甲醛标准贮备溶液的体积，mL。

（9）甲醛标准溶液（5μg/mL）：根据甲醛标准贮备溶液的浓度，精密吸取甲醛标准贮备溶液适量于 100mL 容量瓶中，用水定容至刻度，混匀备用（现用现配）。

四、测定步骤

1. 样品提取

将所取样品用组织捣碎机捣碎，混合均匀后根据样品量称取 10g 置于 250mL 圆底烧瓶中，加入 20mL 蒸馏水，用玻璃棒搅拌混匀，浸泡 30min 后加 10mL 磷酸溶液（1＋9），立即通入水蒸气蒸馏。接收管下口事先插入盛有 20mL 蒸馏水且置于冰浴的蒸馏液接收装置中。蒸馏过程中应根据不同样品的特性适当调整温度，以防止形成的泡沫外溢干扰实验结果。准确收集蒸馏液至 200mL，同时做空白蒸馏。

2. 标准曲线的绘制

精密吸取 5μg/mL 甲醛标准液 0、2.0mL、4.0mL、6.0mL、8.0mL、10.0mL 于 10mL 纳氏比色管中，加水至 10mL，加入 1mL 乙酰丙酮溶液，混合均匀，置沸水浴中水浴 10min，取出用水冷却至室温，以空白为参比，于波长 413nm 处，以 1cm 比色杯进行比色，测定吸光度，绘制标准曲线。

3. 样品测定

根据样品蒸馏液中甲醛浓度高低，吸取蒸馏液 1～10mL，补充蒸馏水至 10mL，加入 1mL 乙酰丙酮溶液，混合均匀，置沸水浴中 10min，取出冷却，以空白为参比，于波长

413nm 处，以 1cm 比色杯进行比色，记录吸光度，根据标准曲线计算结果。

五、结果计算

计算公式为：

$$X_2 = \frac{c \times 10}{m \times V_2} \times 200$$

式中　X_2——水产品中甲醛含量，mg/kg；

c——查曲线结果，$\mu g/mL$；

10——显色溶液的总体积，mL；

m——样品质量，g；

V_2——样品测定取蒸馏液的体积，mL；

200——蒸馏液总体积，mL。

六、注意事项

1. 实验结果报告至小数点后两位。

2. 样品中甲醛的检出限为 0.50mg/kg。

3. 精密度。

在重复条件下获得两次独立测定结果：样品中甲醛含量≤5mg/kg 时，相对偏差≤10%；样品中甲醛含量>5mg/kg 时，相对偏差≤5%。

七、思考题

1. 水蒸气蒸馏的原理是什么？

2. 蒸馏中磷酸的作用是什么？

实验三　水产品中明矾含量的测定

一、目的与要求

1. 实验目的

掌握化学方法测定盐渍海蜇与海蜇皮中明矾含量的方法。

2. 实验要求

了解测定盐渍海蜇与海蜇皮中明矾含量的意义。

了解不同食品中，关于铝的相关限量标准。

掌握明矾含量较高时的测定方法。

二、实验原理

在酸性条件下，加入定量的乙二胺四乙酸二钠（EDTA-2Na）标准溶液，EDTA-2Na 与铝离子形成稳定的络合物，再调节溶液的 pH 值为 5.5，用锌标准溶液滴定多余的 EDTA-2Na 溶液，从而测得样品中铝的含量。

三、仪器与试剂

1. 仪器

气相色谱仪：具有氢火焰离子化检测器。

2. 试剂

(1) 0.03mol/L 乙二胺四乙酸二钠（EDTA-2Na）：称取 11.5g EDTA-2Na 固体溶于 1000mL 水中（必要时加热溶解），摇匀，置于带玻璃塞的试剂瓶中。

(2) 氨水溶液：分别量取 50mL 氨水和水，混匀。

(3) 乙酸钠缓冲液（pH4.2）：称取 54g 乙酸钠固体（$NaCOOCH_3 \cdot 3H_2O$）溶于水中，加 10mL 冰乙酸，用水稀释至 1000mL，摇匀。

(4) 六次甲基四胺缓冲溶液（pH＝5.4）：称取 40g 六次甲基四胺固体溶于水中，加入 80mL 浓盐酸，摇匀。

(5) 0.5％二甲酚橙指示剂：称取 0.5g 二甲酚橙粉末，溶于 100mL 水中，摇匀。

(6) 1：1 盐酸溶液：分别量取 50mL 浓盐酸和水，混匀。

(7) 0.01mol/L 锌标准溶液：准确称取在 800℃灼烧至恒重的基准氧化锌约 0.82g（称准至 0.0001g）于 50mL 烧杯中，加入 1：1 盐酸溶液 20mL 溶解，定容至 1000mL。锌标准溶液的浓度按下式计算：

$$c = m/(81.37 \times 1)$$

式中　c——锌标准溶液浓度，mol/L；

　81.37——氧化锌的摩尔质量，g/mol；

　　m——称取氧化锌的质量，g。

四、测定步骤

称取 20g 混匀捣碎的样品，放入烧杯内煮沸，过滤于 500mL 容量瓶中，冷却至室温后，用水稀释至刻度备用。吸取样品溶液 100mL 于 250mL 三角瓶中，准确加入 EDTA-2Na 溶液 4mL，加二甲酚橙指示剂 1 滴，滴加 1：1 氨水至溶液变红。再滴加 1：1 盐酸溶液变黄并过量 3 滴，加 10mL 乙酸钠溶液，煮沸 1min 后，冷至室温。用 1：1 氨水调至溶液刚刚变红后，再用 1：1 盐酸调至溶液变黄，加入六次甲基四胺缓冲液 20mL，二甲酚橙指示剂 2 滴，用 0.01mol/L 锌标准溶液滴定至溶液由黄色变为酒红色为终点。

五、注意事项

1. 如果煮沸过程中，溶液变红，表明溶液铝含量高，需再补加 EDTA-2Na 溶液。

2. 补加 EDTA-2Na 溶液的方式对实验结果影响较大。一次性加足 EDTA-2Na 溶液的测定结果高于测定过程中补加。

出现上述现象的原因是由于指示剂封闭现象。当加入 EDTA-2Na 溶液的量不足以与溶液中的 Al^{3+} 反应时，剩余的 Al^{3+} 便会与二甲酚橙指示剂络合。该络合物比较稳定，一旦形成，即使再加入足够量的 EDTA-2Na 溶液，也不能将溶液中的 Al^{3+} 完全置换出来，导致测定结果的偏低。因此，测定时应一次性加足，测定结果以一次性加足的为准。

3. 当样品中明矾的含量较低时，EDTA-2Na 溶液可能过量。过量的 EDTA-2Na 溶液对测定结果不会造成显著影响。

4. 实验结果报告小数点后两位。

六、结果计算

计算公式为：

$$X = \frac{(V_0 - V) \times c \times 0.4742}{m \times \frac{100}{500}} \times 100$$

式中　X——样品中明矾的含量，%；

V_0——滴定空白所用锌标准液体积，mL；

V——滴定样品用锌标准液体积，mL；

c——锌标准液的浓度，mol/L；

m——称取样品的质量，g；

0.4742——明矾的毫摩尔质量，g。

七、思考题

1. 为什么有些滴定液在滴定及煮沸过程中溶液发红？
2. EDTA-2Na 溶液为什么需要一次性加足？

实验四　食品中二氧化硫及亚硫酸盐的测定

Ⅰ 盐酸副玫瑰苯胺法

一、目的与要求

1. 实验目的
掌握盐酸副玫瑰苯胺法测定食品中亚硫酸盐的方法。

2. 实验要求
了解测定食品中亚硫酸盐的意义。

了解不同食品中，关于亚硫酸盐的相关限量标准。

二、实验原理

亚硫酸盐与四氯汞钠反应生成稳定的络合物，再与甲醛及盐酸副玫瑰苯胺作用生成紫红色物质，其色泽深浅与亚硫酸盐含量成正比，用分光光度计进行比色测定。

三、仪器与试剂

1. 仪器
UV-265 紫外-可见分光光度计（日本岛津）；25mL 具塞比色管。

2. 试剂
（1）四氯汞钠吸收液：称取 13.6g 氯化汞及 6.0g 氯化钠，溶于水中并稀释至 1000mL，放置过夜，过滤后备用。

（2）氨基磺酸铵溶液（12g/L）。

（3）甲醛溶液（2g/L）：吸取 0.55mL 无聚合沉淀的 36% 甲醛，加水稀释至 100mL 混匀。

（4）淀粉指示液：称取 1g 可溶性淀粉，用少许水调成糊状，缓缓倾入 100mL 沸水中，随加随搅拌，煮沸，放冷备用。此溶液临用时现配。

（5）亚铁氰化钾溶液：称取 10.6g 亚铁氰化钾 $[K_4Fe(CN)_6 \cdot 3H_2O]$，加水溶解并稀释至 100mL。

（6）乙酸锌溶液：称取 22g 乙酸锌 $[Zn(CH_3COO)_2 \cdot 2H_2O]$ 溶于少量水中，加入 3mL 冰乙酸，加水稀释至 100mL。

（7）盐酸副玫瑰苯胺溶液：称取 0.1g 盐酸副玫瑰苯胺（$C_{19}H_{18}N_2Cl \cdot 4H_2O$）于研钵中，加少量水研磨使溶解并稀释至 100mL。取出 20mL，置于 100mL 容量瓶中，加盐酸（1+1），充分摇匀后使溶液由红变黄，如不变黄再滴加少量盐酸至出现黄色，再加水稀释至刻度，混匀备用（如无盐酸副玫瑰苯胺可用盐酸品红代替）。

盐酸副玫瑰苯胺的精制方法：称取 20g 盐酸副玫瑰苯胺于 400mL 水中，用 50mL 盐酸（1+5）酸化，徐徐搅拌，加 4～5g 活性炭，加热煮沸 2min。将混合物倒入大漏斗中，过滤（用保温漏斗趁热过滤）。滤液放置过夜，出现结晶，然后再用布氏漏斗抽滤，将结晶再悬浮于 1000mL 乙醚-乙醇（10∶1）的混合液中，振摇 3～5min，以布氏漏斗抽滤，再用乙醚反复洗涤至醚层不带色为止，于硫酸干燥器中干燥，研细后贮于棕色瓶中保存。

（8）0.1mol/L 碘溶液 $[c(1/2I_2)=0.100mol/L]$。

（9）0.1000mol/L 硫代硫酸钠标准溶液 $[c(Na_2S_2O_3 \cdot 5H_2O)=0.100mol/L]$。

（10）二氧化硫标准溶液：称取 0.5g 亚硫酸氢钠，溶于 200mL 四氯汞钠吸收液中，放置过夜，上清液用定量滤纸过滤备用。

吸取 10.0mL 亚硫酸氢钠-四氯汞钠溶液于 250mL 碘量瓶中，加 100mL 水，准确加入 20.00mL 0.1mol/L 碘溶液、5mL 冰乙酸，摇匀，放置于暗处 2min 后迅速以 0.1000mol/L 硫代硫酸钠标准溶液滴定至淡黄色，加 0.5mL 淀粉指示液，继续滴至无色。另取 100mL 水，准确加入 20.0mL 0.1mol/L 碘溶液、5mL 冰乙酸，按同一方法做试剂空白实验。

计算：
$$X_1 = \frac{(V_2-V_1) \times N \times 32.03}{10}$$

式中　X_1——二氧化硫标准溶液浓度，mg/mL；

　　　V_1——测定用亚硫酸氢钠-四氯汞钠溶液消耗硫代硫酸钠标准溶液体积，mL；

　　　V_2——试剂空白消耗硫代硫酸钠标准溶液体积，mL；

　　　N——硫代硫酸钠标准溶液的浓度，mol/L；

32.03——每毫升硫代硫酸钠标准溶液相当于二氧化硫的质量，mg。

（11）二氧化硫使用液：临用前将二氧化硫标准溶液以四氯汞钠吸收液稀释成每毫升相当于 2μg 二氧化硫。

（12）氢氧化钠溶液（20g/L）。

（13）硫酸（1+71）。

四、测定步骤

1. 样品处理

（1）水溶性固体样品如白砂糖等可称取 10g 均匀样品（样品量可视含量高低而定），以少量水溶解，置于100mL容量瓶中，加入4mL氢氧化钠溶液（20g/L），5min后加入4mL硫酸（1+71），然后加入20mL四氯汞钠吸收液，以水稀释至刻度。

（2）其他固体样品如饼干、粉丝等可称取5～10g研磨均匀的样品，以少量水湿润并移入100mL容量瓶中，然后加入20mL四氯汞钠吸收液，浸泡4h以上，若上层溶液不澄清可加入亚铁氰化钾及乙酸锌溶液各2.5mL，最后用水稀释至100mL刻度，过滤后备用。

（3）液体样品如葡萄酒等可直接吸取5.0～10.0mL样品，置于100mL容量瓶中，以少量水稀释，加20mL四氯汞钠吸收液，摇匀，最后加水至刻度，混匀，必要时过滤备用。

2. 测定

吸取0.50～5.0mL上述样品处理液于25mL带塞比色管中。另吸取0.00、0.20mL、0.40mL、0.60mL、0.80mL、1.00mL、1.50mL、2.00mL二氧化硫标准使用液（相当于0.0、$0.4\mu g$、$0.8\mu g$、$1.2\mu g$、$1.6\mu g$、$2.0\mu g$、$3.0\mu g$、$4.0\mu g$二氧化硫），分别置于25mL带塞比色管中。

于样品及标准管中各加入四氯汞钠吸收液至10mL，然后各加入1mL氨基磺酸铵溶液（12g/L）、1mL甲醛溶液（2g/L）及1mL盐酸副玫瑰苯胺溶液，摇匀，放置20min。用1cm比色杯，以零管调节零点，于波长550nm处测吸光度，绘制标准曲线比较。

五、注意事项

1. 盐酸副玫瑰苯胺的精制方法如下：称取20g盐酸副玫瑰苯胺于400mL水中，用50mL盐酸（1+5）酸化，徐徐搅拌，加4～5g活性炭，加热煮沸2min。将混合物倒入大漏斗中，过滤（用保温漏斗趁热过滤）。滤液放置过夜，出现结晶，然后再用布氏漏斗抽滤，将结晶再悬浮于1000mL乙醚-乙醇（10：1）的混合液中，振摇3～5min，以布氏漏斗抽滤，再用乙醚反复洗涤至醚层不带色为止，于硫酸干燥器中干燥，研细后贮于棕色瓶中保存。

2. 盐酸副玫瑰苯胺显色剂的配制：实验中，盐酸副玫瑰苯胺显色剂的配制较为关键，配制不好，会使实验中空白值过高，影响实验样品测定。根据经验，加酸量为：加入1：1盐酸（优级纯）12mL。

3. 如无盐酸副玫瑰苯胺可用盐酸品红代替。

4. 亚硫酸和食品中的醛、酮和糖相结合，以结合型的亚硫酸存在于食品中。加碱是将食品中的二氧化硫释放出来，加硫酸是为了中和碱，这是因为总的显色反应是在微酸性条件下进行的。

5. 显色时间对显色有影响，所以在显色时要严格控制显色时间。

6. 氯化汞试剂有毒，使用时应注意。

7. 氨基磺酸铵溶液不稳定，宜随配随用，隔绝空气保存，可稳定一周。

8. 实验用水：实验过程中所用水应该全部为二次水，所用水的质量会影响空白吸光度。

9. 过滤：过滤液是否澄清会影响溶液的吸光度。实验中，如果过滤液不澄清，可以用$4.5\mu m$薄膜或更细薄膜过滤。

10. 先加乙酸锌，后加亚铁氰化钾，并且亚铁氰化钾不应过量，否则亚铁氰化钾会被四氯汞钠还原成铁离子，使溶液呈红色，影响比色测定。

11. 本法主要适用于无色样品的测定。

12. 计算结果表示到三位有效数字。相对相差≤10％。方法检出限为 1mg/kg。

六、结果计算

计算公式为：

$$X = \frac{A \times 1000}{m \times \frac{V}{100} \times 1000 \times 1000}$$

式中　X——样品中二氧化硫的含量，g/kg；

　　　A——测定用样液中二氧化硫的含量，μg；

　　　m——样品质量，g；

　　　V——测定用样液的体积，mL。

七、思考题

1. 实验中加碱、加酸的作用是什么？
2. 显色时间如何控制为宜？
3. 二氧化硫标准溶液使用时为何要对其浓度进行标定？
4. 饼干、粉丝等样品处理时，加入亚铁氰化钾溶液以及乙酸锌溶液的目的是什么？
5. 做好本实验的操作要点是什么？

Ⅱ 蒸馏法

一、目的与要求

掌握蒸馏滴定法测定食品中亚硫酸盐的方法。

二、实验原理

在密闭容器中对试样进行酸化并加热蒸馏，以释放出其中的二氧化硫，释放物用乙酸铅溶液吸收。吸收后用浓酸酸化，再以碘标准溶液滴定，根据所消耗的碘标准溶液量计算出试样中的二氧化硫含量。

本法适用于色酒及葡萄糖糖浆、果脯。

三、仪器与试剂

1. 仪器

（1）全玻璃蒸馏器。（2）碘量瓶。（3）酸式滴定管。

2. 试剂

（1）盐酸（1＋1）：浓盐酸用水稀释 1 倍。

（2）乙酸铅溶液（20g/L）：称取 2g 乙酸铅，溶于少量水中并稀释至 100mL。

（3）碘标准溶液 $[c(1/2I_2) = 0.010\text{mol/L}]$：将碘标准溶液（0.100mol/L）用水稀释 10 倍。

（4）淀粉指示液（10g/L）：称取 1g 可溶性淀粉，用少许水调成糊状，缓缓倾入 100mL 沸水中，随加随搅拌，煮沸 2min，放冷，备用。此溶液应临用时新制。

四、测定步骤

1. 试样处理

固体试样用刀切或剪刀剪成碎末后混匀，称取约 5.00g 均匀试样（试样量可视含量高低而定）。液体试样可直接吸取 5.0~10.0mL 试样，置于 500mL 圆底蒸馏烧瓶中。

2. 测定

（1）蒸馏：将称好的试样置于圆底蒸馏烧瓶中，加入 250mL 水，装上冷凝装置，冷凝管下端应插入碘量瓶中的 25mL 乙酸铅（20g/L）吸收液中，然后在蒸馏瓶中加入 10mL 盐酸（1+1），立即盖塞，加热蒸馏。当蒸馏液约 200mL 时，使冷凝管下端离开液面，再蒸馏 1min。用少量蒸馏水冲洗插入乙酸铅溶液的装置部分。在检测试样的同时要做空白实验。

（2）滴定：向取下的碘量瓶中依次加入 10mL 浓盐酸、1mL 淀粉指示液（10g/L），摇匀之后用碘标准滴定溶液（0.010mol/L）滴定至变蓝且在 30s 内不褪色为止。

五、结果计算

试样中的二氧化硫总含量按下式进行计算。

$$X = \frac{(A - B) \times 0.01 \times 0.032 \times 1000}{m}$$

式中　X——试样中的二氧化硫总含量，g/kg；

　　　A——滴定试样所用碘标准滴定溶液（0.01mol/L）的体积，mL；

　　　B——滴定试剂空白所用碘标准滴定溶液（0.01mol/L）的体积，mL；

　　　m——试样质量，g；

　0.032——1mL 碘标准溶液 $[c(I_2) = 1.0\text{mol/L}]$ 相当于二氧化硫的质量，g。

Ⅲ　碱滴定法

1. 样品的处理和试样的配制

采用一般试样处理。

2. 试样液的制备

预先组装通气蒸馏装置，将 0.3% 的过氧化氢溶液 10mL 加入烧瓶 A 中，加入 3 滴甲基红-次甲基蓝指示剂。然后加入 0.01mol/L 的氢氧化钠 1~2 滴，安装好装置。精确称取一定量的样品，加入烧瓶 B，然后加入乙醇 2mL，非液体样品则加水 20mL，以及消泡剂硅酮油 2 滴、磷酸溶液（1→4）10mL，迅速安装好装置。经流量计通入氮气，通气速度为 0.5~0.6L/min。同时，微型燃烧器火焰高度为 4~5cm 加热烧瓶 B 约 10min，然后将烧瓶取出作为试样液。

3. 空白试样液的配制

用 20mL 水代替试样，同 "2. 试样液的制备" 进行操作，作为空白试样液。

4. 测定方法

用 0.01mol/L 的氢氧化钠溶液滴定至橄榄绿色。用以下计算式计算样品中的二氧化硫含量（g/kg）。

$$二氧化硫含量(g/kg) = \frac{(a-b) \times F \times 0.32 \times 1000}{W}$$

式中　a——试样液的滴定量，mL；

　　　b——空白试样液的滴定量，mL；

　　　W——样品的称取量，g；

　　　F——0.01mol/L 的氢氧化钠溶液的系数；

　0.32——1mL 0.01mol/L 的氢氧化钠溶液相当于 0.32mg 的二氧化硫（SO_2）。

Ⅳ 比色法

1. 样品的处理和试样的配制

采用一般试样处理。

2. 试样液的制备

预先组装通气蒸馏装置，将 0.1mol/L 的氢氧化钠溶液 20mL 加入烧瓶 A 中，加入 3 滴甲基红-次甲基蓝指示剂。然后加入 0.01mol/L 的氢氧化钠 1～2 滴，安装好装置。然后在烧瓶 B 中加入 20mL 蒸馏水、5％的双甲酮乙醇溶液 1mL、叠氮化钠溶液（1→100）1mL、乙醇 2mL、消泡剂硅酮油 2 滴以及磷酸溶液（1→4）10mL，安装好装置。经流量计通入氮气 5min，通气速度为 0.5～0.6L/min，然后精确称取 2g 样品，迅速加入烧瓶 B 中，并安装好装置，以通气速度 0.5～0.6L/min 通入氮气，同时，以微型燃烧器火焰高度为 4～5cm 加热烧瓶 B 约 10min，然后将烧瓶取出作为试样液。

3. 空白样的配制

用 20mL 水代替试样，同"2. 试样液的制备"进行操作，作为空白试样液。

4. 标准曲线的制作

精确称取硫酸氢钠（$NaHSO_3$）162.5mg（相当于 SO_2 100mg），溶解于 0.1mol/L 氢氧化钠溶液中，定容至 100mL，作为标准液备用（此标准液 1mL 含 SO_2 1mg）。将标准液保存在冰块中 2～3 天后使用。

精确量取 0、1mL、2mL、3mL、4mL、5mL 标准液，分别加入 0.1mol/L 氢氧化钠，并定容至 5mL，作为标准曲线用试剂（这些溶液 1mL 分别含 SO_2 0、0.2μg、0.4μg、0.6μg、0.8μg、1μg）。

5. 测定法

(1) 测定：精确量取样品液 5mL，加入 0.1mL 蒸馏水作为样品 A；重新精确量取样品液 5mL，加入 3％的过氧化氢溶液 0.1mL 作为样品 B。在样品 A 以及 B 中分别精确加入副玫瑰苯胺甲醛溶液 0.1mL，混合均匀，通入氮气 15min 后，对照空白样，在波长 580nm 处，测定吸光度。

(2) 标准曲线：分别量取标准曲线用溶液 5mL，与"(1) 测定"相同的操作，测定吸光度，并制作曲线。

(3) 定量：计算出样品液呈色反应后的吸光度（A 的吸光度－B 吸光度），通过标准曲线求出二氧化硫浓度（μg/mL）。用以下公式计算出样品中的二氧化硫含量。

$$X = \frac{C \times V}{m}$$

式中　X——样品中 SO_2 含量，mg/kg；

C——从标准曲线查得的 SO_2 浓度，$\mu g/mL$；

V——样品溶液体积，mL；

m——样品质量，g。

实验五　食品中 BHA 与 BHT 的测定

Ⅰ 气相色谱法

一、目的与要求

学习气相色谱法测定 BHA 与 BHT 的实验原理和方法，掌握气相色谱法检测技术。

二、实验原理

样品中的叔丁基羟基茴香醚（BHA）和 2，6-二叔丁基对甲酚（BHT）用石油醚提取，通过色谱柱使 BHA 和 BHT 净化，浓缩后，经气相色谱分离后用氢火焰离子化检测器检测，根据试样峰高与标准峰高比较定量。

三、仪器与试剂

1. 仪器

（1）气相色谱仪：附 FID 检测器。（2）蒸发器：容积 200mL。（3）振荡器。（4）色谱柱：1cm×30cm 玻璃柱，带活塞。（5）气相色谱柱：柱长 1.5m，内径 3mm 的玻璃柱内装涂质量分数为 10％的 QF-1 Gas Chrom Q（80～100 目）。

2. 试剂

（1）石油醚：沸程 30～60℃。

（2）二氯甲烷，分析纯。

（3）二硫化碳，分析纯。

（4）无水硫酸钠，分析纯。

（5）硅胶 G：60～80 目，于 120℃活化 4h，放干燥器中备用。

（6）弗罗里硅土：60～80 目，于 120℃活化 4h，放干燥器中备用。

（7）BHA、BHT 混合标准储备液：准确称取 BHA、BHT（纯度为 99.0％）各 0.1g，混合后用二硫化碳溶解，定容至 100mL 容量瓶中。此溶液分别为每毫升含 1.0mg BHA、BHT，置冰箱保存。

（8）BHA、BHT 混合标准使用液：吸取标准储备液 4.0mL 于 100mL 容量瓶中，用二硫化碳定容至 100mL 容量瓶中。此溶液分别为每毫升含 0.040mg BHA、BHT，置冰箱中保存。

四、测定步骤

1. 固体样品的制备

称取 500g 含油脂较多的试样，含油脂少的试样取 1000g，然后用对角线取四分之二或六分之二，或根据试样情况取有代表性试样，在玻璃乳钵中研碎，混合均匀后放置广口瓶内保存于冰箱中。

（1）脂肪的提取

① 含油脂高的试样（如桃酥）：称取 50g，混合均匀，置于 250mL 具塞锥形瓶中，加 50mL 石油醚（沸程为 30～60℃），放置过夜，用快速滤纸过滤后，减压回收溶剂，残留脂肪备用。

② 含油脂中等的试样（如蛋糕）：称取 100g 左右，混合均匀，置于 500mL 具塞锥形瓶中，加 100～200mL 石油醚（沸程为 30～60℃），放置过夜，用快速滤纸过滤后，减压回收溶剂，残留脂肪备用。

③ 含油脂少的试样（如面包、饼干等）：称取 250～300g，混合均匀后，置于 500mL 具塞锥形瓶中，加入适量石油醚浸泡试样，放置过夜，用快速滤纸过滤后，减压回收溶剂，残留脂肪备用。

（2）试样的净化处理

① 色谱柱制备：于色谱柱底部加入少量玻璃棉、少量无水硫酸钠，将硅胶-弗罗里硅土（6＋4）共 10g，用石油醚湿法混合装柱，柱顶部再加入少量无水硫酸钠。

② 脂肪提取物净化处理：称取经上述方法提取的脂肪 1.50～2.00g，放入 50mL 烧杯中，加 30mL 石油醚溶解，转移到色谱柱上，再用 10mL 石油醚分数次洗涤烧杯，并转入到色谱柱中，用 100mL 三氯甲烷分五次淋洗，合并淋洗液，减压浓缩近干，用二硫化碳定容至 2.0mL，该溶液为待测溶液。

2. 植物油试样的制备

直接称取混合均匀的试样 2.00g，放入 50mL 烧杯中。样品净化方法与固体样品脂肪提取物净化处理方法相同。

3. 测定

检测器：FID。温度：检测室温度 200℃，进样口温度 200℃，柱温 140℃。

载气流量：氮气 70mL/min；氢气 50mL/min；空气 500mL/min。

分别注入气相色谱标准使用液 3.0μL，以及 3.0μL 样品净化待测溶液（按试样含量而定），样品与标准品峰高或面积比较计算含量。

五、注意事项

1. 本实验法检出限为 2.0μg，油脂取样量为 0.50g 时检出浓度为 4.0mg/kg。气相色谱最佳线性范围为 0.0～100.0μg。

2. BHA、BHT 气相色谱参考谱图如图 6-2 所示。

3. 抗氧化剂本身又是氧化剂，随存放时间延长，其含量逐渐下降，因此采集来的样品应及时检测，不宜久存。

4. 脂肪过柱净化处理时应注意：待湿法装柱后石油醚自色谱柱停止流出时，立即将样品提取液倾入柱内，以防止时间过长柱层龟裂，影响净化效果。

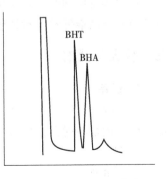

图 6-2 BHA、BHT 气相色谱参考图

六、结果计算

1. 待测溶液 BHA（或 BHT）的质量计算：

$$m_1 = \frac{h_1}{h_2} \times \frac{V_m}{V_i} \times V_5 \times C_5$$

式中　m_1——待测溶液 BHA（或 BHT）的质量，mg；

　　　h_1——注入色谱试样中 BHA（或 BHT）的峰高或面积；

　　　h_2——标准使用液中 BHA（或 BHT）的峰高或面积；

　　　V_i——注入色谱试样溶液的体积，mL；

　　　V_m——待测试样定容的体积，mL；

　　　V_5——注入色谱中标准使用液的体积，mL；

　　　C_5——标准使用液的浓度，mg/mL。

　　2. 食品中以脂肪计 BHA（或 BHT）的含量计算：

$$X_1 = \frac{m_1 \times 1000}{m_2 \times 1000}$$

式中　X_1——食品中以脂肪计 BHA（或 BHT）的含量，g/kg；

　　　m_1——待测溶液中 BHA（或 BHT）的质量，mg；

　　　m_2——油脂（或食品中脂肪）的质量，g。

　　计算结果保留三位有效数字。

七、思考题

　　1. 气相色谱实验技术的操作要点是什么？

　　2. 简述氢火焰离子化检测器的工作原理。

　　3. 为预防实验过程氢气可能发生泄漏，实验室具体防火安全措施有哪些？

Ⅱ　薄层色谱法

一、目的与要求

　　学习薄层色谱分离鉴定食品中 BHT、BHA 的实验技术。

二、实验原理

　　用甲醇提取油脂或食品中抗氧化剂，用薄层色谱定性，根据其在薄层板上显色的最低检出量与标准品最低检出量比较而概略定量，对高脂肪食品中的 BHT、BHA 能定性检出。

三、仪器与试剂

1. 仪器

　　（1）减压蒸馏装置。（2）具有刻度尾管的浓缩瓶。（3）玻璃板：5cm×20cm。（4）展开槽。（5）微量注射器：10μL。

2. 试剂

　　（1）甲醇。

　　（2）石油醚（30～60℃）。

　　（3）异辛烷。

　　（4）丙酮。

（5）冰乙酸。

（6）正己烷。

（7）二氧六环。

（8）硅胶 G：薄层用。

（9）BHT、BHA 混合标准溶液配制：分别准确称取 BHT、BHA（纯度为 99.9％以上）各 10mg，分别用丙酮溶解，转入两个 10mL 容量瓶中，用丙酮稀释至刻度。每毫升含 1.0mg BHT、BHA，吸取 BHT（1.0mg/mL）1.0mL、BHA（1.0mg/mL）0.3mL 置同一 5mL 容量瓶中，用丙酮稀释至刻度。此溶液每毫升含 0.20mg BHT、0.060mg BHA。

（10）显色剂：2，6-二氯醌-氯亚胺的乙醇溶液（2g/L）。放棕色瓶保存。

（11）展开剂：正己烷-二氧六环-乙酸（42＋6＋3），异辛烷-丙酮-乙酸（70＋5＋12）。

四、测定步骤

1. 样品提取处理

（1）植物油（花生油、豆油、菜籽油、芝麻油）样品处理：称取 5.00g 油置 10mL 具塞离心管中，加入 5.0mL 甲醇，密塞振摇 5min，放置 2min，离心（3000～3500r/min），吸取上层清液置 25mL 容量瓶中，如此重复提取共五次，合并每次甲醇提取液，用甲醇稀释至刻度。吸取 5.0mL 甲醇提取液置于浓缩瓶中，于 40℃水浴上减压浓缩至 0.5mL，留作薄层色谱用。

（2）猪油样品处理：称取 5.00g 猪油置 5mL 具磨口的锥形瓶中，加入 25.0mL 甲醇，装上冷凝管于 75℃水浴上放置 5min，待猪油完全溶化后将锥形瓶连同冷凝管一起自水浴中取出，振摇 30s，再放入水浴 30s；如此振摇三次后放入 75℃水浴，使甲醇层与油层分清后，将锥形瓶同冷凝管一起置冰水浴中冷却，猪油凝固，甲醇提取液通过滤纸滤入 50mL 容量瓶中，再自冷凝管顶端加入 25mL 甲醇，重复振摇提取一次，合并二次甲醇提取液，将该容量瓶置暗处放置，待升至室温后，用甲醇稀释至刻度。吸取 10mL 甲醇提取液置浓缩瓶中，于 40℃水浴上减压浓缩至 0.5mL，留作薄层色谱用。

2. 薄层色谱

（1）薄层板制备：称取 1.4g 硅胶 G 置玻璃乳钵中，加 3.5mL 水，研磨至黏稠状，体态均匀后，铺成 5cm×20cm 薄层板，置空气中干燥后于 80℃烘 1h，存放于干燥器中。

（2）点样：用 10μL 微量注射器在硅胶 G 薄层板上距下端 2.5cm 处等间距点三点。

① 标准溶液 5.0μL；

② 试样提取液 1.5～3.6μL；

③ 试样提取液加标准溶液［点样量与①②相同］。

（3）展开：把点样的硅胶 G 薄层板，放入预先经溶剂饱和的展开槽内展开 16cm。

（4）显色：将硅胶板自展开槽中取出，薄层板置通风橱中借助于吹风筒挥干溶剂，喷显色剂，置 110℃烘箱中加热 10min。比较色斑颜色及深浅。趁热将板置氨气蒸气槽中放置 30min，观察各颜色点的变化。

五、注意事项

1. 此法也适用于其他含油食品的测定。对于油炸花生米、酥糖、巧克力、饼干等食品的处理如下：首先测定脂肪含量，与气相色谱法中固体样品提取脂肪方法相同。而后称取约

2.00g 的脂肪，视提取的油脂是植物油还是动物油而决定提取方法。

2. BHT、BHA 薄层色谱最低检出量 R_f 值及斑点颜色变化如表 6-1 所示。

表 6-1　BHT、BHA 薄层色谱最低检出量 R_f 值及斑点颜色变化

抗氧化剂	硅胶 G 板结果		
	R_f 值	最低检出量/μg	色斑颜色
BHT	0.73	1.00	橘红→紫红
BHA	0.37	0.30	紫红→蓝紫

3. 如果试样点的色斑颜色较标准点深，可稀释后重新点样，估算含量。

4. 显色剂溶液见光易变质，应将此溶液配制后存于棕色瓶，最好临用时配制。配制的溶液保存于冰箱中可供 3 天使用。

5. 若点样量较大，可采取边点样边用吹风筒吹干，点上一滴吹干后再继续点加。以免样点过大，影响色谱展开结果。

六、结果计算

1. 结果定性评定

根据试样中显示出的 BHT、BHA 与标准 BHT、BHA 点比较 R_f 值和显色后斑点的颜色反应定性。如果样液点显示检出某种抗氧化剂，则试样中抗氧化剂的斑点应与加入内标的抗氧化剂斑点重叠。

2. 概略定量

根据薄层板上样液点抗氧化剂所显示的色斑深浅与标准抗氧化剂色斑比较而估算含量。样品中抗氧化剂（以脂肪计）的含量计算：

$$X = \frac{m_1 \times D \times 1000}{m_2 \times V_2/V_1 \times 1000 \times 1000}$$

式中　X——试样中抗氧化剂 BHA、BHT（以脂肪计）的含量，g/kg；

m_1——薄层板上测得试样点抗氧化剂的质量，μg；

V_1——供薄层色谱用点样液定容后的体积，mL；

V_2——点加样液的体积，mL；

D——样液的稀释倍数；

m_2——定容后的薄层色谱用样液相当于试样脂肪的质量，g。

七、思考题

1. 提取猪油抗氧化剂操作中，为何把合并甲醇提取液的容器置于暗处？

2. 点样时，在样品液中加入抗氧化剂标准溶液的目的是什么？

3. 为了使测定结果比较准确，实验操作应注意哪些问题？

Ⅲ　比色法——叔丁基羟基茴香醚（BHA）的测定

一、目的与要求

了解比色法测定叔丁基羟基茴香醚（BHA）的基本原理及分析流程。

二、实验原理

利用样品经石油醚提取后，根据 BHA 石油醚相和含水乙醇相中分配系数的不同，使 BHA 转入 72％乙醇相中，再与 2，6-二氯醌氯亚胺的硼砂溶液作用，生成一种稳定的蓝色化合物，其颜色深浅与 BHA 的量成正比，于 620nm 处测定吸光度，与标准比较定量。

三、仪器与试剂

1. 仪器

分光光度计。

2. 试剂

（1）2，6-二氯醌氯亚胺乙醇溶液（0.1g/L）：称取 0.01g 2，6-二氯醌氯亚胺，溶于无水乙醇中并稀释至 100mL。临用时现配，储于棕色瓶中，置于冰箱中保存。

（2）硼砂溶液（20g/L）。

（3）72％乙醇溶液。

（4）石油醚：沸程 30～60℃。

（5）无水乙醇。

（6）BHA 标准储备溶液：准确称取 100mg 的 BHA，加少许无水乙醇溶解后，移入 100mL 棕色容量瓶中，并用无水乙醇定容至刻度。摇匀避光保存。此溶液每毫升含 1mg 的 BHA。

（7）BHA 标准使用溶液：临用时吸取 BHA 标准储备溶液，以无水乙醇稀释成每毫升含 1.0μg 和 5.0μg 的 BHA。

四、测定步骤

1. BHA 标准曲线的绘制

准确吸取每毫升含 1.0μg 的 BHA 标准使用溶液 0.0、1.0mL、3.0mL、5.0mL、7.0mL、9.0mL，另吸取每毫升含 5.0μg 的 BHA 标准使用溶液 3.0mL、4.0mL、5.0mL、6.0mL、7.0mL，分别置于 25mL 比色管中。然后分别加入 72％乙醇溶液至总体积为 8mL，摇匀，加入 0.1g/L 2，6-二氯醌氯亚胺乙醇溶液 1mL，充分混匀后加入硼砂缓冲溶液 1mL，摇匀后静置 20min，于分光光度计 620nm 处测定吸光度，并绘制标准曲线。

2. 样品测定

准确称取经粉碎的样品 10g，置于 150mL 带塞三角瓶中，加入石油醚 50mL，于振荡器上振荡 20min，静置。吸取上层清液 25mL 置于分液漏斗中，以 72％乙醇溶液 15mL、10mL、10mL、10mL 分次抽提，收集乙醇溶液层于 50mL 容量瓶中，并用 72％乙醇溶液定容至刻度，混匀。吸取样品乙醇溶液 4mL，加入 72％乙醇溶液至总体积为 8mL，摇匀，加入 0.1g/L 2，6-二氯醌氯亚胺乙醇溶液 1mL，以下按标准曲线绘制操作，测得吸光度值，并从标准曲线上查出相应的 BHA 含量。

五、结果计算

$$X = \frac{A}{m} \times 1000$$

式中　X——样品中 BHA 的含量，mg/kg；

A——相当于标准的量，mg；

m——测定用样品溶液相当于样品的质量，g。

六、注意事项

计算结果小数点后保留两位有效数字。相对相差≤10%。

Ⅳ 比色法——2，6-二叔丁基对甲酚（BHT）的测定

一、目的与要求

了解比色法测定 2，6-二叔丁基对甲酚（BHT）的基本原理及分析流程。

二、实验原理

利用样品通过水蒸气蒸馏，使 BHT 分离，用甲醇吸收后，遇邻联二茴香胺与亚硝酸钠溶液生成橙红色化合物，再用三氯甲烷提取，于 520nm 处测定其吸光度并与标准比较定量。

三、仪器与试剂

1. 仪器

（1）水蒸气蒸馏装置。（2）甘油浴。（3）分光光度计。

2. 试剂

（1）无水氯化钙。

（2）甲醇。

（3）三氯甲烷。

（4）50%甲醇溶液。

（5）邻联二茴香胺溶液：准确称取 125mg 邻联二茴香胺于 50mL 棕色容量瓶中，加入 25mL 甲醇，振摇使全部溶解，加入 50mg 活性炭，振摇 5min 后过滤。吸取滤液 20mL 于另一个 50mL 棕色容量瓶中，加 1mol/L 盐酸并定容至刻度。临用时现配并注意避光保存。

（6）3g/L 亚硝酸钠溶液：避光保存。

（7）BHT 标准储备液：准确称取 BHT 50mg，用少量甲醇溶解，移入 100mL 棕色容量瓶中，用甲醇稀释至刻度。避光保存。此溶液每毫升相当于 0.5mg BHT。

（8）BHT 标准使用溶液：临用时吸取 1.0mL BHT 标准储备液，置于 50mL 棕色容量瓶中，加甲醇至刻度，混匀，避光保存。此溶液每毫升相当于 10.0μg BHT。

四、测定步骤

1. 样品的处理

称取 2.00～5.00g 样品（约含 BHT 0.4mg）于 100mL 蒸馏瓶中，加 16g 无水氯化钙粉末及 10mL 水。当甘油浴温度达到 165℃恒温时，将蒸馏瓶浸入甘油浴中，连好水蒸气发生装置及冷凝管，并将冷凝管下端浸入盛有 50mL 甲醇的 200mL 容量瓶中，进行蒸馏。馏速控制在 1.5～2mL/min，在 50～60min 内收集馏液约 100mL（连同盛有的甲醇共计 150mL，

注意蒸气压力不可太高，以免油滴带出），以温热的甲醇分次洗涤冷凝管，洗液并入容量瓶中并稀释至刻度，混匀。

2. BHT标准曲线的绘制

准确吸取 0.0、1.0mL、2.0mL、3.0mL、4.0mL、5.0mL BHT标准使用溶液（相当于 0、10μg、20μg、30μg、40μg、50μg BHT），分别置于黑纸（布）包扎的 60mL 分液漏斗中，加入甲醇（50％）至 25mL。分别加入 5mL 邻联二茴香胺溶液，混匀，再各加 2mL 亚硝酸钠溶液（3g/L），振摇 1min，放置 10min，再各加 10mL 三氯甲烷，剧烈振摇 1min，静置 3min 后，将三氯甲烷层分入黑纸（布）包扎的 10mL 比色管中，管中预先放入 2mL 甲醇，混匀。用 1cm 比色杯，以三氯甲烷调节零点，于波长 520nm 处测吸光度，并绘制标准曲线。

3. 样品的测定

准确吸取 25mL 上述处理后的样品溶液，移入用黑纸（布）包扎的 100mL 分液漏斗中，分别加入 5mL 邻联二茴香胺溶液，混匀，以下按标准曲线绘制操作，测得吸光度值并从标准曲线上查得相应的 BHT 含量。

五、结果计算

$$X = \frac{m_1 \times 1000}{m \times \dfrac{V_2}{V_1} \times 1000 \times 1000}$$

式中　X——样品中 BHT 的含量，g/kg；

　　　m_1——测定用样液中 BHT 的质量，μg；

　　　m——样品质量，g；

　　　V_1——蒸馏后样液总体积，mL；

　　　V_2——测定用吸取样液的体积，mL。

六、注意事项

计算结果小数点后保留两位有效数字。相对相差≤10％。

实验六　食品中没食子酸丙酯（PG）的测定

一、目的与要求

学习比色法测定食品中没食子酸丙酯（PG）的方法。

二、实验原理

样品经石油醚溶解，用乙酸铵水溶液提取后，没食子酸丙酯（PG）与亚铁酒石酸盐起颜色反应，在波长 540nm 处测定吸光度，与标准比较定量。

三、仪器与试剂

1. 仪器

（1）分光光度计。（2）125mL 分液漏斗。

2. 试剂

（1）石油醚：沸程 30~60℃。

（2）乙酸铵溶液（100g/L 及 16.7g/L）。

（3）显色剂：称取 0.100g 硫酸亚铁（$FeSO_4 \cdot 7H_2O$）和 0.500g 酒石酸钾钠（$NaKC_4H_4O_6 \cdot 4H_2O$），加水溶解，稀释至 100mL。临用前配制。

（4）没食子酸丙酯（PG）的标准溶液：准确称取 0.0100g 没食子酸丙酯（PG）溶于水中，移入 200mL 容量瓶中，并用水稀释至刻度。此溶液每毫升含 50.0μg 没食子酸丙酯（PG）。

四、测定步骤

1. 样品处理

称取 10.00g 样品，用 100mL 石油醚溶解，移入 250mL 分液漏斗中，加入 20mL 乙酸铵溶液（16.7g/L），振摇 2min，静置分层，将水层放入 125mL 分液漏斗中（如乳化，连同乳化层一起放下），石油醚层再用 20mL 乙酸铵溶液（16.7g/L）重复提取两次，合并水层。石油醚层用水振摇洗涤 2 次，每次 15mL，水洗涤液并入同一个 125mL 分液漏斗中，振摇静置。将水层通过干燥滤纸滤入 100mL 容量瓶中，用少量水洗涤滤纸，加 2.5mL 乙酸铵溶液（100g/L），加水至刻度，摇匀。将此溶液用滤纸过滤，弃去初滤液的 20mL，收集滤液供比色测定用。

2. 标准曲线的绘制

准确吸取 0.0、1.0mL、2.0mL、4.0mL、6.0mL、8.0mL、10.0mL PG 标准溶液（相当于 0、50μg、100μg、200μg、300μg、400μg、500μg 的没食子酸丙酯），分别置于 25mL 带塞比色管中，加入 2.5mL 乙酸铵溶液（100g/L），准确加水至 24mL，再加入 1mL 显色剂，摇匀。用 1cm 比色杯，以零管调节零点，于分光光度计 540nm 处测定吸光度，并绘制标准曲线。

3. 样品测定

吸取 20.0mL 上述处理后的样品提取液于 25mL 具塞比色管中，加入 1mL 显色剂，加 4mL 水，摇匀。用 1cm 比色杯，以零管调节零点，于分光光度计 540nm 处测定吸光度。从标准曲线查出相应的没食子酸丙酯（PG）含量。

五、结果计算

$$X = \frac{A \times 1000}{m \times \dfrac{V_2}{V_1} \times 1000 \times 1000}$$

式中　X——样品中 PG 的含量，g/kg；

　　　A——测定用样液中 PG 的含量，μg；

　　　m——样品质量，g；

　　　V_1——提取后样液总体积，mL；

　　　V_2——测定用吸取样液的体积，mL。

六、注意事项

计算结果小数点后保留两位有效数字。相对相差≤10%。

实验七　高效液相色谱测定食品中的苏丹红染料

一、目的与要求

1. 实验目的
学习食品中苏丹红染料测定的原理和方法；学习固相萃取的方法和原理。

2. 实验要求
了解测定食品中苏丹红的意义。

二、实验原理

苏丹红色素是应用于油彩蜡、地板蜡和香皂等化工产品中的一种非生物合成的着色剂，非食用色素，长期食用具有致癌致畸作用。苏丹红色素一般不溶于水，易溶于有机溶剂，待测样品经有机溶剂提取，经浓缩及氧化铝柱色谱萃取净化，用反相高效液相色谱-紫外可见光检测器进行色谱分析，采用外标法定量。

三、仪器与试剂

1. 仪器
(1) 高效液相色谱仪（配有紫外可见光检测器）。(2) 分析天平：感量 0.1mg。(3) 旋转蒸发仪。(4) 均质机或匀浆机。(5) 粉碎机。(6) 离心机。(7) 0.45μm 有机滤膜。(8) 氧化铝色谱柱：在色谱柱管底部塞入一薄层脱脂棉，干法装入处理过的氧化铝至 3cm 高，经敲实后加一薄层脱脂棉，用 10mL 正己烷预淋洗，洗净柱杂质后，备用。

2. 试剂
(1) 乙腈：色谱纯。

(2) 丙酮：色谱纯、分析纯。

(3) 甲酸：分析纯。

(4) 乙醚：分析纯。

(5) 正己烷：分析纯。

(6) 无水硫酸钠：分析纯。

(7) 色谱用氧化铝（中性 100～200 目）：105℃干燥 2h，于干燥器中冷至室温，每 100g 中加入 2mL 水降活，均匀后密封，放置 12h 后使用。

(8) 5%丙酮的正己烷溶液：吸取 50mL 丙酮用正己烷定容至 1L。

(9) 标准物质：苏丹红Ⅰ、苏丹红Ⅱ、苏丹红Ⅲ、苏丹红Ⅳ；纯度≥95%。

(10) 标准贮备液：分别称取苏丹红Ⅰ、苏丹红Ⅱ、苏丹红Ⅲ及苏丹红Ⅳ各 10.0mg（按实际含量折算），用乙醚溶解后用正己烷定容至 250mL。

四、测定步骤

1. 样品制备
将液体、浆状样品混合均匀，固体样品需粉碎磨细。

2. 样品处理

（1）红辣椒粉等粉状样品：称取 1～2g（准确至 0.001g）样品于三角瓶中，加入 10～20mL 正己烷，超声处理 5min，过滤，用 10mL 正己烷洗涤残渣数次，至洗出液无色，合并正己烷液，用旋转蒸发仪浓缩至 5mL 以下，慢慢加入氧化铝色谱柱中，为保证色谱效果，在柱中保持正己烷液面为 2mm 左右时上样，在全程的色谱过程中不应使柱干涸，用正己烷少量多次淋洗浓缩瓶，一并注入色谱柱。控制氧化铝表面吸附的色素带宽宜小于 0.5cm，待样液完全流出后，视样品中含油类杂质的多少用 10～30mL 正己烷洗柱，直至流出液无色。弃去全部正己烷淋洗液，用含 5% 丙酮的正己烷液 60mL 洗脱，收集、浓缩后，用丙酮转移并定容至 5mL，经 0.45μm 有机滤膜过滤后待测。

（2）红辣椒油、火锅料、奶油等油状样品：称取 0.5～2g（准确至 0.001g）样品于小烧杯中，加入 1～10mL 正己烷溶解，难溶解的样品可于正己烷中加温溶解。然后按（1）中"慢慢加入氧化铝色谱柱……经 0.45μm 有机滤膜过滤后待测"操作。

（3）辣椒酱、番茄沙司等含水量较大的样品：称取 10～20g（准确至 0.01g）样品于离心管中，加 10～20mL 水将其分散成糊状，含增稠剂的样品多加水，加入 30mL 正己烷：丙酮＝3：1，匀浆 5min，3000r/min 离心 10min，吸出正己烷层，于下层再加入 20mL×2 次正己烷匀浆，过滤。合并 3 次正己烷，加入无水硫酸钠 5g 脱水，过滤后于旋转蒸发仪上蒸干并保持 5min，用 5mL 正己烷溶解残渣后，按（1）中"慢慢加入氧化铝色谱柱……经 0.45μm 有机滤膜过滤后待测"操作。

（4）香肠等肉制品：称取粉碎样品 10～20g（准确至 0.01g）于三角瓶中，加入 60mL 正己烷充分匀浆 5min，滤出清液，再以 20mL×2 次正己烷匀浆，过滤。合并 3 次滤液，加入 5g 无水硫酸钠脱水，过滤后于旋转蒸发仪上蒸至 5mL 以下，按（1）中"慢慢加入氧化铝色谱柱……经 0.45μm 有机滤膜过滤后待测"操作。

3. 色谱参考条件

（1）色谱柱：Zorbax SB-C$_{18}$ 3.5μm，4.6mm×150mm（或相当型号色谱柱）。

（2）流动相：

溶剂 A：0.1% 甲酸的水溶液：乙腈＝5：15；

溶剂 B：0.1% 甲酸的乙腈溶液：丙酮＝80：20。

（3）梯度洗脱条件　见表 6-2。

表 6-2　梯度洗脱条件

流速/(mL/min)	时间/min	流动相		曲线
		A/%	B/%	
1.0	0	25	75	线性
1.0	10.0	25	75	线性
1.0	25.0	0	100	线性
1.0	32.0	0	100	线性
1.0	35.0	25	75	线性
1.0	40.0	25	75	线性

（4）柱温：30℃。

（5）检测波长：苏丹红Ⅰ 478nm；苏丹红Ⅱ、苏丹红Ⅲ、苏丹红Ⅳ 520nm。在苏丹红Ⅰ出峰后切换。

4. 测定

吸取标准贮备液0、0.1mL、0.2mL、0.4mL、0.8mL、1.6mL，用正己烷定容至25mL，此标准系列浓度为0、0.16μg/mL、0.32μg/mL、0.64μg/mL、1.28μg/mL、2.56μg/mL，各进样量10μL，绘制标准曲线。

吸取10μL样品处理液，按标准曲线制备检测色谱条件对样品进行测定。与标样对照，根据峰保留时间定性以及相应峰面积定量。

五、注意事项

1. 不同厂家和不同批号氧化铝的活度有差异，须根据具体购置的氧化铝产品略作调整，活度的调整采用标准溶液过柱，将1μg/mL的苏丹红的混合标准溶液1mL加到柱中，用5%丙酮正己烷溶液60mL完全洗脱为准，4种苏丹红在色谱柱上的流出顺序为苏丹红Ⅱ、苏丹红Ⅳ、苏丹红Ⅰ、苏丹红Ⅲ，可根据每种苏丹红回收率作出判断。苏丹红Ⅱ、苏丹红Ⅳ的回收率较低表明氧化铝活性偏低，苏丹红Ⅲ的回收率偏低表明氧化铝活性偏高。

2. 苏丹红色素色谱分离图（图6-3）

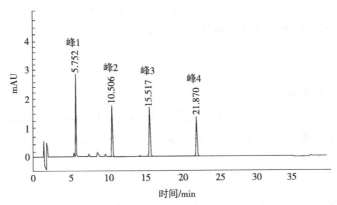

图6-3　苏丹红色素色谱分离图

峰1—苏丹红Ⅰ；峰2—苏丹红Ⅱ；峰3—苏丹红Ⅲ；峰4—苏丹红Ⅳ

六、结果计算

计算公式为：

$$X = \frac{c \times V}{m}$$

式中　X——样品中苏丹红含量，mg/kg；

c——由标准曲线得出的样液中苏丹红的浓度，μg/mL；

V——样液定容体积，mL；

m——样品质量，g。

七、思考题

样品前处理时，使色素提取液过氧化铝色谱柱可去除哪些杂质？

实验八 植物油中芦丁检测方法的建立

研究表明，芦丁对油脂具有抗氧化活性，且对紫外线有较强的吸收，因此芦丁除了可在食品行业用作保健品外，也是一种较为理想的天然广谱防晒剂。本方法以芦丁为研究对象，采用甲醇和乙腈饱和正己烷两种提取溶剂，将芦丁从油脂中提取出来，并结合高效液相色谱技术对提取到的芦丁进行色谱扫描，通过定量确定出理想的回收提取芦丁的方法。

一、实验原理

使用甲醇提取油样中的芦丁成分。定容后高效液相色谱测定。

二、材料和试剂

花生油（鲜榨）；橄榄油（欧丽薇兰特级初榨橄榄油，意大利）。

芦丁标准品（纯度≥99％UV）；甲醇、乙腈、正己烷、异丙醇等，均为分析纯。

三、仪器和装置

高效液相色谱仪：带紫外检测器；恒温振荡数显水浴锅；离心机；旋转蒸发仪；超声波振荡器；电子分析天平；实验室常规玻璃仪器若干。

四、方法

1. 液相色谱分析条件

色谱条件为：Agilent 1200；紫外检测器；分析柱：Lichrospher C_{18}，2.1mm×250mm，甲醇-水-乙酸（质量分数1％）梯度洗脱；柱温30℃；流速0.3mL/min。

2. 标准曲线的制作

精确称取芦丁标准品5mg，置50mL容量瓶中，加甲醇20mL，置水浴上微热使溶解，放冷，加甲醇至刻度，摇匀，得0.1mg/mL的芦丁标准溶液。从中吸取25mL，用蒸馏水定容至50mL容量瓶中，得0.05mg/mL的芦丁标准使用溶液。

分别吸取0.0、0.2mL、0.3mL、0.5mL、0.8mL、1.0mL芦丁标准使用溶液于1~6号容量瓶中，用甲醇定容至5mL，配成浓度分别为0.0、2μg/mL、3μg/mL、5μg/mL、8μg/mL、10μg/mL的标准系列溶液。以保留时间定性，峰面积定量，制作芦丁峰面积-浓度标准曲线。

3. 样品处理与测定

称取5.0000g油样，置于250mL具塞锥形瓶中，准确加入50.0mL甲醇溶剂，置于恒温振荡水槽中提取60min（恒温25℃，振荡速率为中速），转入100mL离心管中，4000r/min离心10min，将上层提取液倒入50mL刻度试管中，定容至50mL。通过0.45μm的微孔膜过滤器过滤，以备注入高效液相色谱系统。

4. 计算公式

根据样品峰面积，从标准曲线查得含量，计算后得到样品中的芦丁含量 C。计算公式如下：

$$C = \frac{C_1 \times V}{m}$$

式中　C——芦丁含量，mg/kg；

　　　C_1——标准曲线查得的芦丁含量，μg/mL；

　　　V——溶液的总体积，mL；

　　　m——样品油样的质量，g。

实验九　食品中合成着色剂的测定

Ⅰ 高效液相色谱法

一、目的与要求

学习高效液相色谱法分离测定食品中合成着色剂的实验原理，熟悉各类测试样品的提取操作方法以及高效液相色谱的分离技术。

二、实验原理

食品中人工合成着色剂经聚酰胺吸附法或液-液分配提取，制备成水溶液，注入高效液相色谱仪，经反相色谱分离，根据保留时间定性和峰面积比较进行定量。

三、仪器与试剂

1. 仪器

高效液相色谱仪，带紫外检测器，254nm 波长。

2. 试剂

（1）正己烷。

（2）盐酸。

（3）乙酸。

（4）甲醇：经 0.5μm 滤膜过滤。

（5）聚酰胺粉（尼龙 6）：过 200 目筛。

（6）0.02mol/L 乙酸铵溶液：称取 1.54g 乙酸铵，加水溶解至 1000mL，经 0.45μm 滤膜过滤。

（7）氨水：量取氨水 2mL，加水至 100mL，混匀。

（8）0.02mol/L 氨水-乙酸铵溶液：量取氨水 0.5mL，加 0.02mol/L 乙酸铵溶液至 1000mL。

（9）甲醇-甲酸（6＋4）溶液：量取甲醇 60mL、甲酸 40mL，混匀。

（10）柠檬酸溶液：称取 20g 柠檬酸，加水至 100mL，溶解混匀。

（11）无水乙醇-氨水-水（7＋2＋1）溶液：量取无水乙醇 70mL、氨水 20mL、水 10mL，混匀。

（12）5％三正辛胺正丁醇溶液：量取三正辛胺 5mL，加正丁醇至 100mL，混匀。

（13）饱和硫酸钠溶液。

（14）0.2％硫酸钠溶液。

（15）pH 6 的水：水加柠檬酸溶液调 pH 值到 6。

（16）合成着色剂标准溶液：准确称取按其纯度折算为 100% 质量的柠檬黄、日落黄、苋菜红、胭脂红、新红、赤藓红、亮蓝各 0.100g，置 100mL 容量瓶中，加 pH 6 的水到刻度，配成浓度为 1.00mg/mL 的着色剂水溶液。

（17）合成着色剂标准使用液：临用时将上述溶液加水稀释 20 倍，经 0.45μm 滤膜过滤，配成每毫升相当于 50.0μg 的合成着色剂标准使用液。

四、测定步骤

1. 样品处理

（1）橘子汁、果味水、果子露汽水等：称取 20.0～40.0g，放入 100mL 烧杯中，含二氧化碳试样加热驱除二氧化碳。

（2）配制酒类：称取 20.0～40.0g，放入 100mL 烧杯中，加小碎瓷片数片，加热驱除乙醇。

（3）硬糖、蜜饯类、淀粉软糖等：称取 5.00～10.00g 粉碎试样，放入 100mL 小烧杯中，加水 30mL，温热溶解，若试样溶液 pH 值较高，用柠檬酸溶液调 pH 值到 6 左右。

（4）巧克力豆及着色糖衣制品：称取 5.00～10.00g，放入 100mL 小烧杯中，用水反复洗涤色素，到试样无色素为止，合并色素漂洗液为试样溶液。

2. 色素提取

（1）聚酰胺吸附法：试样溶液加柠檬酸溶液调 pH 值到 6，加热至 60℃，将 1g 聚酰胺粉加少许水调成粥状，倒入试样溶液中，搅拌片刻，以 G3 垂熔漏斗抽滤，用 60℃ pH＝4 的水洗涤 3～5 次，然后用甲醇-甲酸混合溶液洗涤 3～5 次 ［含赤藓红的试样用（2）法处理］，再用水洗至中性，用乙醇-氨水-水混合溶液解吸 3～5 次，每次 5mL，收集解吸液，加乙酸中和，蒸发至近干，加水溶解，定容至 5mL。用 0.45μm 滤膜过滤，取 10μL 进高效液相色谱仪分析。

（2）液-液分配法（适用于含赤藓红的试样）：将制备好的试样溶液放入分液漏斗中，加 2mL 盐酸、5% 三正辛胺正丁醇溶液 10～20mL，振摇提取分取有机相，重复提取至有机相无色，合并有机相，用饱和硫酸钠溶液洗 2 次，每次 10mL，分取有机相，放蒸发皿中，水浴加热浓缩至 10mL，转移至分液漏斗中，加 60mL 正己烷，混匀，加氨水提取 2～3 次，每次 5mL，合并氨水溶液层（含水溶性酸性色素），用正己烷洗 2 次，氨水层加乙酸调成中性，水浴加热蒸发至近干，加水定容至 5mL。经 0.45μm 滤膜过滤，取 10μL 进高效液相色谱仪。

3. 样品测定

（1）高效液相色谱检测样品参考条件
① 柱：YWG-C18，10μm 不锈钢柱，4.6mm×250mm。
② 流动相：甲醇：乙酸铵溶液（pH＝4.0，0.02mol/L）。
③ 梯度洗脱：甲醇，20%～35%，3%/min；35%～98%，9%/min；98% 继续 6min。
④ 流速：1mL/min。
⑤ 检测波长：254nm。
（2）测定
取相同体积样液和合成着色剂标准使用液分别注入高效液相色谱仪，根据保留时间定性，外标峰面积法定量。

五、结果计算

$$X = \frac{A \times 1000}{m \times \dfrac{V_2}{V_1} \times 1000 \times 1000}$$

式中　X——试样中着色剂的含量，g/kg；

　　　A——样液中着色剂的质量，μg；

　　　V_2——进样体积，mL；

　　　V_1——试样稀释总体积，mL；

　　　m——试样质量，g。

计算结果保留两位有效数字。

六、注意事项

1. 本实验法的检出限：新红 5ng、柠檬黄 4ng、苋菜红 6ng、胭脂红 8ng、日落黄 7ng、赤藓红 18ng、亮蓝 26ng，当进样量相当 0.025g 时，检出浓度分别为 0.2mg/kg、16mg/kg、0.24mg/kg、0.32mg/kg、0.28mg/kg、0.72mg/kg、1.04mg/kg。

2. 检测精密度：在重复条件下获得的两次独立测定结果的绝对差值不得超过算术平均值的 10%。

3. 八种着色剂色谱分离图如图 6-4 所示。

4. 样品测定时，测定一个样品后，将流动相中甲醇浓度恢复至 20%，平衡系统 20min 后，再开始测定第二个样品。

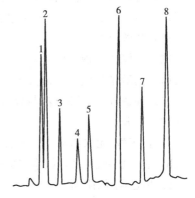

图 6-4　八种着色剂色谱分离图

1—新红；2—柠檬黄；3—苋菜红；4—靛蓝；
5—胭脂红；6—日落黄；7—亮蓝；8—赤藓红

七、思考题

1. 用聚酰胺粉吸附提取色素时，用柠檬酸调整样液的 pH 值到 6 的目的是什么？

2. 如何解吸被聚酰胺粉吸附的色素？

Ⅱ 薄层色谱法

一、目的与要求

了解定量测定合成着色剂的实验原理，掌握薄层色谱分离检测技术。

二、实验原理

样品经处理后，水溶性酸性合成着色剂在酸性条件下被聚酰胺吸附，而后在碱性条件下解吸附，再用纸色谱法或薄层色谱法进行分离，与标准样品比较定性、定量。

三、仪器与试剂

1. 仪器

（1）可见分光光度计。（2）展开槽：25cm×6cm×4cm。（3）水泵。（4）玻璃板：5cm×

20cm。(5) 滤纸：中速滤纸，纸色谱用。(6) 血色素吸管和电吹风。

2. 试剂

(1) 石油醚：沸程 60～90℃。

(2) 甲醇。

(3) 聚酰胺粉（尼龙 6）：200 目。

(4) 硅胶 G。

(5) 硫酸（1＋10）。

(6) 甲醇-甲酸溶液（6＋4）。

(7) 氢氧化钠溶液（50g/L）。

(8) 海砂：先用盐酸（1＋10）煮沸 15min，用水洗至中性，再用氢氧化钠溶液（50g/L）煮沸 15min，用水洗至中性，再于 105℃干燥，贮于具玻璃塞的瓶中，备用。

(9) 50%乙醇。

(10) 乙醇-氨溶液：取 1mL 氨水，加 70%乙醇至 100mL。

(11) pH6 的水：用 20%柠檬酸溶液调节 pH＝6。

(12) 盐酸（1＋10）。

(13) 柠檬酸溶液（200g/L）。

(14) 钨酸钠溶液（100g/L）。

(15) 碎瓷片：处理方法与处理海砂方法相同。

(16) 展开剂

(a) 正丁醇-无水乙醇-1%氨水（6＋2＋3）：供纸色谱用。

(b) 正丁醇-吡啶-1%氨水（6＋3＋4）：供纸色谱用。

(c) 甲乙酮-丙酮-水（7＋3＋3）：供纸色谱用。

(d) 甲醇-乙二胺-氨水（10＋3＋2）：供薄层色谱用。

(e) 甲醇-氨水-乙醇（5＋1＋10）：供薄层色谱用。

(f) 柠檬酸钠溶液（25g/L）-氨水-乙醇（8＋1＋2）：供薄层色谱用。

(17) 合成着色剂标准溶液：准确称取按其纯度折算为 100%质量的各种着色剂，分别置于 100mL 容量瓶中，加 pH 6 的水到刻度，配成 1.0mg/mL 浓度的标准溶液。

(18) 合成着色剂标准使用液：临用时吸取合成着色剂标准溶液各 5.0mL，分别置于 50mL 容量瓶中，加 pH 6 的水稀释至刻度。此溶液相当于 0.10mg/mL 合成着色剂。

四、测定步骤

1. 样品处理

(1) 果味水、果子露、汽水：称取 50.0g 样品于 100mL 烧杯中。汽水需加热驱除二氧化碳。

(2) 配制酒：称取 100.0g 样品于 100mL 烧杯中，加碎瓷片数块，加热驱除乙醇。

(3) 硬糖、蜜饯类、淀粉软糖：称取 5.00g 或 10.0g 粉碎的试样，加 30mL 水，温热溶解，若样液 pH 值较高，用柠檬酸溶液（200g/L）调整至 pH 4 左右。

2. 样品吸附分离

将处理后所得的溶液加热至 70℃，加入 0.5～1.0g 聚酰胺粉充分搅拌，用柠檬酸溶液（200g/L）调 pH 至 4，使着色剂完全被吸附，如溶液还有颜色，可以再加一些聚酰胺粉。

将吸附着色剂的聚酰胺全部转入 G3 垂熔漏斗中过滤（如用 G3 垂熔漏斗过滤可以用水泵慢慢地抽滤）。用 pH4 的 70℃水反复洗涤，每次 20mL，边洗边搅拌，若含有天然着色剂，再用甲醇-甲酸溶液洗涤 1～3 次，每次 20mL，至洗液无色为止。再用 70℃水多次洗涤至流出的溶液为中性。洗涤过程中应充分搅拌。然后用乙醇-氨溶液分次解吸全部着色剂，收集全部解吸液，于水浴上驱氨。如果为单一的着色剂，则用水准确稀释至 50mL，用分光光度法进行测定。如果为多种着色剂混合液，则进行纸色谱或薄层色谱法分离后测定，即将上述溶液置水浴上浓缩至 2mL 后移入 5mL 容量瓶中，用 50％乙醇洗涤容器，洗液并入容量瓶中并稀释至刻度。

3. 着色剂的定性

（1）纸色谱定性着色剂　按展开槽大小截剪一定规格的滤纸条，在距底边 2cm 的起始线上分别点 3～10μL 试样溶液、1～2μL 着色剂标准液，挂于分别盛有正丁醇-无水乙醇-氨水、正丁醇-吡啶-氨水展开剂的展开槽中，用上行法展开，等溶剂前沿展至 15cm 处，将滤纸取出于空气中晾干，与标准斑比较定性。

（2）薄层色谱定性着色剂

① 薄层板的制备

称取 1.6g 聚酰胺粉、0.4g 可溶性淀粉及 2g 硅胶 G 置于合适的研钵中，加 15mL 水研匀后，立即置于玻璃板中均匀涂布铺成 0.3mm 的薄板，在室温晾干后，于 80℃干燥 1h，置于干燥器中备用。

② 点样

点样前对玻璃板进行修整。然后离板底边 2cm 处将 0.5mL 样液从左到右点成与底边平行的条状，板的左边点 2μL 色素标准溶液。

③ 展开

苋菜红与胭脂红用甲醇-乙二胺-氨水展开剂；靛蓝与亮蓝用甲醇-氨水-乙醇展开剂；柠檬黄与其他着色剂用柠檬酸钠-氨水-乙醇展开剂。取适量展开剂倒入展开槽中，将薄层板放入展开，等着色剂明显分开后取出，晾干，与标准斑比较，R_f 值相同的即为同一色素。

4. 着色剂的定量测定

（1）样品测定

将纸色谱中相关的色斑分别剪下，用少量热水洗涤数次，合并洗液，移入 10mL 比色管中，并加水稀释至刻度。

将薄层色谱相关的色斑（包括有扩散的部分）分别用刮刀刮下，移入漏斗中，用乙醇-氨溶液解吸着色剂，少量反复多次至解吸，解吸液并入蒸发皿中，于水浴上挥去氨，移入 10mL 比色管中，加水至刻度，作比色用。

（2）标准曲线制备

分别吸取 0、0.5mL、1.0mL、2.0mL、3.0mL、4.0mL 胭脂红、苋菜红、柠檬黄、日落黄色素标准使用溶液，或 0、0.2mL、0.6mL、0.8mL、1.0mL 亮蓝、靛蓝色素标准使用溶液，分别置于 10mL 比色管中，各加水稀释至刻度。

上述试样与标准管分别用 1cm 比色杯，以零管调节零点，于一定波长下（胭脂红 510nm，苋菜红 520nm，柠檬黄 430nm，日落黄 482nm，亮蓝 627nm，靛蓝 620nm）测定吸光度，分别绘制标准曲线，与标准曲线比较，计算样品中着色剂含量。

五、结果计算

$$X = \frac{A \times 1000}{m \times \dfrac{V_2}{V_1} \times 1000}$$

式中　X——样品中着色剂的含量，g/kg；

　　　　A——测定用样液中色素含量，mg；

　　　　m——试样质量或体积，g 或 mL；

　　　　V_1——试样解吸后的体积，mL；

　　　　V_2——样液点板（纸）的体积，mL。

　　计算结果保留两位有效数字。

六、注意事项

　　1. 本实验法的最低检出量为 $50\mu g$，点样量为 $1\mu L$ 时，检出浓度约为 50mg/kg。

　　2. 奶糖、蛋糕类样品前处理，可参照国标 GB/T 5009.35—2003 相应的处理方法。

　　3. 纸色谱展开时，为避免靛蓝在碱性条件下易褪色，可选用甲乙酮-丙酮-水展开剂。

　　4. 点样前对薄层板进行修整，即用刮刀垂直由下往上刮去上行展开薄层板两侧约 0.5cm 的硅胶层。目的是防止薄层板展开时产生边缘效应，影响 R_f 值。

七、思考题

　　1. 薄层色谱法中的点样展开操作，应注意什么问题？

　　2. 薄层色谱法是怎样进行定性和定量的？

实验十　食品中栀子黄的测定

Ⅰ 高效液相色谱法

一、目的与要求

1. 实验目的

学习食品中栀子黄高效液相色谱测定的原理和方法。

2. 实验要求

了解测定食品中栀子黄的意义。

二、实验原理

　　样品中栀子黄经提取净化后，用高效液相色谱法测定，以保留时间定性、峰高定量。栀子苷是栀子黄的主要成分，为对照品。

三、仪器与试剂

1. 仪器

小型粉碎机；恒温水浴；高效液相色谱系统：Water'sm501泵，U6K进样器，岛津RF-

535；荧光检测器，Bluechip/PC 计算机和 Baseline 810 色谱控制程序。

2. 试剂

甲醇；石油醚（60～90℃）；三氯甲烷；姜黄色素；栀子苷。

栀子苷标准溶液：称取 2.75mg 栀子苷标准品，用甲醇溶解，并用甲醇稀释至 100mL 混匀，即得 27.5μg/mL 栀子苷。

栀子苷标准使用液：分别吸取栀子苷标准溶液 0、2.0mL、4.0mL、6.0mL、8.0mL 于 10mL 容量瓶中，加甲醇定容至 10mL，即得 0、5.5μg/mL、11.0μg/mL、16.5μg/mL、22.0μg/mL 的栀子苷标准系列溶液。

四、测定步骤

1. 样品处理

饮料：将样品温热，搅拌除去二氧化碳或超声脱气，摇匀后，通过 0.4μm 微孔滤膜过滤，滤液备作 HPLC 分析用。

酒：样品通过微孔滤膜过滤，滤液备作 HPLC 分析用。

糕点：称取 10g 样品放入 100mL 的圆底烧瓶中，用 50mL 石油醚加热回流 30min，置室温。砂芯漏斗过滤，用石油醚洗涤残渣 5 次，洗液并入滤液中，减压浓缩石油醚提取液，残渣放入通风橱至无石油醚味。用甲醇提取 3～5 次，每次 30mL，直至提取液无栀子黄颜色，用砂芯漏斗过滤，滤液通过微孔滤膜过滤，滤液贮于冰箱备用。

2. 色谱参考条件

色谱柱：粒度 5μm ODS C_{18} 150mm×4.6mm。

流动相：甲醇：水（35：65）。

流速：0.8mL/min。

波长：240nm。

3. 测定

（1）标准曲线的绘制

在本实验条件下，分别注入栀子苷标准使用液 0、2μL、4μL、6μL、8μL，进行 HPLC 分析，然后以峰高对栀子苷浓度作标准曲线。

（2）定量测定

在实验条件下，注入 5μL 样品处理液，进行 HPLC 分析，取其峰与标准比较，测得样品中栀子苷含量。

五、结果计算

计算公式为：

$$X = \frac{A \times V}{m \times 1000}$$

式中　X——样品中栀子黄色素的含量，g/kg；

　　　A——进样液中栀子苷的含量，μg；

　　　V——样品制备液体积，mL；

　　　m——样品质量，g。

六、注意事项

本方法适用于饮料、酒、糕点中栀子黄的测定。

本方法栀子苷的检测限为 $3.2\mu g/mL$，栀子黄色素浓度在 $0.2\sim0.3g/kg$ 范围内，饮料、酒、蛋糕中的回收率分别为 94.1%、92%、91.3%。相对标准差为 2.69%、4.70%、3.20%。

Ⅱ 薄层色谱法

一、目的与要求

1. 实验目的
学习食品中栀子黄薄层色谱法半定量的原理和方法。

2. 实验要求
了解测定食品中栀子黄的意义。

二、实验原理

样品中栀子黄色素用有机溶剂提取，并经过纯化处理，去除干扰物质，浓缩点样展开后，在 UV254nm 灯下呈黑色斑点，与标准比较进行定性，以及概略定量。

三、仪器与试剂

1. 仪器
（1）全玻璃浓缩器。（2）薄层板涂布器。（3）玻璃板，$4cm\times20cm$，$20cm\times20cm$。（4）UV254nm 荧光灯。（5）微量注射器。（6）展开槽。

2. 试剂
（1）甲醇。

（2）乙醇。

（3）乙酸乙酯。

（4）丙酮。

（5）甲酸。

（6）三氯甲烷。

（7）硅胶 GF254：薄层色谱用。

（8）展开剂：乙酸乙酯：丙酮：甲醇：水（5：5：1：1）。

（9）展开剂：三氯甲烷：甲醇（6：3）。

四、测定步骤

1. 样品处理
酒：取样品 100mL，减压浓缩至无酒味，然后用乙酸乙酯萃取，每次 30mL，萃取 3～5 次，至无栀子黄颜色为止。合并萃取液，减压浓缩至无乙酸乙酯味，约剩 20mL 为止。此液留作薄层分析用。

饮料：取样品 100mL，用乙酸乙酯萃取，每次 50mL，萃取 3～5 次，至无栀子黄颜色为止。合并萃取液，减压浓缩至无乙酸乙酯味，约剩 20mL。此液留作薄层分析用。

蛋糕：称取 10.0g 已粉碎均匀的样品，加海砂少许，混匀，用热风吹干样品（用手摸已干燥即可），加入 50mL 石油醚搅拌，放置片刻，弃去石油醚，如此反复处理三次，以除去脂肪，吹干后研细，放入索式提取器，用甲醇提取色素，直到无栀子黄色素为止，直至色素全部提完，置水浴浓缩至约 5mL。此液留作薄层色谱用。

2. 测定

点样：取市售硅胶 GF254 荧光板，离板底边 2cm 处点样品提取液 0.5μL，板的右边点 2μL 栀子黄色素标准溶液。

展开：将点样项已点好的样和标准板，用（8）、（9）展开剂展开，待栀子黄色素明显分开后取出，晾干，与标准斑点比较，栀子黄 R_f 值为 0.64 和 0.50。而姜黄色素 R_f 为 0.11 和 0.15。样品与标品的斑点的 R_f 值一致，则证明样品中的色素为栀子黄色素。

五、注意事项

本方法适用于饮料、酒、糕点中栀子黄的测定。

本方法仅能定性与概略定量。

实验十一　食品中亚硝酸盐、硝酸盐的测定

Ⅰ 亚硝酸盐的检测——盐酸萘乙二胺比色法

一、目的与要求

1. 实验目的

学习食品中亚硝酸盐的比色法测定的原理和方法。

2. 实验要求

了解测定食品中亚硝酸盐的意义。

二、实验原理

样品经沉淀蛋白质、除去脂肪后，在弱酸条件下亚硝酸盐与对氨基苯磺酸重氮化后，再与盐酸萘乙二胺偶合形成紫红色染料，与标准比较定量。

三、仪器与试剂

1. 仪器

小型粉碎机，分光光度计。

2. 试剂

（1）饱和硼砂溶液：称取 5.0g 硼酸钠（$Na_2B_4O_7 \cdot 10H_2O$），溶于 100mL 热水中，冷却备用。

（2）亚铁氰化钾溶液：称取 106.0g 亚铁氰化钾 $[K_4Fe(CN)_6 \cdot 3H_2O]$，用水溶解，并稀释至 1000mL。

（3）乙酸锌溶液：称取 220.0g 乙酸锌 [Zn（CH₃COO）₂·2H₂O]，加 30mL 冰乙酸溶于水，并稀释至 1000mL。

（4）对氨基苯磺酸溶液（4g/L）：称取 0.4g 对氨基苯磺酸，溶于 100mL 20％盐酸中，置棕色瓶中混匀，避光保存。

（5）盐酸萘乙二胺溶液（2g/L）：称取 0.2g 盐酸萘乙二胺，溶解于 100mL 水中，混匀后，置棕色瓶中，避光保存。

（6）亚硝酸钠标准溶液：准确称取 0.1000g 于硅胶干燥器中干燥 24h 的亚硝酸钠，加水溶解移入 500mL 容量瓶中，加水稀释至刻度，混匀。此溶液每毫升相当于 200μg 的亚硝酸钠。

（7）亚硝酸钠标准使用液：临用前，吸取亚硝酸钠标准溶液 5.00mL，置于 200mL 容量瓶中，加水稀释至刻度。此溶液每毫升相当于 5.0μg 亚硝酸钠。

四、测定步骤

1. 样品处理

称取 5.0g 经绞碎混匀的样品，置于 50mL 烧杯中，加 12.5mL 硼砂饱和液，搅拌均匀，以 70℃左右的水约 300mL 将试样洗入 500mL 容量瓶中，于沸水浴中加热 15min，取出后冷却至室温，然后一边转动，一边加入 5mL 亚铁氰化钾溶液，摇匀，再加入 5mL 乙酸锌溶液，以沉淀蛋白质。加水至刻度，摇匀，放置 0.5h，除去上层脂肪，清液用滤纸过滤，弃去初滤液 30mL，滤液备用。

2. 测定

吸取 40.0mL 上述滤液于 50mL 带塞比色管中，另吸取 0.00、0.20mL、0.40mL、0.60mL、0.80mL、1.00mL、1.50mL、2.00mL、2.50mL 亚硝酸钠标准使用液（相当于 0、1μg、2μg、3μg、4μg、5μg、7.5μg、10μg、12.5μg 亚硝酸钠），分别置于 50mL 带塞比色管中。于标准管与试样管中分别加入 2mL 对氨基苯磺酸溶液（4g/L），混匀，静置 3～5min 后各加入 1mL 盐酸萘乙二胺溶液（2g/L），加水至刻度，混匀，静置 15min，用 2cm 比色杯，以零管调节零点，于波长 538nm 处测吸光度，绘制标准曲线比较，同时做试剂空白。

五、结果计算

计算公式为：

$$X = \frac{A \times 1000}{m \times \dfrac{V_2}{V_1} \times 1000}$$

式中　X——试样中亚硝酸盐的含量，mg/kg；

　　　m——试样质量，g；

　　　A——测定用样液中亚硝酸盐的质量，μg；

　　　V_1——试样处理液总体积，mL；

　　　V_2——测定用样液体积，mL。

六、注意事项

1. 亚硝酸盐方法检出限为 1mg/kg。

2. 结果报告算术均值的二位有效数。

3. 相对相差≤10％。

Ⅱ 硝酸盐的检测——镉柱法

一、目的与要求

1. 实验目的
学习食品中硝酸盐测定的原理和方法。

2. 实验要求
了解测定食品中硝酸盐的意义。

二、实验原理

试样经沉淀蛋白质、除去脂肪后，溶液通过镉柱，使其中的硝酸根离子还原成亚硝酸根离子，在弱酸性条件下，亚硝酸根与对氨基苯磺酸重氮化后，再与盐酸萘乙二胺偶合形成红色染料，测得亚硝酸盐总量，由总量减去亚硝酸盐含量即得硝酸盐含量。

三、仪器与试剂

1. 仪器

（1）海绵状镉的制备

投入足够的锌皮或锌棒于 500mL 硫酸镉溶液（200g/L）中，经 3～4h，当其中的镉全部被锌置换后用玻璃棒轻轻刮下，取出残余锌棒，使镉沉底。倾去上层清液，以水用倾泻法多次洗涤，然后移入组织捣碎机中，加 500mL 水，捣碎约 2s，用水将金属细粒洗至标准筛上，取 20～40 目之间的部分。

（2）镉柱的装填

如图 6-5。用水装满镉柱玻璃管，并装入 2cm 高的玻璃棉做垫，将玻璃棉压向柱底时，应将其中所包含的空气全部排出，在轻轻敲击下加入海绵状镉至 8～10cm 高，上面用 1cm 高的玻璃棉覆盖，上置一贮液漏斗，末端要穿过橡皮塞与镉柱玻璃管紧密连接。

如无上述镉柱玻璃管时，可以 25mL 酸式滴定管代用。

当镉柱填装好后，先用 25mL 盐酸（0.1mol/L）洗涤，再以水洗两次，每次 25mL，镉柱不用时用水封盖，随时都要保持水平面在镉层之上，不得使镉层夹有气泡。

（3）镉柱每次使用完毕后，应先以 25mL 盐酸（0.1mol/L）洗涤，再以水洗两次，每次 25mL，最后用水覆盖镉柱。

（4）镉柱还原效率的测定：吸取 20mL 硝酸钠标准

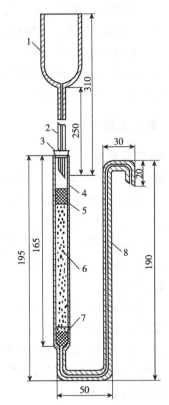

图 6-5　镉柱的装填（单位：mm）
1—贮液漏斗，内径 35mm，外径 37mm；
2—进液毛细管，内径 0.4mm，外径 6mm；
3—橡皮塞；4—镉柱玻璃管，内径 12mm，
外径 16mm；5，7—玻璃棉；
6—海绵状镉；8—出液毛细管，
内径 2mm，外径 8mm

使用液，加入 5mL 稀氨缓冲液，混匀后依照测定步骤的 2）和 3）进行操作。取 10.0mL 还原后的溶液（相当 10μg 亚硝酸钠）于 50mL 比色管中，以下按亚硝酸盐的测定中样品处理进行操作，根据标准曲线计算测得结果，与加入量一致，还原效率应大于 98％为符合要求。

（5）结果计算：还原效率按下式进行计算。

$$X = \frac{A}{10} \times 100\%$$

式中　X——还原效率；

　　　A——测得亚硝酸盐的质量，μg；

　　　10——测定用溶液相当亚硝酸盐的质量，μg。

2. 试剂

（1）氨缓冲溶液（pH 9.6～9.7）：量取 20mL 盐酸，加 50mL 水，混匀后加 50mL 氨水，再加水稀释至 1000mL，混匀。

（2）稀氨缓冲液：量取 50mL 氨缓冲溶液，加水稀释至 500mL，混匀。

（3）盐酸溶液（0.1mol/L）：吸取 5mL 盐酸，用水稀释至 600mL。

（4）硝酸钠标准溶液：准确称取 0.1232g 于 110～120℃干燥恒重的硝酸钠，加水溶解，移于 500mL 容量瓶中，并稀释至刻度。此溶液每毫升相当于 200μg 硝酸钠。

（5）硝酸钠标准使用液：临用时吸取硝酸钠标准溶液 2.50mL，置于 100mL 容量瓶中，加水稀释至刻度。此溶液每毫升相当于 5μg 硝酸钠。

（6）亚硝酸钠标准使用液：同"Ⅰ亚硝酸盐的检测——盐酸萘乙二胺比色法"。

四、测定步骤

1. 样品处理

称取 5.0g 经绞碎混匀的样品，置于 50mL 烧杯中，加 12.5mL 硼砂饱和液，搅拌均匀，以 70℃左右的水约 300mL 将试样洗入 500mL 容量瓶中，于沸水浴中加热 15min，取出后冷却至室温，然后一边转动，一边加入 5mL 亚铁氰化钾溶液，摇匀，再加入 5mL 乙酸锌溶液，以沉淀蛋白质。加水至刻度，摇匀，放置 0.5h，除去上层脂肪，清液用滤纸过滤，弃去初滤液 30mL，滤液备用。

2. 测定

① 先以 25mL 稀氨缓冲液冲洗镉柱，流速控制在 3～5mL/min（以酸式滴定管代替的可控制在 2～3mL/min）。

② 吸取 20mL 处理过的样液于 50mL 烧杯中，加 5mL 氨缓冲溶液，混合后注入贮液漏斗，使流经镉柱还原，以原烧杯收集流出液，当贮液漏斗中的样液流完后，再加 5mL 水置换柱内留存的样液。

③ 将全部收集液如前再经镉柱还原一次，第二次流出液收集于 100mL 容量瓶中，继以水流经镉柱洗涤三次，每次 20mL，洗液一并收集于同一容量瓶中，加水至刻度，混匀。

④ 亚硝酸钠总量的测定：吸取 10～20mL 还原后的样液于 50mL 比色管中，以下按亚硝酸盐的测定中自"另吸取 0.00、0.20mL、0.40mL、0.60mL、0.80mL、1.00mL……"起依法操作。

⑤ 亚硝酸盐的测定：吸取 40mL 经步骤 1 处理的样液于 50mL 比色管中，以下按亚硝

酸盐的测定中自"另吸取 0.00、0.20mL、0.40mL、0.60mL、0.80mL、1.00mL……"起依法操作。

五、结果计算

计算公式为：

$$X = \left(\frac{A_1 \times 1000}{m \times \dfrac{V_1}{V_2} \times \dfrac{V_4}{V_3} \times 1000} - \frac{A_2 \times 1000}{m \times \dfrac{V_6}{V_5} \times 1000} \right) \times 1.232$$

式中 X——试样中硝酸盐的含量，mg/kg；

m——试样的质量，g；

A_1——经镉柱还原后测得亚硝酸钠的质量，μg；

A_2——直接测得亚硝酸盐的质量，μg；

1.232——亚硝酸钠换算成硝酸钠的系数；

V_1——测总亚硝酸钠的试样处理液总体积，mL；

V_2——测总亚硝酸钠的测定用样液体积，mL；

V_3——经镉柱还原后样液总体积，mL，

V_4——经镉柱还原后样液的测定用样液体积，mL；

V_5——直接测亚硝酸钠的试样处理液总体积，mL；

V_6——直接测亚硝酸钠的试样处理液的测定用样液体积，mL。

六、注意事项

1. 硝酸盐方法检出限为 1.4mg/kg。

2. 结果报告算术均值的二位有效数。

3. 相对相差≤10%。

Ⅲ 示波极谱法——亚硝酸盐测定

一、目的与要求

1. 实验目的

学习食品中亚硝酸盐示波极谱法测定的原理和方法。

2. 实验要求

了解测定食品中亚硝酸盐的意义。

二、实验原理

试样经沉淀蛋白质、除去脂肪后，在弱酸性的条件下亚硝酸盐与对氨基苯磺酸重氮化后，在弱碱性条件下再与8-羟基喹啉偶合形成橙色染料，该偶氮染料在汞电极上还原产生电流，电流与亚硝酸盐的浓度呈线性关系，可与标准曲线比较定量。

三、仪器

小型绞肉机。示波极谱仪。

四、测定步骤

1. 样品处理

称取 5.000g 经绞碎混匀的试样（午餐肉、火腿肠可称 10.00～20.00g），置于 50mL 烧杯中，加 12.5mL 硼砂饱和液，搅拌均匀，以 70℃的水 300mL 将试样洗入 500mL 容量瓶中，于沸水浴中加热 15min，取出后冷却至室温，然后一边转动，一边加入 5mL 亚铁氰化钾溶液，摇匀，再加入 5mL 乙酸锌溶液，以沉淀蛋白质。加水至刻度，摇匀，放置 0.5h，除去上层脂肪，清液用滤纸过滤，弃去初滤液 50mL，滤液备用。

2. 测定

吸取 3mL 上述滤液于 10mL 容量瓶（或比色管）中，另取 0、0.50mL、1.00mL、1.50mL、2.00mL、2.50mL、5.00mL 亚硝酸钠标准溶液（相当于 0、0.25μg、0.50μg、0.75μg、1.00μg、1.25μg、1.50μg 亚硝酸钠）于 10mL 容量瓶（或比色管）中，于标准与试样管中分别加入 20mL EDTA 溶液（0.10mol/L）、1.50mL 对氨基苯磺酸溶液（8g/L），混匀，静止 3～4min 后各加入 1.00mL 8-羟基喹啉溶液（1g/L）和 0.5mL 氨水（5%），用水稀释至刻度，混匀，静止 10～15min，将试液全部转入电解池中（10mL 小烧杯）。在示波极谱仪上采用三电极体系进行测定（滴汞电极为工作电极，饱和甘汞电极为参比电极，铂电极为辅助电极）。

3. 测定参考条件

原点电位调节在 −0.2V。

倍率为 0.1（可以根据试样中亚硝酸盐含量多少选择合适的倍率。含量高，倍率高，倍率选择在 0.1 以上；反之，倍率选择在 0.1 以下）。

电极开关拨至三电极，导数挡。测量开关拨至阴极。

将三电极插入电解池中，每隔 7s 仪器自行扫描一次，在荧光屏上记录 −0.56V 左右（允许电位波动 10～20mV）的极谱波高，绘制标准曲线比较。

五、结果计算

计算公式为：

$$X = \frac{A \times 1000}{m \times \dfrac{V_2}{V_1} \times 1000 \times 1000}$$

式中　X——试样中亚硝酸盐的含量，g/kg；

　　　A——测定用样液中亚硝酸盐的质量，μg；

　　　V_1——试样溶液的总体积，mL；

　　　V_2——测定用样液的体积，mL；

　　　m——试样质量，g。

六、注意事项

1. 结果报告算术均值的二位有效数。

2. 相对相差≤10%。

七、思考题

1. 若从标准曲线上查不到滤液所相当的亚硝酸钠量（即大于 $4\mu g$）时，如何改进本实验？

2. 采用回归方程计算与从校正曲线直接求得亚硝酸钠的含量，各有什么优缺点？

3. 为什么要用试剂空白作参比溶液？

4. 简述硝酸盐和亚硝酸盐的护色机理是什么？

5. 镉柱法测定硝酸盐时，如何防止镉柱被氧化？

实验十二　食品中对羟基苯甲酸酯类的测定

I　高效液相色谱法

一、目的与要求

1. 实验目的
了解高效液相色谱仪的基本原理及分析流程。

掌握高效液相色谱法同时测定食品中对羟基苯甲酸酯类的方法。

2. 实验要求
了解测定食品中对羟基苯甲酸酯类的意义。

了解不同食品中，关于食品中对羟基苯甲酸酯类的相关限量标准。

二、实验原理

样品中对羟基苯甲酸酯类，用乙腈提取，经过滤后进高效液相色谱仪进行测定，与标准比较，以保留时间定性，以峰高定量。

三、仪器与试剂

1. 仪器
（1）组织捣碎机。（2）离心机。（3）高效液相色谱仪（带紫外检测器）。

2. 试剂
（1）乙腈。全玻蒸馏。

（2）对羟基苯甲酸酯类的标准溶液：称取 $50mg$ 相应的对羟基苯甲酸酯，溶于 $100mL$ 容量瓶中，用乙腈稀释至刻度，混匀。分别吸取 $1.0mL$、$2.0mL$、$3.0mL$、$4.0mL$、$5.0mL$ 上述溶液，置于 $100mL$ 容量瓶中，用乙腈稀释至刻度。该系列标准溶液中每毫升分别含 $5.0\mu g$、$10.0\mu g$、$15.0\mu g$、$20.0\mu g$、$25.0\mu g$ 的对羟基苯甲酸酯。

四、测定步骤

1. 样品提取
称取约 $20g$ 样品，粉碎。准确称取 $2g$ 样品于 $10mL$ 具塞离心管中，加入 $5.0mL$ 乙腈，塞上塞子。振摇 30s 后，于 500r/min 离心 5min，将上清液转移至 25.0mL 容量瓶中，重复操作 3 次，用乙腈稀释至刻度。用 0.45μm 滤膜过滤，供色谱测定用。

2. 高效液相色谱分析参考条件

(1) 色谱柱：Bondapak C_{18} 30cm×4.6mm。

(2) 流速：1.4mL/min。

(3) 检测波长：254nm。

3. 测定

分别进样 10μL 对羟基苯甲酸酯标准系列中各浓度的标准溶液，以浓度为横坐标，峰高为纵坐标绘制标准曲线。同时进样 10μL 样品溶液，与标准曲线比较定性、定量。

对羟基苯甲酸甲酯、丙酯的保留时间分别约为 4.2min 和 7.6min，其标准色谱图如图 6-6 所示。

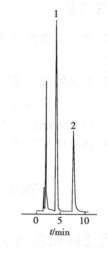

图 6-6　对羟基苯甲酸酯类
标准色谱图
1—对羟基苯甲酸甲酯；
2—对羟基苯甲酸丙酯

五、结果计算

$$X = \frac{m_1 \times 25}{m \times 1000}$$

式中　X——样品中对羟基苯甲酸酯类的含量，mg/g；

m_1——被测样品液中对羟基苯甲酸酯类的含量，μg/mL；

m——样品的质量，g；

25——样品溶液的体积，mL。

六、注意事项

计算结果小数点后保留两位有效数字。相对相差≤10%。

Ⅱ 气相色谱法

一、目的与要求

了解气相色谱仪的基本原理及分析流程。

掌握气相色谱法同时测定对羟基苯甲酸酯类的方法。

二、实验原理

样品经酸化后，对羟基苯甲酸酯类用乙醚提取浓缩后，用具氢火焰离子化检测器的气相色谱仪进行分离测定，与标准系列比较定量。

三、仪器与试剂

1. 仪器

(1) K-D 浓缩器。(2) 气相色谱仪：具氢火焰离子化检测器。

2. 试剂

(1) 乙醚，重蒸。

（2）无水乙醇。

（3）无水硫酸钠。

（4）饱和氯化钠溶液。

（5）碳酸氢钠溶液（1g/100mL）。

（6）盐酸（1+1）：量取50mL盐酸，用水稀释至100mL。

（7）对羟基苯甲酸乙酯、丙酯标准溶液：准确称取对羟基苯甲酸乙酯、丙酯各0.050g，溶于50mL容量瓶中，用无水乙醇稀释至刻度，该溶液每毫升相当于1mg对羟基苯甲酸乙酯、丙酯。

（8）对羟基苯甲酸乙酯、丙酯标准使用溶液：吸取适量的对羟基苯甲酸乙酯、丙酯标准溶液，用无水乙醇分别稀释至每毫升相当于50μg、100μg、200μg、400μg、600μg、800μg的对羟基苯甲酸乙酯、丙酯。

四、测定步骤

1. 样品的提取与净化

（1）酱油、醋、果汁等：吸取5g预先均匀化的样品于125mL分液漏斗中，加入1mL盐酸（1+1）酸化，加入10mL饱和氯化钠溶液，摇匀，分别以75mL、50mL、50mL乙醚提取三次，每次2min，放置片刻，弃去水层，合并乙醚层于250mL分液漏斗中，加10mL饱和氯化钠溶液洗涤一次，再分别以碳酸氢钠溶液（1g/100mL）30mL、30mL、30mL洗涤3次，弃去水层。用滤纸吸去漏斗颈部水分，塞上脱脂棉，加10g无水硫酸钠于室温放置30min，在K-D浓缩器上浓缩近干，用吹氮除去残留溶剂。用无水乙醇定容至每毫升含1mg对羟基苯甲酸乙酯、丙酯，供气相色谱用。

（2）果酱：称取5g预先均匀化的样品于100mL具塞试管中，加入1mL盐酸（1+1）、10mL饱和氯化钠溶液，摇匀，用50mL、30mL、30mL乙醚提取3次，每次2min，用吸管转移乙醚至250mL分液漏斗中，以下按上法操作。

2. 气相色谱分析参考条件

（1）色谱柱：内径3mm，长2.6m，内涂以3% SE-30/Chromosorb W AW DMCS，60～80目。

（2）检测温度：柱温170℃，进样口和检测器温度220℃。

（3）气体流速：氮气，40mL/min；氢气，50mL/min；空气，500mL/min。

3. 测定

进样1μL对羟基苯甲酸乙酯、丙酯标准系列中各浓度标准使用溶液于气相色谱仪中，测定不同浓度对羟基苯甲酸乙酯、丙酯的峰高。以浓度为横坐标，峰高为纵坐标绘制标准曲线。同时进样1μL样品溶液，测定峰高并与标准曲线比较定量。

五、结果计算

$$X = \frac{A \times 1000}{m \times \frac{V_2}{V_1} \times 1000}$$

式中 X——样品中对羟基苯甲酸酯类的含量，g/kg；

A——测定样品中对羟基苯甲酸酯类的含量，μg；

V_1——样品制备液体积，mL；

V_2——样品进样体积，μL；

m——样品质量，g。

六、注意事项

计算结果小数点后保留两位有效数字。相对相差≤10％。

实验十三　糖精钠含量的检测

Ⅰ　高效液相色谱法

一、目的与要求

1. 学习高效液相色谱法测定食品中糖精钠含量的基本原理。
2. 掌握高效液相色谱法的基本操作技术。

二、实验原理

样品加温除去二氧化碳和乙醇，调 pH 至近中性，过滤后进高效液相色谱仪，经反相色谱分离后，根据保留时间和峰面积进行定性和定量。取样量为 10g，进样量为 10μL 时最低检出量为 1.5ng。

三、仪器与试剂

1. 仪器

高效液相色谱仪，紫外检测器。

2. 试剂

（1）甲醇：经滤膜（0.5μm）过滤。

（2）氨水（1+1）：氨水加等体积水混合。

（3）乙酸铵溶液（0.02mol/L）：称取 1.54g 乙酸铵，加水至 1000mL 溶解，经滤膜（0.45μm）过滤。

（4）糖精钠标准储备溶液：准确称取 0.0851g 经 120℃ 烘干 4h 后的糖精钠（$C_6H_4CONNaSO_2·2H_2O$），加水溶解定容至 100.0mL。糖精钠含量 1.0mg/mL，作为储备溶液。

（5）糖精钠标准使用溶液：吸取糖精钠标准储备溶液 10.0mL 放入 100mL 容量瓶中，加水至刻度，经滤膜（0.45μm）过滤。该溶液每毫升相当于 0.10mg 的糖精钠。

四、测定步骤

1. 样品处理

（1）汽水：称取 5.00～10.00g，放入小烧杯中，微温搅拌除去二氧化碳，用氨水（1+1）调 pH 约 7。加水定容至适当的体积，经滤膜（0.45μm）过滤。

（2）果汁类：称取 5.00～10.00g，用氨水（1+1）调 pH 约 7，加水定容至适当的体积，离心沉淀，上清液经滤膜（0.45μm）过滤。

(3) 配制酒类：称取 10.0g，放小烧杯中，水浴加热除去乙醇，用氨水（1+1）调 pH 约 7，加水定容至 20mL，经滤膜（0.45μm）过滤。

2. 高效液相色谱参考条件

(1) 色谱柱：YWG-C$_{18}$ 4.6mm×250mm 10μm 不锈钢柱。

(2) 流动相：甲醇∶乙酸铵溶液（0.02mol/L）（5+95）。

(3) 流速：1mL/min。

(4) 检测器：紫外检测器，波长 230nm，灵敏度 0.2AUFS。

3. 测定

取样品处理液和标准使用液各 10μL（或相同体积），注入高效液相色谱仪进行分离，以其标准溶液峰的保留时间为依据进行定性，以其峰面积求出样液中被测物质的含量，供计算。

五、结果计算

$$X = \frac{A \times 1000}{m \times \dfrac{V_2}{V_1} \times 1000}$$

式中　X——样品中糖精钠含量，g/kg；

　　　A——进样体积中糖精钠的质量，mg；

　　　V_2——进样体积，mL；

　　　V_1——样品稀释液总体积，mL；

　　　m——样品质量，g。

结果的表述：报告算术平均值的三位小数。

六、允许差

相对相差≤10%。

七、其他

应用上述高效液相色谱分离条件可以同时测定苯甲酸、山梨酸和糖精钠，色谱图见图 6-7。

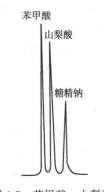

图 6-7　苯甲酸、山梨酸、糖精钠分离色谱图

Ⅱ 薄层色谱法

一、目的与要求

1. 学习薄层色谱法测定食品中糖精钠含量的基本原理。

2. 掌握薄层色谱法的基本操作技术。

二、实验原理

在酸性条件下，食品中的糖精钠用乙醚提取，浓缩、薄层色谱分离、显色后，与标准比较，进行定性和半定量测定。

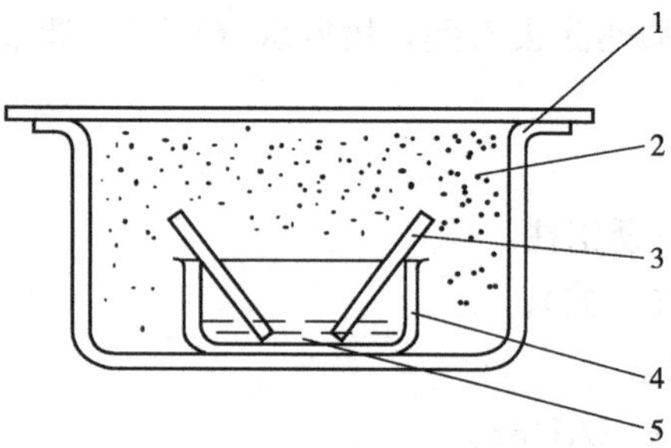

三、仪器与试剂

1. 仪器

（1）玻璃板 10cm×10cm。（2）薄层色谱装置（图 6-8）。（3）微量吸管及吹风筒。（4）紫外检测仪：波长 254nm。

2. 试剂

（1）盐酸溶液（1：1）。

（2）乙醚（不含过氧化物）。

（3）无水硫酸钠：经 550℃ 灼烧 4h 处理。

（4）无水乙醇。

图 6-8　薄层色谱装置

1—展开槽；2—展开剂蒸气；3—薄层板；

4—盛液皿（盛展开剂）；5—隔板

（5）展开剂：苯：乙酸乙酯：醋酸＝12：7：1。

（6）糖精钠标准溶液：称取糖精钠 0.1000g，用无水乙醇溶解并定容至 100mL。此液含标准糖精钠为 1mg/mL。

（7）硅胶 GF254。

（8）羧甲基纤维素钠溶液（0.5%）。

四、测定步骤

1. 样品的提取

（1）饮料、冰棍、汽水：取 10.0mL 均匀试样（如试样中含有二氧化碳，先加热除去。如试样中含有酒精，加 4% 氢氧化钠溶液使其呈碱性，在沸水浴中加热除去），置于 100mL 分液漏斗中，加 2mL 盐酸（1+1），用 30mL、20mL、20mL 乙醚提取三次，合并乙醚提取液，用 5mL 盐酸酸化的水洗涤一次，弃去水层。乙醚层通过无水硫酸钠脱水后，挥发乙醚，加 2.0mL 乙醇溶解残留物，密塞保存，备用。

（2）酱油、果汁、果酱等：称取 20.0g 或吸取 20.0mL 均匀试样，置于 100mL 容量瓶中，加水至约 60mL，加 20mL 硫酸铜溶液（100g/L），混匀，再加 4.4mL 氢氧化钠溶液（40g/L），加水至刻度，混匀，静置 30min，过滤，取 50mL 滤液置于 150mL 分液漏斗中，以下按上述（1）自"加 2mL 盐酸（1+1）……"起依法操作。

（3）固体果汁粉等：称取 20.0g 磨碎的均匀试样，置于 200mL 容量瓶中，加 100mL 水，加温使溶解，放冷，以下按上述（2）自"加 20mL 硫酸铜溶液（100g/L）……"起依法操作。

（4）糕点、饼干等蛋白质、脂肪、淀粉多的食品：称取 25.0g 均匀试样，置于透析用玻璃纸中，放入大小适当的烧杯内，加 50mL 氢氧化钠溶液（0.8g/L）。调成糊状，将玻璃纸口扎紧，放入盛有 200mL 氢氧化钠溶液（0.8g/L）的烧杯中，盖上表面皿，透析。

量取 125mL 透析液（相当于 12.5g 试样），加约 0.4mL 盐酸（1+1）使成中性，加 20mL 硫酸铜溶液（100g/L），混匀，再加 4.4mL 氢氧化钠溶液（40g/L），混匀，静置 30min，过滤。取 120mL 滤液（相当于 10g 试样），置于 250mL 分液漏斗中，以下按（1）中自"加 2mL 盐酸（1+1）……"起依法操作。

2. 薄层板的制备

（1）制板前的预处理

制板前应对玻璃板进行预处理，先用水或洗涤剂充分洗净，烘干，在涂料前用无水乙醇或乙醚的脱脂棉擦净。

（2）吸附剂的调制

称 1.4g 硅胶 GF254 于小研钵中，加入 4.5mL 0.5%CMC-Na 溶液，充分研匀，但不宜过于剧烈，以免产生气泡，使固化后薄板上引起泡点。

（3）涂布操作

将研匀的浆液倾注于 10cm×10cm 玻璃板中间，然后把玻璃板前后左右缓缓倾斜，使浆液均匀布满整板玻璃板，将其置于水平的位置上让其自然干燥后收入薄板架上。

（4）薄层板的活化和保存

将自然干燥后的薄层板放入干燥箱中，在 100℃活化 1h，然后放于干燥器中保存，供一周内使用。

3. 点样

点样前对薄层板进行修整，然后在薄层板下端 2cm 处（用铅笔轻轻画一直线为原线），用微量注射器分别点 10μL 和 20μL 的样液两个点，同时点 3.0μL、5.0μL、7.0μL、10μL 糖精钠标准溶液（相当于糖精钠 3μg、5μg、7μg、10μg），各点间距 1.5cm。

4. 展开与显色

将点好的薄层板放入盛有展开剂的展开槽中，展开剂液层高度不能超过原线高度（一般 0.5～1cm），展开至上端约 8cm，取出薄层板，挥干展开剂，在紫外线灯下观察，确定斑点的位置及大小。

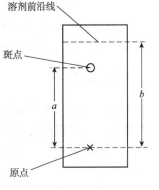

图 6-9　比移值测量示意图

（1）定性

薄层板经斑点显色后，根据试样点与标准点的比移值 R_f 定性。比移值测量示意图见图 6-9。比移值计算如下：

$$比移值 R_f = \frac{原点至斑点中心的距离}{原点至溶剂前沿的距离} = \frac{a}{b}$$

（2）定量

① 直接半定量法　在薄层板上测量斑点面积或颜色深浅比较作半定量。本实验条件下，可直接根据试样与标准的斑点面积大小及颜色深浅比较，记录其点样体积，进行半定量。

② 洗脱定量法　将吸附剂上的斑点刮入小烧杯中，加入适量的碳酸氢钠浸出后，经离心分离，取清液用比色法、分光光度法等与标准比较定量。

五、结果计算

试样中糖精钠含量计算：

$$X = \frac{A \times 1000}{m \times \dfrac{V_2}{V_1} \times 1000}$$

式中　X——试样中糖精钠的含量，g/kg 或 g/L；

A——测定用样液中糖精钠的质量，mg；

m——试样质量或体积，g 或 mL；

V_1——试样提取液残留物加入乙醇的体积，mL；

V_2——点样液体积，mL。

计算结果保留三位有效数字。

六、注意事项

1. 色谱用的溶剂系统不可存放太久，否则浓度和极性都会变化，影响分离效果，应新鲜配制。

2. 在展开之前，展开剂在展开槽中应预先平衡 1h，使展开槽内蒸气压饱和，以免出现边缘效应。

3. 展开剂液层高度不能超过原线高度，在 0.5～1cm，展开至上端，待溶剂前沿上展至 10cm 时，取出挥干。

4. 在点样时最好用吹风机边点边吹干，在原线上点，直至点完一定量。且点样点直径不超过 2mm。

Ⅲ 离子选择电极测定方法

一、目的与要求

1. 学习离子选择电极测定方法测定食品中糖精钠含量的基本原理。
2. 掌握离子选择电极测定方法的基本操作技术。

二、实验原理

糖精选择电极是以季铵盐所制 PVC 薄膜为感应膜的电极，它和作为参比电极的饱和甘汞电极配合使用以测定食品中糖精钠的含量。当测定温度、溶液总离子强度和溶液接界电位条件一致时，测得的电位遵守能斯特方程式，电位差随溶液中糖精钠离子的活度（或浓度）改变而变化。

被测溶液中糖精钠含量在 0.02～1mg/mL 范围内。电极值与糖精钠离子浓度的负对数成直线关系。

三、仪器与试剂

1. 仪器

（1）精密级酸度计或离子活度计或其他精密级电位计，准确到 $\pm 1mV$。（2）糖精选择电极。（3）217 型甘汞电极：具双盐桥式甘汞电极，下面的盐桥内装入含 1% 琼脂的氯化钾溶液（3mol/L）。（4）磁力搅拌器。（5）透析用玻璃纸。（6）半对数纸。

2. 试剂

（1）乙醚：使用前用盐酸（6mol/L）饱和。

（2）无水硫酸钠。

（3）盐酸（6mol/L）：取 100mL 盐酸，加水稀释至 200mL，使用前以乙醚饱和。

（4）氢氧化钠溶液（0.06mol/L）：取 2.4g 氢氧化钠，加水溶解并稀释至 1000mL。

（5）硫酸铜溶液（100g/L）：称取硫酸铜（$CuSO_4 \cdot 5H_2O$）10g，溶于 100mL 水中。

（6）氢氧化钠溶液（40g/L）。

（7）氢氧化钠溶液（0.02mol/L）：将（4）稀释而成。

（8）磷酸二氢钠 $[c(NaH_2PO_4 \cdot 2H_2O)=1mol/L]$ 溶液：取 78g $NaH_2PO_4 \cdot 2H_2O$ 于 500mL 容量瓶中溶解后，加水稀释至刻度，摇匀。

（9）磷酸氢二钠 $[c(Na_2HPO_4 \cdot 12H_2O)=1mol/L]$ 溶液：取 89.5g $Na_2HPO_4 \cdot 12H_2O$ 于 250mL 容量瓶中溶解后，加水稀释至刻度，摇匀。

（10）总离子强度调节缓冲液：87.7mL 磷酸二氢钠溶液（1mol/L）与 12.3mL 磷酸氢二钠溶液（1mol/L）混合即得。

（11）糖精钠标准溶液：准确称取 0.0851g 经 120℃ 干燥 4h 后的糖精钠结晶移入 100mL 容量瓶中，加水稀释至刻度，摇匀备用。此溶液每毫升相当于 1.0mg 糖精钠。

四、测定步骤

1. 样品提取

（1）液体样品：浓缩果汁、饮料、汽水、汽酒、配制酒等。准确吸取 25mL 均匀试样（汽水、汽酒等需先除去二氧化碳后取样）置于 250mL 分液漏斗中，加 2mL 盐酸（6mol/L），用 20mL、20mL、10mL 乙醚提取三次，合并乙醚提取液，用 5mL 经盐酸酸化的水洗涤一次，弃去水层，乙醚层转移至 50mL 容量瓶，用少量乙醚洗涤原分液漏斗合并入容量瓶，并用乙醚定容至刻度，必要时加入少许无水硫酸钠，摇匀，脱水备用。

（2）含蛋白质、脂肪、淀粉量高的食品：糕点、饼干、酱菜、豆制品、油炸食品。称取 20.00g 切碎样品，置透析用玻璃纸中，加 50mL 氢氧化钠溶液（0.02mol/L），调匀后将玻璃纸口扎紧，放入盛有 200mL 氢氧化钠溶液（0.02mol/L）的烧杯中，盖上表面皿，透析 24h，并不时搅动浸泡液。量取 125mL 透析液，加约 0.4mL 盐酸（6mol/L）使成中性，加 20mL 硫酸铜溶液混匀，再加 4.4mL 氢氧化钠溶液（40g/L），混匀。静置 30min，过滤。取 100mL 滤液于 250mL 分液漏斗中，以下按（1）自"加 2mL 盐酸（6mol/L）……"起依法操作。

（3）蜜饯类：称取 10.00g 切碎的均匀样品。置透析用玻璃纸中，加 50mL 氢氧化钠溶液（0.06mol/L），调匀后将玻璃纸扎紧，放入盛有 200mL 氢氧化钠溶液（0.06mol/L）的烧杯中，透析、沉淀、提取按（2）操作。

（4）糯米制食品：称取 25.00g 切成米粒状的小块的均匀样品，按（2）操作。

2. 测定

（1）标准曲线的绘制

准确吸取 0、0.5mL、1.0mL、2.5mL、5.0mL、10.0mL 糖精钠标准溶液（相当于 0、0.5mg、1.0mg、2.5mg、5.0mg、10.0mg 糖精钠），分别置于 50mL 容量瓶中，各加 5mL 总离子强度调节缓冲液，加水至刻度，摇匀。

将糖精选择电极和甘汞电极分别与测量仪器的负端和正端相连接，将电极插入盛有水的烧杯中，按其仪器的使用说明书调节至使用状态，在搅拌下用水洗至电极起始电位（例如某些电极起始电位达 −320mV）。取出电极用滤纸吸干。将上述标准系列溶液按低浓度到高浓度逐个测定得其在搅拌时的平衡电位值（−mV）。在半对数纸上以毫升（毫克）为纵坐标、电位值（−mV）为横坐标绘制标准曲线。

（2）样品的测定

准确吸取 20mL 乙醚提取液置于 50mL 烧杯中，挥发至干残渣，加 5mL 总离子强度调节缓冲液，小心转动振摇烧杯使残渣溶解，将烧杯内容物全部定量转移入 50mL 容量瓶中，原烧杯用少量水多次漂洗后，并入容量瓶中，最后加水至刻度摇匀。依法测定其电位值（－mV），查标准曲线求得测定液中糖精钠质量（mg）。

五、结果计算

$$X = \frac{A \times 1000}{m \times \dfrac{V_2}{V_1} \times 1000}$$

式中　X——样品中糖精钠的含量，g/kg 或 g/L；

　　　m——试样的质量或体积，g 或 mL；

　　　A——测定液中糖精钠的质量，mg；

　　　V_1——乙醚提取液的体积，mL；

　　　V_2——分取乙醚提取液的体积，mL。

六、思考题

1. 样品处理时，酸化的目的是什么？
2. 薄层板制备前如何进行预处理？为什么？
3. 点样前为什么要对薄层板进行修整？
4. 展开时用展开剂液层高度为什么不能超过原线高度？
5. 你对薄层色谱法测定糖精钠的实验有什么体会？

实验十四　食品中环己氨基磺酸钠（甜蜜素）的测定

一、目的与要求

学习气相色谱法测定环己氨基磺酸钠（甜蜜素）的实验原理和方法，掌握气相色谱法检测技术。

二、实验原理

在酸性介质中，环己氨基磺酸钠与亚硝酸反应，生成环己醇亚硝酸酯，利用气相色谱法进行定性定量。

三、仪器与试剂

1. 仪器

（1）气相色谱仪，附氢火焰离子化检测器。（2）旋涡混合器。（3）离心机。（4）$10\mu L$ 微量注射器。

2. 试剂

（1）亚硝酸钠溶液（50g/L）。

（2）硫酸溶液（100g/L）。

（3）正己烷。

（4）氯化钠。

（5）环己氨基磺酸钠标准溶液（含环己氨基磺酸钠＞98％）：精确称取 1.0000g 环己氨基磺酸钠，加水溶解并定容至 100mL。此溶液每毫升含环己氨基磺酸钠 10mg。

（6）色谱硅胶（或海砂）。

四、测定步骤

1. 样品的处理

（1）液体样品

摇匀后可直接称取。含 CO_2 的样品要经加热后除去 CO_2，含酒精的样品则需加入 40g/L 氢氧化钠溶液调至碱性后，于沸水浴中加热以除去酒精。称取 20.0g 处理后的样品移入 100mL 带塞比色管中，置于冰浴中。

（2）固体样品

凉果、蜜饯类样品，将其剪碎，称取 2.0g 于研钵中，加入少许色谱硅胶（或海砂）研磨至呈干粉状，经漏斗倒入 100mL 容量瓶中，加水冲洗研钵，洗液一并移入容量瓶中，加水定容至刻度。不时摇匀，1h 后过滤，即得滤液，准确吸取 20mL 试液于 100mL 带塞比色管中，置冰浴中。

2. 测定

① 气相色谱分析参考条件。

a. 色谱柱：不锈钢柱，长 2m，内径 3mm。

b. 固定相：Chromosorb W AW DMCS 80～100 目，涂以 10％SE-30。

c. 温度：柱温 80℃，汽化温度 150℃，检测温度 150℃。

d. 流速：氮气 40mL/min；氢气 30mL/min；空气 300mL/min。

② 标准曲线绘制：准确吸取 1.00mL 环己氨基磺酸钠标准溶液于 100mL 带塞比色管中，加水 20mL，置冰浴中，加入 5mL 亚硝酸钠溶液（50g/L）、5mL 硫酸溶液（100g/L），摇匀，在冰浴中放置 30min，并经常摇动。然后准确加入 10mL 正己烷、5g 氯化钠，摇匀后置旋涡混合器上振动 1min（或振摇 80 次），待静置分层后吸出正己烷层于 10mL 带塞离心管中进行离心分离，每毫升正己烷提取液相当于 1mg 环己氨基磺酸钠，将标准提取液进样 1～5μL 于气相色谱仪中，根据响应值绘制标准曲线。

③ 样品测定：准确吸取样品处理液 1～5μL 于气相色谱仪中，按标准曲线绘制自"加入 5mL 亚硝酸钠溶液（50g/L）……"起依法操作，测得响应值，从标准曲线上查出相应的含量。

五、结果计算

$$X = \frac{m_1 \times 10 \times 1000}{m \times V \times 1000}$$

式中 X——样品中环己氨基磺酸钠的含量，g/kg；

m_1——测定用试样中环己氨基磺酸钠的含量，μg；

m——样品的质量，g；

V——进样体积，μL；

10——正己烷加入量，mL。

六、注意事项

计算结果小数点后保留两位有效数字。相对相差≤10%。

第二节　食品中农/兽药残留的检测

实验一　圣女果果脯中矮壮素含量的测定

一、设备与试剂

固相萃取柱：Waters Oasis MCX（60mg/3cc）；0.45μm 有机微孔滤膜；电子天平；九阳料理机；电热恒温振荡水槽；减压抽滤装置；AP-01P 型真空泵；固相萃取仪；VORTEX振荡器；1290 高效液相色谱仪；质谱仪。

果脯半加工品，矮壮素标准品，超纯水，甲醇，1%偏磷酸（分析纯），甲酸铵（色谱纯）。

二、实验步骤

1. 标准曲线的绘制

矮壮素储备液：准确称取 1000.0μg 矮壮素标准品于 1000mL 容量瓶中，用超纯水定容，配制成 1000μg/L 的储备液，于 4℃下保存。

矮壮素标准液：准确吸取 1mL 1000μg/L 矮壮素储备液于 10mL 容量瓶中，用超纯水定容，得 100μg/L 的标准溶液，依次类推，逐级稀释制备成系列标准溶液。根据本研究的需要，配制矮壮素标准溶液的浓度分别为 0.5μg/L、1μg/L、5μg/L、10μg/L、15μg/L。

绘制标准曲线：取各浓度的矮壮素标准液上机测定，以峰面积为纵坐标，矮壮素标准液的浓度为横坐标做出标准曲线，计算回归方程以及相关系数，得出线性关系。

2. 样品前处理

准确称取 100.0g 实验室自制果脯半加工品，研磨成匀浆。准确称取 5.00g 于具塞锥形瓶中，加入 25mL 甲醇∶1%偏磷酸（1∶1），振荡提取 10min，减压过滤。取 10mL 甲醇∶1%偏磷酸（1∶1）清洗残渣，合并滤液，用甲醇∶1%偏磷酸（1∶1）溶液定容至 50mL 容量瓶中，混匀。

矮壮素的分离纯化：取 2.5mL 滤液于小烧杯中并加入 5mL 蒸馏水。对样品滤液进行固相萃取，固相萃取过程包括活化、上样、淋洗、洗脱。具体过程为：分别使用 5mL 甲醇、5mL 水活化固相萃取柱，待柱中还有 1mL 液面时，将小烧杯中的样品滤液加入固相萃取柱中进行上样，样液在固相萃取柱中还有 1mL 液面时，用 5mL 蒸馏水淋洗，再使用 5mL 甲醇淋洗。减压抽干，待固相萃取柱干后，继续抽干 3min，准确使用 2.5mL 甲酸铵（含有 1mol/L 乙腈）∶水（体积比为 1∶3）洗脱，接收洗脱液，振荡混匀 10min。使用 0.45μm 有机微孔滤膜过滤，滤液上机检测。

3. 高效液相色谱/质谱/质谱法测定

（1）HPLC 条件　色谱柱：AgilentZORBAXRX-SIL 柱（100mm×3.0mm，1.8μm）；

流动相：含 1mol/L 乙腈的甲酸铵：水（体积比为 1∶3）；流速：0.3mL/min；柱温：35℃；进样量：1μL。

（2）MS/MS 条件　电喷雾正离子（ESI＋）扫描模式；毛细管电压 4000V；干燥气温度：300℃；干燥气流量：10L/min；雾化器压力 276kPa。

三、矮壮素残留量的计算

矮壮素残留量的计算公式为：

$$X = \frac{cVV_1}{mV_2}$$

式中　X——样品中矮壮素的残留量，mg/kg；

　　　m——样品匀浆的质量，g；

　　　c——由标准曲线查得的样液中矮壮素的质量浓度，μg/L；

　　　V——固相萃取后的样液体积，L；

　　　V_1——样品匀浆准确定容体积，mL；

　　　V_2——用于纯化的样品滤液体积，mL。

实验二　气相色谱法测定水质中六六六、滴滴涕

本方法适用于地面水、地下水以及部分污水中的六六六、滴滴涕的测定。六六六、滴滴涕最低检测限为 0.0004mg/L、0.0008mg/L。

一、实验原理

本方法用正己烷提取水中六六六、滴滴涕，提取液经硫酸净化后，用带电子捕获检测器的气相色谱仪测定。

二、试剂和材料

1. 正己烷，分析纯。色谱测定无干扰峰存在。
2. 浓硫酸（H_2SO_4）：密度为 1.84g/mL。
3. 色谱标准样品：α-六六六、β-六六六、γ-六六六、δ-六六六、p，p'-DDE、o，p'-DDT、p，p'-DDD、p，p'-DDT 浓度均为 100mg/L。

三、仪器和设备

岛津 GC-2010 带电子捕获检测器的气相色谱仪（日本岛津公司）。

色谱柱改用等效毛细管柱 RTX-5 石英弹性毛细管柱，30m×0.25mm×0.50μm，具有更好的分离效果，降低产生干扰的可能性。载气：氮气，纯度为 99.99％。

色谱条件：进样口温度为 240℃；检测器温度为 300℃；柱温为 100℃（2.0min）→20.0℃/min→210℃→2.0℃/min→230℃（4min）。

不分流进样。载气流速为 2.0mL/min；柱压为恒压。

离心机。氮吹仪。

四、采样和样品保存

水样采集要符合采样计划的要求并在到达实验室之前使它不致变质或受到污染。用玻璃瓶采集样品。采集样品后应尽快分析。如不能及时分析，可在4℃冷藏箱中储存，储存时间不多于7天。

五、分析步骤

标准工作液的配制：根据检测器的灵敏度及线性要求，用正己烷稀释标准溶液定容至50mL，浓度范围见表6-3。

表6-3　标准溶液浓度范围

六六六、滴滴涕标准溶液/(mg/L)		0.010	0.025	0.050	0.100
工作标准溶液浓度 /(mg/L)	α-六六六 β-六六六 γ-六六六 δ-六六六 p,p'-DDE o,p'-DDT p,p'-DDD p,p'-DDT	0.0200	0.0500	0.1000	0.2000

1. 气相色谱中使用标准溶液的条件

标准样品的进样体积与试样进样体积相同，标准样品的响应值接近试样的响应值。

调节仪器重复性条件：一个样品连续注射进样两次，其峰高相对偏差不大于7%，即认为仪器处于稳定状态。

2. 样品预处理

提取：取100mL水样加入10mL正己烷，振荡萃取10min，静置分层。取2mL有机相加入进样小瓶中备用。

净化：若萃取液颜色较深，含有较多油脂类化合物，则萃取液需纯化。加入浓硫酸0.2mL，振摇1min，静置分层后，使石油醚提取液呈无色透明。离心机1600r/min离心15min，取上清液供气相色谱测定。

根据色谱条件，准确吸取工作标准溶液或样品1μL，迅速注入色谱仪中，记录峰面积（峰高）。由标准工作溶液浓度和峰面积（峰高）绘制标准曲线，根据标准曲线和样品峰面积（峰高）计算样品浓度。

六、结果计算

$$R_i = \frac{h_i \times W_{is} \times V \times K}{h_{is} \times V_i \times G}$$

式中　R_i——样品中 i 组分农药的含量，mg/L；

h_i——样品中 i 组分农药的峰面积或峰高，cm^2 或 cm；

W_{is}——标样中 i 组分农药的绝对量，ng；

V——样品定容体积，mL；

h_{is}——标样中 i 组分农药的峰面积或峰高，cm^2 或 cm；

V_i——样品的进样量，μL；

G——样品的体积，mL；

K——稀释因子。

七、注意事项

样品分析要求每一批样带一个全程序空白，不少于 10% 的室内平行，不少于 10% 的室外采样平行，不少于 10% 的加标回收，每年至少进行一次标准样品考核。数据报告有效位数六六六、滴滴涕保留到小数点后第五位，有效数字均为三位。

若水样浑浊或乳化，可加入少量氯化钠破乳。

实验三 气相色谱法测定食品中有机磷农药残留量

一、目的与要求

1. 掌握气相色谱仪的工作原理及使用方法。
2. 学习食品中有机磷农药残留的气相色谱测定方法。

二、实验原理

食品中残留的有机磷农药经有机溶剂提取并经净化、浓缩后，注入气相色谱仪，汽化后在载气携带下于色谱柱中分离，由火焰光度检测器检测。当含有机磷的试样在检测器中的富氢火焰上燃烧时，以 HPO 碎片的形式，放射出波长为 526nm 的特性光，这种光经检测器的单色器（滤光片）将非特征光谱滤除后，由光电倍增管接收，产生电信号而被检出。试样的峰面积或峰高与标准品的峰面积或峰高进行比较定量。

三、仪器与试剂

1. 仪器

气相色谱仪：附有火焰光度检测器（FID）。电动振荡器。组织捣碎机。旋转蒸发仪。

2. 试剂

（1）二氯甲烷。

（2）丙酮。

（3）无水硫酸钠：在 700℃ 灼烧 4h 后备用。

（4）中性氧化铝：在 550℃ 灼烧 4h。

（5）硫酸钠溶液。

（6）有机磷农药标准贮备液：分别准确称取有机磷农药标准品敌敌畏、乐果、马拉硫磷、对硫磷、甲拌磷、稻瘟净、倍硫磷、杀螟硫磷及虫螨磷各 10.0mg，用苯（或三氯甲烷）溶解并稀释至 100mL，放在冰箱中保存。

（7）有机磷农药标准使用液：临用时用二氯甲烷稀释为使用液，使其浓度为敌敌畏、乐果、马拉硫磷、对硫磷、甲拌磷每毫升各相当于 $1.0\mu g$，稻瘟净、倍硫磷、杀螟硫磷及虫螨磷每毫升各相当于 $2.0\mu g$。

四、实验步骤

1. 样品处理

（1）蔬菜：取适量蔬菜擦净，去掉不可食部分后称取蔬菜试样，将蔬菜切碎混匀。称取 10.0g 混匀的试样，置于 250mL 具塞锥形瓶中，加 30～100g 无水硫酸钠脱水，剧烈振摇后如有固体硫酸钠存在，说明所加无水硫酸钠已够。加 0.2～0.8g 活性炭脱色。加 70mL 二氯甲烷，在振荡器上振摇 0.5h，经滤纸过滤。量取 35mL 滤液，在通风柜中室温下自然挥发至近干，用二氯甲烷少量多次研洗残渣，移入 10mL 具塞刻度试管中，并定容至 2mL，备用。

（2）谷物：将样品磨粉（稻谷先脱壳），过 20 目筛，混匀。称取 10g 置于具塞锥形瓶中，加入 0.5g 中性氧化铝（小麦、玉米再加 0.2g 活性炭）及 20mL 二氯甲烷，振摇 0.5h，过滤，滤液直接进样。若农药残留过低，则加 30mL 二氯甲烷，振摇过滤，量取 15mL 滤液浓缩，并定容至 2mL 进样。

（3）植物油：称取 5.0g 混匀的试样，用 50mL 丙酮分次溶解并洗入分液漏斗中，摇匀后，加 10mL 水，轻轻旋转振摇 1min，静置 1h 以上，弃去下面析出的油层，上层溶液自分液漏斗上口倾入另一分液漏斗中，当心尽量不使剩余的油滴倒入（如乳化严重，分层不清，则放入 50mL 离心管中，于 2500r/min 转速下离心 0.5h，用滴管吸出上层清液）。加 30mL 二氯甲烷、100mL 50g/L 硫酸钠溶液，振摇 1min。静置分层后，将二氯甲烷提取液移至蒸发皿中。丙酮水溶液再用 10mL 二氯甲烷提取一次，分层后，合并至蒸发皿中。自然挥发后，如无水，可用二氯甲烷少量多次研洗蒸发皿中残液移入具塞量筒中，并定容至 5mL。加 2g 无水硫酸钠振摇脱水，再加 1g 中性氧化铝、0.2g 活性炭（毛油可加 0.5g）振荡脱油和脱色，过滤，滤液直接进样。如自然挥发后尚有少量水，则需反复抽提后再如上操作。

2. 色谱条件

（1）色谱柱：玻璃柱，内径 3mm，长 1.5～2.0m。

1）分离测定敌敌畏、乐果、马拉硫磷和对硫磷的色谱柱

① 内装涂以 2.5％SE-30 和 3％QF-1 混合固定液的 60～80 目 Chromosorb W AW DMCS。

② 内装涂以 1.5％OV-17 和 2％QF-1 混合固定液的 60～80 目 Chromosorb W AW DMCS。

③ 内装涂以 2％OV-101 和 2％QF-1 混合固定液的 60～80 目 Chromosorb W AW DMCS。

2）分离测定甲拌磷、稻瘟净、倍硫磷、杀螟硫磷及虫螨磷的色谱柱

① 内装涂以 3％PEGA 和 5％QF-1 混合固定液的 60～80 目 Chromosorb W AW DMCS。

② 内装涂以 2％NPGA 和 3％QF-1 混合固定液的 60～80 目 Chromosorb W AW DMCS。

（2）气流速度：载气为氮气 80mL/min；空气 50mL/min；氢气 180mL/min（氮气、空气和氢气之比按各仪器型号不同选择各自的最佳比例条件）。

（3）温度：进样口 220℃；检测器 240℃；柱温 180℃，但测定敌敌畏为 130℃。

3. 测定

将有机磷农药标准使用液 2～5μL 分别注入气相色谱仪中，可测得不同浓度有机磷标准溶液的峰高，绘制有机磷农药质量-峰高标准曲线。同时取试样溶液 2～5μL 注入气相色谱仪

中，测得峰高，从标准曲线中查出相应的含量。

五、结果计算

按下式计算：

$$X = \frac{A}{m \times 1000}$$

式中　　X——试样中有机磷农药的含量，mg/kg；

A——进样体积中有机磷农药的质量，由标准曲线中查得，ng；

m——与进样体积（μL）相当的试样质量，g。

计算结果保留两位有效数字。

六、注意事项

1. 本法采用毒性较小且价格较为便宜的二氯甲烷作为提取试剂，国际上多用乙腈作为有机磷农药的提取试剂及分配净化试剂，但其毒性较大。

2. 有些有机磷农药如敌敌畏因稳定性差且易被色谱柱中的担体吸附，故本法采用降低操作温度来克服上述困难。另外，也可采用缩短色谱柱至1～1.3m或减少固定液涂渍的厚度等措施来克服。

七、思考题

1. 本实验的气路系统包括哪些？各有何作用？

2. 简述电子捕获检测器及火焰光度检测器的原理及适用范围。

3. 如何检验该实验方法的准确度？如何提高检测结果的准确度？

实验四　牛奶中抗生素残留的检测

一、实验原理

链霉素可与含硫酸铁铵的硫酸液起显色反应。利用链霉素的特有性质（麦芽酚）反应，链霉素在碱性溶液中，链霉糖经重排使环扩大形成麦芽酚，麦芽酚与硫酸链霉素溶液形成紫红色配位化合物。

二、仪器与试剂

1. 仪器

分光光度计。电动离心机。

2. 试剂

注射用硫酸链霉素；1.5%硫酸铁铵的0.25mol/L硫酸液；冰醋酸；0.2mol/L NaOH。

三、实验步骤

取样品50mL水浴加热至40℃，取1mL冰醋酸滴加于其中，边加边搅拌直到沉淀析出完全，冷却至室温，离心。取3mL离心后的清液于试管中，并加入4mL NaOH，在60℃水浴加热 10min，冷却后，移入 25mL 容量瓶中，加入 3mL 显色剂，定容。静置 20min，于 525nm 下测定吸光度。通过工作曲线，得到相应硫酸链霉素的浓度。

1. 吸收曲线

精密称取链霉素标准品 0.0504g 溶于水，置 50mL 容量瓶中定容，即得 1mg/mL 链霉素标准液。再取配制后的标准液 1mL 再次稀释到 100mL 的容量瓶中，最终得到 10μg/mL 链霉素标准使用液。取 2 支试管，分别作一号和二号标记。在一号试管中加入 3mL 蒸馏水、4.0mL NaOH 溶液，置于 60℃ 热水浴中加热 10min，自来水水流中冷却，转入 25mL 容量瓶中，再加入显色剂 3.0mL，加水至刻度，摇匀，静置 20min 后用蒸馏水做空白参比。吸取链霉素 3mL 置于二号试管，并加入 4.0mL NaOH 溶液，置于 60℃ 热水浴中加热 10min，自来水水流中冷却，转入 25mL 容量瓶中，再依次加入显色剂 3.0mL，加水至刻度，摇匀，静置 20min 后用一号试管做参比。两支试管均在波长 450～600nm 之间以 1cm 吸收池测定其吸光度，并以两支试管的吸光度差绘制吸收曲线。

2. 体系碱度的选择

取 6 支试管，分别吸取链霉素 3mL 置于其中，再依次加入 0.2mol/L NaOH 溶液 0.0、2.0mL、3.0mL、4.0mL、5.0mL、6.0mL 于热水浴中加热 10min，自来水水流中冷却，分别转入 25mL 容量瓶中，各加入显色剂 3mL，加水至刻度，摇匀，静置 20min 后用未加 NaOH 溶液的做空白，于 525nm 处以 1cm 吸收池测定其吸光度。

3. 显色剂用量的选择

取 6 支试管，分别吸取链霉素 3mL 置于其中，并均加入 4.0mL NaOH 溶液，于热水浴中加热 10min，自来水水流中冷却，分别转入 25mL 容量瓶中，再依次加入显色剂 0.0、1.0mL、2.0mL、3.0mL、4.0mL、5.0mL，加水至刻度，摇匀，静置 20min 后用未加显色剂的做空白，于 525nm 处以 1cm 吸收池测定其吸收值。

4. 温度的选择

取 5 支试管，分别吸取链霉素 3mL 置于其中，并均加入 4.0mL NaOH 溶液，分别于室温、25℃、40℃、60℃、80℃ 热水浴中加热 10min，自来水水流中冷却，分别转入 25mL 容量瓶中，再依次加入显色剂 3.0mL，加水至刻度，摇匀，静置 20min 后用室温的做空白，于 525nm 处以 1cm 吸收池测定其吸光度。

5. 工作曲线

取 6 支试管，分别吸取链霉素标准使用液 0.0、2.0mL、3.0mL、4.0mL、5.0mL、6.0mL 于其中，各加入 4mL NaOH 溶液，于 60℃ 热水浴中加热 10min，自来水水流中冷却，分别转入 25mL 容量瓶中，各加入显色剂 3mL，加水至刻度，摇匀，静置 20min 后用未加标准液的做空白，于 525nm 处以 1cm 吸收池测定其吸光度。制作标准曲线。

6. 样品测定

（1）试样处理

分别取市面上售卖的三种普通盒装牛奶 50mL，水浴加热至 40℃，取 1mL 冰醋酸滴加于其中，边加边搅拌直到沉淀析出完全，冷却至室温，离心，得三种清液备用。

（2）测定方法

依次取每种离心后的清液 3mL 于试管中，并加入 4mL NaOH，在 60℃ 水浴加热 10min，冷却后，移入 25mL 容量瓶中，加入 3mL 显色剂，定容。静置 20min，于 525nm

下以蒸馏水为参比测定吸光度。每种样品均重复实验五次。从标准曲线查得样液的浓度（$\mu g/mL$）。

7. 计算公式

$$X = \frac{C \times V_1}{V}$$

式中　X——样品中链霉素含量，$\mu g/mL$；

　　　C——标准曲线查得的链霉素含量，$\mu g/mL$；

　　　V_1——比色液的体积，mL；

　　　V——样品的总体积，mL。

实验五　猪肉中瘦肉精的检测（竞争酶标免疫检测法）

一、实验目的

测定猪肉中的瘦肉精。

二、实验原理

"瘦肉精"泛指一类具有相似结构的 β-肾上腺素受体激动剂（简称 β-激动剂）化合物。由于其能够调节支气管扩张和平滑肌松弛，在临床上常被用做平喘药物，治疗呼吸系统疾病。当摄入量较大时对心血管系统和神经系统具有刺激作用，引起心悸、心慌、恶心、呕吐、肌肉颤抖等临床症状。摄入量过大，还会危及生命。

"瘦肉精"（克仑特罗）竞争酶标免疫检测的基础是抗原抗体反应。酶联板的微孔包被有针对兔抗克仑特罗特异性抗体的羊抗体（第 2 抗体）。加入兔抗克仑特罗特异性抗体（第 1 抗体）与第 2 抗体结合而被固定，洗涤后加入标准液或样品溶液与酶结合物（酶标记抗原），标准液或样品中的游离抗原与酶标抗原竞争兔抗克仑特罗特异性抗体上有限的结合位点。通过洗涤除去没有与特异性抗体结合的酶标抗原，加入酶基质（过氧化脲）和发色剂（四甲基联苯胺）并孵育，结合到板上的酶标记物将无色的发色剂转化为蓝色的底物。加酸终止反应后，颜色由蓝色转变为黄色。在单波长 450nm 处测吸光度，吸收光强度与样品中的克仑特罗浓度成反比。

三、仪器与试剂

1. 仪器
离心机，酶联板。

2. 试剂
（1）10mmol/L 盐酸。

（2）50mmol/L 盐酸。

（3）1mmol/L 氢氧化钠。

（4）500mmol/L 磷酸二氢钾缓冲液（pH 值 3.0）。

（5）C_{18} 柱。

（6）甲醇。

（7）酶基质（过氧化脲）。

（8）发色剂（四甲基联苯胺）。

四、实验步骤

1. 样品处理

粉碎的肝脏、肉样 5g，与 25mL 50mmol/L 盐酸混合，振荡 1.5h。称 6g 均质物，加入离心管中。10～15℃条件下 4000r/min 或更高的转速离心 15min，转移上清液到另一个离心管中，加 300μL 1mol/L 氢氧化钠混合 15min。加入 4mL 500mmol/L 磷酸二氢钾缓冲液（pH 值 3.0），简单混合，并在 4℃保存至少 1.5h 或过夜。10～15℃条件下 4000r/min 或更高的转速离心 15min。分离全部上清液，使其升至室温，然后用 C₁₈ 柱纯化。C₁₈ 柱纯化样品必须在室温条件下，并严格控制过柱时流速。用 3mL 甲醇洗涤柱子，控制流速为 1 滴/s。用 2mL 洗涤液（50mmol/L 磷酸二氢钾缓冲液，pH 值 3.0）洗涤柱子。肝脏、肉样的全部上清液进柱，控制流速为每 4s 1 滴。用 2mL 洗涤液洗涤柱子，流速为 1 滴/s。用正压除去残留的流体并用空气或氮气吹 2min，干燥柱子。用 1mL 甲醇洗脱样品，控制流速为每 4s 1 滴。在 50～60℃并在弱空气或氮气流下完全蒸发甲醇溶剂。用 1mL 蒸馏水溶解干燥的残留物，取 20μL 进行分析。

取 10g 饲料样品，用 10mmol/L 盐酸溶解，连续振荡 10min，用滤纸过滤，在滤液中加入 120μL 1mmol/L 氢氧化钠进行中和，检查 pH 值，用氢氧化钠控制 pH 值在 6.5～7.5 之间，取上清液 20μL 进行分析，稀释倍数为 25。

2. 测定步骤

所有试剂及样品在开始检测前必须回升至室温，测定操作在 20～24℃下进行。用盒中缓冲液以体积 1∶10 的比例稀释实际用量的克仑特罗抗体浓缩液，稀释前混匀抗体，不要猛烈振荡。取出实验需要数量的微孔板条、足够标准品和样品，标准品和样品做 2 个平行实验，记录标准品和样品的位置。剩余的微孔板条放进原锡箔袋中并且与提供的干燥剂一起重新密封，2～8℃冷藏。每个微孔底部加 100μL 稀释后的抗体溶液，室温孵育微孔板 15min，避免光线照射。孵育的同时进行酶标记物的稀释，洗板，甩出孔中液体，将微孔架倒置在吸水纸上拍打，直到纸上无明显水迹（拍打 3 次），以保证完全除去孔中的液体。用 250μL 蒸馏水充入孔中，再次甩掉微孔中液体，并在吸水纸上拍打，重复操作 2 次。加洗涤水的移液器管尖必须置于微孔上方约 0.5cm 处打出洗涤水，避免将板孔中的游离抗体带入洗涤水中。洗板后立即进行下步操作，不要让板孔干燥。加入 20μL 标准品和处理好的样品到各自的微孔底部，标准品和样品做 2 个平行实验。加入 100μL 稀释的酶标记物至微孔底部，轻轻振荡微孔，并在桌面上做圆周运动以混匀。移液器管尖不要接触到孔中的混合物，避免交叉污染。室温孵育微孔板 30min，避免放置，尽可能每隔 10min 轻轻振荡 1 次，准备好酶基质，并注意避光放置。在洗板过程中加洗涤水的移液器置于微孔板上方 0.5cm 处打出洗涤水，避免将板孔中的游离酶标记物带入洗涤水中。不要让板孔干燥，迅速加入 100μL 酶基质到每个孔中，操作步骤要迅速，避免反应时间相差过长。移液器管尖不要接触微孔中的混合物，避免交叉污染。室温暗处孵育微孔板 15min，暗处避光放置，同时，准备好反应停止液。每孔加 100μL 反应停止液，混匀，60min 内用酶标仪测量 450nm 处波长吸光度值。

五、数据处理

所获得的标准品吸光度值和样品吸光度值的平均值除以第1个标准的吸光度值再乘以100，并且以百分比的形式给出吸光度值。

第三节　食品中重金属的检测

实验一　食品中总砷含量的测定（银盐法）

一、实验原理

样品经消化后，以碘化钾、氯化亚锡将高价砷还原为三价砷，然后与锌粒和酸产生的新生态氢生成砷化氢，经银盐溶液吸收后，形成红色胶态物，与标准系列比较定量。

二、试剂

除特别注明外，所用试剂为分析纯，水为去离子水。

硝酸、硫酸、盐酸、氧化镁、无砷锌粒。

硝酸-高氯酸混合溶液（4+1）：量取80mL硝酸，加20mL高氯酸，混匀。

硝酸镁溶液（150g/L）：称取15g硝酸镁 [$Mg(NO_3)_2 \cdot 6H_2O$]，溶于水中，并稀释至100mL。

碘化钾溶液（150g/L）：贮存于棕色瓶中。

酸性氯化亚锡溶液：称取40g氯化亚锡（$SnCl_2 \cdot 2H_2O$），加盐酸溶解并稀释至100mL，加入数颗金属锡粒。

盐酸（1+1）：量取50mL盐酸，加水稀释至100mL。

乙酸铅溶液（100g/L）。

乙酸铅棉花：用乙酸铅溶液（100g/L）浸透脱脂棉后，压除多余溶液，并使疏松，在100℃以下干燥后，贮存于玻璃瓶中。

氢氧化钠溶液（200g/L）。

硫酸（6+94）：量取6.0mL硫酸，加入80mL水中，冷后再加水稀释至100mL。

二乙基二硫代氨基甲酸银-三乙醇胺-三氯甲烷溶液：称取0.25g二乙基二硫代氨基甲酸银 [$(C_2H_5)_2NCS_2Ag$]，置于乳钵中，加少量三氯甲烷研磨，移入100mL量筒中，加入1.8mL三乙醇胺，再用三氯甲烷分次洗涤乳钵，洗液一并移入量筒中，再用三氯甲烷稀释至100mL，放置过夜。滤入棕色瓶中贮存。

砷标准溶液：准确称取0.1320g在硫酸干燥器中干燥过的或在100℃干燥2h的三氧化二砷，加5mL氢氧化钠溶液（200g/L），溶解后加25mL硫酸（6+94），移入1000mL容量瓶中，加新煮沸冷却的水稀释至刻度，贮存于棕色玻璃瓶中。此溶液每毫升相当于0.10mg砷。

砷标准使用液：吸取1.0mL砷标准溶液，置于100mL容量瓶中，加1mL硫酸（6+94），加水稀释至刻度。此溶液每毫升相当于1.0μg砷。

三、仪器

可见分光光度计。测砷装置。100～150mL 锥形瓶：19 号标准口。

导气管：管口 19 号标准口或经碱处理后洗净的橡皮塞与锥形瓶密合时不应漏气。管的另一端管径为 1.0mm。

吸收管：10mL 刻度离心管作吸收管用。

四、样品消化——灰化法

(1) 粮食、茶叶及其他含水分少的食品：称取 5.00g 磨碎样品，置于坩埚中，加 1g 氧化镁及 10mL 硝酸镁溶液，混匀，浸泡 4h。于低温或置水浴锅上蒸干，用小火炭化至无烟后移入马弗炉中加热至 550℃，灼烧 3～4h，冷却后取出。加 5mL 水湿润后，用细玻棒搅拌，再用少量水洗下玻棒上附着的灰分至坩埚内。放水浴上蒸干后移入马弗炉 550℃ 灰化 2h，冷却后取出。

加 5mL 水湿润灰分，再慢慢加入 10mL 盐酸（1＋1），然后将溶液移入 50mL 容量瓶中，坩埚用盐酸（1＋1）洗涤 3 次，每次 5mL，再用水洗涤 3 次，每次 5mL，洗液均并入容量瓶中，再加水至刻度，混匀。定容后的溶液每 10mL 相当于 1g 样品，其加入盐酸量不少于（中和需要量除外）1.5mL。全量供银盐法测定时，不必再加盐酸。

按同一操作方法做试剂空白实验。

(2) 植物油：称取 5.00g 样品，置于 50mL 瓷坩埚中，加 10g 硝酸镁，再在上面覆盖 2g 氧化镁，将坩埚置小火上加热，至刚冒烟，立即将坩埚取下，以防内容物溢出，待烟小后，再加热至炭化完全。将坩埚移至马弗炉中，550℃ 以下灼烧至灰化完全，冷后取出。

加 5mL 水湿润灰分，再缓缓加入 15mL 盐酸（1＋1），然后将溶液移入 50mL 容量瓶中，坩埚用盐酸（1＋1）洗涤 5 次，每次 5mL，洗液均并入容量瓶中，加盐酸（1＋1）至刻度，混匀。定容后的溶液每 10mL 相当于 1g 样品，相当于加入盐酸量（中和需要量除外）1.5mL。

按同一操作方法做试剂空白实验。

(3) 水产品：取可食部分样品捣成匀浆，称取 5.00g 置于坩埚中，加 1g 氧化镁及 10mL 硝酸镁溶液，混匀，浸泡 4h。以下按 (1) 自"于低温或置水浴锅上蒸干……"起依法操作。

五、分析步骤

取灰化法消化液及试剂空白液分别置于 150mL 锥形瓶中。吸取 0、2.0mL、4.0mL、6.0mL、8.0mL、10.0mL 砷标准使用液（相当于 0、2.0μg、4.0μg、6.0μg、8.0μg、10.0μg 砷），分别置于 150mL 锥形瓶中，加水至 43.5mL，再加 6.5mL 盐酸。

于样品消化液、试剂空白液及砷标准使用溶液中各加 3mL 碘化钾溶液（150g/L）、0.5mL 酸性氯化亚锡溶液，混匀，静置 15min。各加入 3g 锌粒，立即分别塞上装有乙酸铅棉花的导气管，并使管尖端插入盛有 4mL 银盐溶液的离心管中的液面下，在常温下反应 45min 后，取下离心管，加三氯甲烷补足 4mL。用 1cm 比色杯，以零管调节零点，于波长 520nm 处测吸光度，绘制标准曲线。

六、计算

$$X = \frac{(m_1 - m_2) \times 1000}{m \times V_2/V_1 \times 1000}$$

式中　X——样品中砷的含量，mg/kg 或 mg/L；

　　　m_1——测定用样品消化液中砷的质量，μg；

　　　m_2——试剂空白液中砷的质量，μg；

　　　m——样品质量或体积，g 或 mL；

　　　V_1——样品消化液的总体积，mL；

　　　V_2——测定用样品消化液的体积，mL。

　　结果的表述：报告算术平均值的二位有效数。

　　允许差：相对相差≤10%。

实验二　食品中总砷含量的测定（硼氢化物还原比色法）

一、实验原理

样品经消化，其中砷以五价形式存在。当溶液氢离子浓度大于 1.0mol/L 时，加入碘化钾-硫脲并结合加热，能将五价砷还原为三价砷。在酸性条件下，硼氢化钾将三价砷还原为负三价，形成砷化氢气体，导入吸收液中呈黄色，黄色深浅与溶液中砷含量成正比。与标准系列比较定量。

二、试剂

(1) 碘化钾（500g/L）＋硫脲溶液（50g/L）（1＋1）。

(2) 氢氧化钠溶液（400g/L，100g/L）。

(3) 硫酸（1＋1）。

(4) 硝酸银溶液（8g/L）：称取 4.07g 硝酸银于 500mL 烧杯中，加入适量水溶解后再加入 30mL 硝酸，加水至 500mL，贮于棕色瓶中。

(5) 聚乙烯醇溶液（4g/L）：称取 0.4g 聚乙烯醇（聚合度 1500～1800）于小烧杯中，加入 100mL 水，沸水浴中加热，搅拌至溶解，保温 10min，取出放冷备用。

(6) 吸收液：取硝酸银溶液（8g/L）和聚乙烯醇溶液（4g/L）各一份，加入二份体积的乙醇（95%），混匀作为吸收液。使用时现配。

(7) 硼氢化钾片：将硼氢化钾与氯化钠按 1∶4 质量比混合磨细，充分混匀后在压片机上制成直径 10mm、厚 4mm 的片剂，每片为 0.5g。避免在潮湿天气时压片。

(8) 乙酸铅（100g/L）棉花：将脱脂棉泡于乙酸铅溶液（100g/L）中，数分钟后挤去多余溶液，摊开棉花，80℃烘干后贮于广口玻璃瓶中。

(9) 柠檬酸（1.0mol/L）-柠檬酸铵（1.0mol/L）：称取 192g 柠檬酸、243g 柠檬酸铵，加水溶解后稀释至 1000mL。

(10) 砷标准储备液：称取经 105℃干燥 1h 并置干燥器中冷却至室温的三氧化二砷（As_2O_3）0.1320g 于 100mL 烧杯中，加入 10mL 氢氧化钠溶液（2.5mol/L），待溶解后加入 5mL 高氯酸、5mL 硫酸，置电热板上加热至冒白烟，冷却后，转入 1000mL 容量瓶中，并用水稀释定容至刻度。此溶液每毫升含砷（五价）0.100mg。

(11) 砷标准使用液：吸取 1.00mL 砷标准储备液于 100mL 容量瓶中，加水稀释至刻度。此溶液每毫升含砷（五价）1.00μg。

(12) 甲基红指示剂（2g/L）：称取 0.1g 甲基红溶解于 50mL 乙醇（95%）中。

三、仪器

可见分光光度计。砷化氢发生装置。

四、分析步骤

(1) 粮食类食品：称取 5.00g 样品于 250mL 三角烧瓶中，加入 5.0mL 高氯酸、20mL 硝酸、2.5mL 硫酸（1+1），放置数小时后（或过夜），置电热板上加热，若溶液变为棕色，应补加硝酸使有机物分解完全，取下放冷，加 15mL 水，再加热至冒白烟，取下，以 20mL 水分数次将消化液定量转入 100mL 砷化氢发生瓶中。同时做空白消化。

(2) 蔬菜、水果类：称取 10.00～20.00g 样品于 250mL 三角烧瓶中，加入 3mL 高氯酸、20mL 硝酸、2.5mL 硫酸（1+1）。以下按上述操作。

(3) 动物性食品（海产品除外）：称取 5.00～10.00g 样品于 250mL 三角烧瓶中，以下按上述操作。

(4) 含乙醇或二氧化碳的饮料：吸取 10.0mL 样品于 250mL 三角烧瓶中，低温加热除去乙醇或二氧化碳后加入 2mL 高氯酸、10mL 硝酸、2.5mL 硫酸（1+1），以下按上述操作。

(5) 酱油类食品：吸取 5.0～10.0mL 代表性样品于 250mL 三角烧瓶中，加入 5mL 高氯酸、20mL 硝酸、2.5mL 硫酸（1+1），以下按上述操作。

五、标准系列的制备

于 6 只 100mL 砷化氢发生瓶中，依次加入砷标准使用液 0、0.25mL、0.5mL、1.0mL、2.0mL、3.0mL（相当于砷 0、0.25μg、0.5μg、1.0μg、2.0μg、3.0μg），分别加水至 3mL，再加 2.0mL 硫酸（1+1）。

样品及标准的测定：于样品及砷标准使用液的砷化氢发生瓶中，分别加入 0.1g 抗坏血酸、2.0mL 碘化钾（500g/L）-硫脲溶液（50g/L），置沸水浴中加热 5min（此时瓶内温度不得超过 80℃），取出放冷，加入甲基红指示剂（2g/L）1 滴，加入约 3.5mL 氢氧化钠溶液（400g/L），以氢氧化钠溶液（100g/L）调至溶液刚呈黄色，加入 1.5mL 柠檬酸（1.0mol/L）-柠檬酸铵溶液（1.0mol/L），加水至 40mL，加入一粒硼氢化钾片剂，立即通过塞有乙酸铅棉花的导管与盛有 4.0mL 吸收液的吸收管相连接，不时摇动砷化氢发生瓶，反应 5min 后再加入一粒硼氢化钾片剂，继续反应 5min。取下吸收管，用 1cm 比色杯，在 400nm 波长，以标准管零管调吸光度为零，测定各管吸光度。将标准系列各管砷含量对吸光度绘制标准曲线或计算回归方程。

六、计算

$$X = \frac{m_1 \times 1000}{m \times 1000}$$

式中　X——样品中砷的含量，mg/kg 或 mg/L；

　　　m_1——测定用消化液从标准曲线查得的质量，μg；

　　　m——样品质量或体积，g 或 mL。

结果的表述：报告算术平均值的二位有效数。

七、允许差

相对相差≤15％。

其最低检出浓度：银盐法（测定用样品相当 5g）为 0.2mg/kg；砷斑法（测定用样品相当 2g）为 0.25mg/kg；硼氢化物还原比色法（测定用样品相当 5g）为 0.05mg/kg。

实验三　食品中总砷含量的测定（砷斑法）

一、实验目的

学习砷斑法（Gutze 氏法）测定食品中总砷含量的基本原理和操作方法。

二、实验原理

样品经分解消化后，其中的砷转变成五价砷。五价砷在酸性氯化亚锡和碘化钾的作用下，被还原为三价砷：

$$H_3AsO_4 + 2KI + 2HCl \longrightarrow H_3AsO_3 + I_2 + 2KCl + H_2O$$
$$I_2 + SnCl_2 + 2HCl \longrightarrow 2HI + SnCl_4$$

三价砷与氢反应生成砷化氢：

$$H_3AsO_3 + 3Zn + 6HCl \longrightarrow AsH_3 \uparrow + 3ZnCl_2 + 3H_2O$$

所产生的砷化氢气体，通过醋酸铅溶液浸润过的棉花除去硫化氢的干扰，与溴化汞试纸作用生成由黄色到橙色的色斑，根据颜色深浅，与标准比较定量。

$$AsH_3 + 3HgBr_2 \longrightarrow 3HBr + As(HgBr)_3（黄色）$$
$$2As(HgBr)_3 + AsH_3 \longrightarrow 3AsH(HgBr)_2（黄褐色）$$
$$As(HgBr)_3 + AsH_3 \longrightarrow 3HBr + As_2Hg_3（橙色）$$

三、试剂和仪器

1. 试剂

（1）溴化汞乙醇溶液（5％）：取溴化汞 1g，加 95％乙醇稀释至 20mL。

（2）溴化汞试纸：将滤纸剪成测砷管大小的圆片，浸入溴化汞乙醇溶液中约 1h，取出放暗处使其自然干燥后备用。

（3）酸性氯化亚锡溶液（40％）：称取分析纯氯化亚锡（$SnCl_2 \cdot 2H_2O$）40g，用盐酸溶解并稀释至 100mL，临用时配制，贮于棕色瓶中。

（4）醋酸铅棉花：用 10％醋酸铅溶液浸透脱脂棉花，挤干并使其疏松，在 80℃以下干燥，贮于棕色磨口瓶中备用。

（5）无砷锌粒：直径 2～3mm。

（6）碘化钾溶液（20％）。

（7）砷标准贮备溶液：精确称取预先在硫酸干燥器中干燥的分析纯三氧化二砷 0.1320g，溶于 10mL 1mol/L 氢氧化钠溶液中，加 1mol/L H_2SO_4 溶液 10mL，将此溶液仔细地移入 1000mL 容量瓶中，用水稀释至刻度。此溶液含砷量为 0.1mg/mL。

（8）砷标准使用液：吸取 1mL 砷标准贮备溶液于 100mL 容量瓶中，加 10%硫酸 1mL，加水至刻度，混匀。此溶液含砷量为 1μg/mL。

2. 仪器

测砷装置见图 6-10。

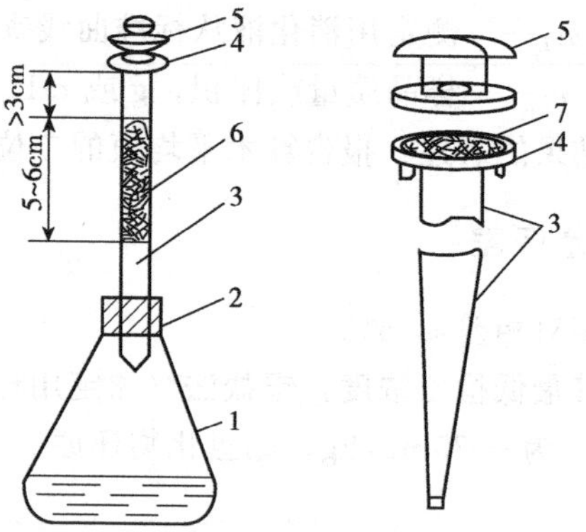

图 6-10　测砷装置
1—三角瓶（或广口瓶）；2—橡皮塞；3—测砷管；4—管口；
5—玻璃帽；6—醋酸铅棉花；7—溴化汞试纸

四、实验步骤

1. 样品处理

（1）湿法消化：吸取酱油样品 10mL（含砷约 10μg 以下），置于 500mL 凯氏烧瓶中，加入 10mL 浓硫酸，混匀，放置片刻，小火加热使样品溶解，放冷。然后加浓硫酸 10mL，加热，至棕红色烟雾消失，溶液开始变成棕色时，立即滴入硝酸，反复操作 2～3 次，至溶液澄明，并发生大量白烟时取下，冷却，加水 20mL，继续加热至冒白烟，重复操作二次，将剩余的硝酸完全驱除，放冷，加水 20mL 稀释，冷却后，用水将溶液全部移入 100mL 容量瓶中，摇匀，冷却至室温，加水至刻度，摇匀。

（2）干法消化：准确称取均匀样品 1～10g（视砷含量多少而定）于 60mL 瓷坩埚中，加入分析纯氧化镁粉 1g、10%硝酸镁 10mL，于烘箱中烘干或在水浴上蒸干，用小火炭化至无烟后移入高温炉中加热至 550℃，灼烧 5h，冷却后取出。加水 5mL，湿润灰分，再慢慢加入 6mol/L 盐酸 10mL 溶解，移入 100mL 容量瓶中，再用 6mol/L 盐酸 10mL、水 15mL 分数次洗涤坩埚，洗液均移入容量瓶中，再加水至刻度，混匀。同时做试剂空白实验。

2. 样品测定

（1）安装测砷管：将醋酸铅棉花拉松后装入各支测砷管中，长度 5～6cm，上端至管口处不少于 3cm。棉花松紧程度要求基本一致，不得太紧太松。然后将溴化汞试纸安放在测砷管的管口上，用橡皮圈扣紧玻璃帽，注意管口与帽盖吻合、密封。

（2）砷斑生成与比较：将测砷管和测砷瓶编号。于各瓶中按表 6-4 加入试剂和进行操作。

表 6-4　砷标准系列浓度

编　号	标准管				样品管	试剂空白管
	1	2	3	4	5	6
砷标准使用液/mL	0.25	0.50	1.00	2.00		
砷含量/μg	0.25	0.50	1.00	2.00		
样品测定液/mL					20.0	

编　　号	标准管				样品管	试剂空白管
	1	2	3	4	5	6
试剂空白液/mL						20.0
蒸馏水①/mL	24.75	24.5	24.0	23.0	5.0	5.0
20%KI/mL	5.0	5.0	5.0	5.0	5.0	5.0
1∶1硫酸/mL	10.0	10.0	10.0	10.0	6.0	6.0
酸性 SnCl₂ 溶液	各加入 10 滴					
无砷锌粒	在滴入酸性 SnCl₂ 10min 后各加 3g					

① 补加量至 25mL。

立即装上测砷管，塞紧，于 25～40℃放置 45min，取出样品及试剂空白的溴化汞试纸，与标准砷斑比较定量。

五、实验数据及其处理

$$X = \frac{(A_1 - A_2) \times 1000}{m \times \dfrac{V_2}{V_1} \times 1000}$$

式中　X——样品砷的含量，mg/kg；

A_1——样品溶液相当于标准砷斑的质量，μg；

A_2——空白溶液相当于标准砷斑的质量，μg；

m——样品质量或体积，g 或 mL；

V_1——样品消化液的总体积，mL；

V_2——测定用的样品消化液体积，mL。

六、问题讨论

分析影响测定准确性的因素。

实验四　湿法消化测定重金属（镉）的含量

一、实验原理

样品经湿法酸消解后，注入原子吸收分光光度计中，电热原子化后吸收 228.8nm 共振线，在一定浓度范围内，其吸收值与镉含量成正比，与标准系列比较定量。

二、试剂和仪器

1. 试剂

浓硝酸（优级纯）、高氯酸（优级纯）、去离子水、2%盐酸溶液、镉标准溶液、镉标准使用液（10μg/mL）、镉专用还原剂（5%的硼氢化钾）。

2. 仪器

原子吸收分光光度计。

三、测定步骤

（1）样品处理

将样品进行粉碎，准确称取试样 1.0000g 置于 100mL 三角瓶中，加入 8mL 的硝酸＋2mL 高氯酸混合酸（4＋1），浸泡过夜。次日在电炉上加热消解，至消化液均呈淡黄色或无色，每次加入 10mL 去离子水进行赶酸，共赶酸两次，冷却后，用去离子水将消化液转移至 50mL 容量瓶中。平行实验做 3 组，同时做试剂空白实验。

（2）测定条件

仪器条件：根据仪器性能调至最佳状态。参考条件为波长 228.8nm，狭缝 0.15～0.2nm，空气流量 5L/min，氘灯背景校正（光电倍增管负高压 300V），炉温 200℃，Ar 气流量，载气流量 400mL/min，屏蔽器流量 1L/min，原子化高度 8min，延迟时间 1s，测量方法为标准曲线法，读数时间 10s，测量重复次数为 2 次。

测定：逐步将仪器调至最佳条件，炉温升到所需温度，稳定后测量。连续用标准空白进样，待读数稳定后，转入标准系列测量。在转入试样测定之前，再进入空白值测量状态，用试样空白液进样，让仪器取均值作为扣底的空白值。随后依次测定试样，每个样品测两次值，最后取平均值。

四、结果计算

试样中镉的含量按下式计算：

$$X = \frac{(A_1 - A_2) \times V}{m \times 1000}$$

式中　X——试样中镉含量，mg/kg 或 mg/L；

A_1——试样消化液中的镉含量，ng/mL；

A_2——试剂空白液中的镉含量，ng/mL；

V——试样消化液总体积（水溶液部分），mL；

m——试样质量，g 或 mL。

实验五　铅的测定（二硫腙比色法）

一、实验原理

试样经消化后，在 pH8.5～9.0 时，铅离子与二硫腙生成红色络合物，溶于三氯甲烷。加入柠檬酸铵、氰化钾和盐酸羟胺等，防止铁、铜、锌等离子干扰，与标准系列比较定量。

二、试剂和材料

（1）氨水（1＋1）。

（2）盐酸（1＋1）：量取 100mL 盐酸，加入 100mL 水中。

（3）酚红指示液（1g/L）：称取 0.10g 酚红，用少量多次乙醇溶解后移入 100mL 容量瓶中并定容至刻度。

（4）盐酸羟胺溶液（200g/L）：称取 20.0g 盐酸羟胺，加水溶解至 50mL，加 2 滴酚红指示液，加氨水（1+1），调 pH 至 8.5～9.0（由黄变红，再多加 2 滴），用二硫腙-三氯甲烷溶液提取至三氯甲烷层绿色不变为止，再用三氯甲烷洗二次，弃去三氯甲烷层，水层加盐酸（1+1）至呈酸性，加水至 100mL。

（5）柠檬酸铵溶液（200g/L）：称取 50g 柠檬酸铵，溶于 100mL 水中，加 2 滴酚红指示液，加氨水，调 pH 至 8.5～9.0，用二硫腙-三氯甲烷溶液提取数次，每次 10～20mL，至三氯甲烷层绿色不变为止，弃去三氯甲烷层，再用三氯甲烷洗二次，每次 5mL，弃去三氯甲烷层，加水稀释至 250mL。

（6）氰化钾溶液（100g/L）：称取 10.0g 氰化钾，用水溶解后稀释至 100mL。

（7）三氯甲烷：不应含氧化物。

检查方法：量取 10mL 三氯甲烷，加 25mL 新煮沸过的水，振摇 3min，静置分层后，取 10mL 水溶液，加数滴碘化钾溶液（150g/L）及淀粉指示液，振摇后应不显蓝色。

处理方法：于三氯甲烷中加入 1/20～1/10 体积的硫代硫酸钠溶液（200g/L）洗涤，再用水洗后加入少量无水氯化钙脱水后进行蒸馏，弃去最初及最后的十分之一馏出液，收集中间馏出液备用。

（8）淀粉指示液：称取 0.5g 可溶性淀粉，加 5mL 水搅匀后，慢慢倒入 100mL 沸水中，边倒边搅拌，煮沸，放冷备用，临用时配制。

（9）硝酸（1+99）：量取 1mL 硝酸，加入 99mL 水中。

（10）二硫腙-三氯甲烷溶液（0.5g/L）：保存冰箱中，必要时用下述方法纯化。称取 0.5g 研细的二硫腙，溶于 50mL 三氯甲烷中，如不全溶，可用滤纸过滤于 250mL 分液漏斗中，用氨水（1+99）提取三次，每次 100mL，将提取液用棉花过滤至 500mL 分液漏斗中，用盐酸（1+1）调至酸性，将沉淀出的二硫腙用三氯甲烷提取 2～3 次，每次 20mL，合并三氯甲烷层，用等量水洗涤两次，弃去洗涤液，在 50℃ 水浴上蒸去三氯甲烷。精制的二硫腙置硫酸干燥器中，干燥备用。或将沉淀出的二硫腙用 200mL、200mL、100mL 三氯甲烷提取三次，合并三氯甲烷层为二硫腙溶液。

（11）二硫腙使用液：吸取 1.0mL 二硫腙溶液，加三氯甲烷至 10mL，混匀。用 1cm 比色杯，以三氯甲烷调节零点，于波长 510nm 处测吸光度（A），用下式算出配制 100mL 二硫腙使用液（70%透光率）所需二硫腙溶液的体积（V mL）。

$$V = \frac{10 \times (2 - \lg 70)}{A} = \frac{1.55}{A}$$

（12）硝酸-硫酸混合液（4+1）。

（13）铅标准溶液（1.0mg/mL）：准确称取 0.1598g 硝酸铅，加 10mL 硝酸（1+99），全部溶解后，移入 100mL 容量瓶中，加水稀释至刻度。

（14）铅标准使用液（10.0μg/mL）：吸取 1.0mL 铅标准溶液，置于 100mL 容量瓶中，加水稀释至刻度。

三、仪器和设备

（1）分光光度计。（2）天平：感量为 1mg。

四、分析步骤

1. 试样消化——硝酸-硫酸法

（1）粮食、粉丝、粉条、豆干制品、糕点、茶叶等及其他含水分少的固体食品：称取 5g 或 10g 的粉碎样品（精确到 0.01g），置于 250～500mL 定氮瓶中，先加水少许使湿润，加数粒玻璃珠、10～15mL 硝酸，放置片刻，小火缓缓加热，待作用缓和，放冷。沿瓶壁加入 5mL 或 10mL 硫酸，再加热，至瓶中液体开始变成棕色时，不断沿瓶壁滴加硝酸至有机质分解完全。加大火力，至产生白烟，待瓶口白烟冒净后，瓶内液体再产生白烟为消化完全，该溶液应澄清无色或微带黄色，放冷（在操作过程中应注意防止暴沸或爆炸）。加 20mL 水煮沸，除去残余的硝酸至产生白烟为止，如此处理两次，放冷。将冷后的溶液移入 50mL 或 100mL 容量瓶中，用水洗涤定氮瓶，洗液并入容量瓶中，放冷，加水至刻度，混匀。定容后的溶液每 10mL 相当于 1g 样品，相当加入硫酸 1mL。取与消化试样相同量的硝酸和硫酸，按同一方法做试剂空白实验。

（2）蔬菜、水果：称取 25.00g 或 50.00g 洗净打成匀浆的试样（精确到 0.01g），置于 250～500mL 定氮瓶中，加数粒玻璃珠、10～15mL 硝酸，以下按上述（1）自"放置片刻……"起依法操作。但定容后的溶液每 10mL 相当于 5g 样品，相当加入硫酸 1mL。

（3）酱、酱油、醋、冷饮、豆腐、腐乳、酱腌菜等：称取 10g 或 20g 试样（精确到 0.01g）或吸取 10.0mL 或 20.0mL 液体样品，置于 250～500mL 定氮瓶中，加数粒玻璃珠、5～15mL 硝酸。以下按上述（1）自"放置片刻……"起依法操作。但定容后的溶液每 10mL 相当于 2g 或 2mL 试样。

（4）含酒精性饮料或含二氧化碳饮料：吸取 10.00mL 或 20.00mL 试样，置于 250～500mL 定氮瓶中，加数粒玻璃珠，先用小火加热除去乙醇或二氧化碳，再加 5～10mL 硝酸，混匀后，以下按上述（1）自"放置片刻……"起依法操作。但定容后的溶液每 10mL 相当于 2mL 试样。

（5）含糖量高的食品：称取 5g 或 10g 试样（精确至 0.01g），置于 250～500mL 定氮瓶中，先加少许水使湿润，加数粒玻璃珠、5～10mL 硝酸，摇匀。缓缓加入 5mL 或 10mL 硫酸，待作用缓和停止起泡沫后，先用小火缓缓加热（糖分易炭化），不断沿瓶壁补加硝酸，待泡沫全部消失后，再加大火力，至有机质分解完全，发生白烟，溶液应澄清无色或微带黄色，放冷。以下按上述（1）自"加 20mL 水煮沸……"起依法操作。

（6）水产品：取可食部分样品捣成匀浆，称取 5g 或 10g 试样（精确至 0.01g，海产藻类、贝类可适当减少取样量），置于 250～500mL 定氮瓶中，加数粒玻璃珠、5～10mL 硝酸，混匀后，以下按上述（1）自"沿瓶壁加入 5mL 或 10mL 硫酸……"起依法操作。

2. 试样消化——灰化法

（1）粮食及其他含水分少的食品：称取 5g 试样（精确至 0.01g），置于石英或瓷坩埚中，加热至炭化，然后移入马弗炉中，500℃灰化 3h，放冷，取出坩埚，加硝酸（1+1），润湿灰分，用小火蒸干，在 500℃烧 1h，放冷。取出坩埚。加 1mL 硝酸（1+1），加热，使灰分溶解，移入 50mL 容量瓶中，用水洗涤坩埚，洗液并入容量瓶中，加水至刻度，混匀备用。

（2）含水分多的食品或液体试样：称取 5.0g 或吸取 5.00mL 试样，置于蒸发皿中，先在水浴上蒸干，再按（1）自"加热至炭化……"起依法操作。

五、测定

1. 吸取 10.0mL 消化后的定容溶液和同量的试剂空白液，分别置于 125mL 分液漏斗中，各加水至 20mL。

2. 吸取 0、0.10mL、0.20mL、0.30mL、0.40mL、0.50mL 铅标准使用液（相当于 0.0、1.0μg、2.0μg、3.0μg、4.0μg、5.0μg 铅），分别置于 125mL 分液漏斗中，各加硝酸（1+99）至 20mL。于试样消化液、试剂空白液和铅标准使用液中各加 2.0mL 柠檬酸铵溶液（200g/L）、1.0mL 盐酸羟胺溶液（200g/L）和 2 滴酚红指示液，用氨水（1+1）调至红色，再各加 2.0mL 氰化钾溶液（100g/L），混匀。各加 5.0mL 二硫腙使用液，剧烈振摇 1min，静置分层后，三氯甲烷层经脱脂棉滤入 1cm 比色杯中，以三氯甲烷调节零点，于波长 510nm 处测吸光度，各点减去零管吸收值后，绘制标准曲线或计算一元回归方程，试样与曲线比较。

六、分析结果的表述

试样中铅含量按下式进行计算。

$$X = \frac{(m_1 - m_2) \times 1000}{m_3 \times V_2/V_1 \times 1000}$$

式中　X——试样中铅的含量，mg/kg 或 mg/L；

　　　m_1——测定用试样液中铅的质量，μg；

　　　m_2——试剂空白液中铅的质量，μg；

　　　m_3——试样质量或体积，g 或 mL；

　　　V_1——试样处理液的总体积，mL；

　　　V_2——测定用试样处理液的总体积，mL。

以重复性条件下获得的两次独立测定结果的算术平均值表示，结果保留两位有效数字。

实验六　食品中甲基汞含量的检测

一、仪器

气相色谱仪（日本岛津 GC-17A、带电导检测器）、2000r/min 离心机、振荡器、研钵、100mL 带塞锥形瓶（10 个）、50mL 离心管（10 个）、100mL 分液漏斗（10 个）、50mL 量筒、5mL 移液管、玻璃棒、巯基棉、色谱柱（10 支）、闹钟、洗耳球、10mL 具塞比色管（12 支）、2mL 移液枪、2mL 移液枪、一次性吸管、气相色谱用小瓶（12 支）、精密 pH 试纸（酸性范围）。

二、试剂

NaCl、CuCl₂ 溶液（42.5g/L）、盐酸（优级纯、1+11）、盐酸（1+5）、氢氧化钠溶液（40/L）、甲基橙指示液、0.1μg/mL 的甲基汞标准溶液、苯（优级纯）、无水硫酸钠。

三、实验步骤

1. 取鱼肉做实验，去皮去骨，在绞碎机上绞碎。

2. 取 1.5g 绞碎混匀的鱼肉，加入 1.5g NaCl 研磨。加入 0.5mL CuCl$_2$溶液（42.5g/L），轻轻研匀，用 30mL 盐酸（1+11）分次完全转入 100mL 带塞锥形瓶中，剧烈振摇 5min，放置 30min（也可以用振荡器振摇 30min），样液全部转入 50mL 离心管中，用 5mL 盐酸（1+11）淋洗锥形瓶，洗液与样液合并，离心 10min（转速为 2000r/min），将上清液全部转入 100mL 分液漏斗中，于残渣中再加 10mL 盐酸（1+11），用玻璃棒搅匀后再离心，合并两份离心溶液。

3. 加入 45mL［与盐酸（1+11）等量］氢氧化钠溶液（40/L）中和，加 1～2 滴甲基橙指示液，再调至溶液变黄色，然后滴加盐酸（1+11）至溶液从黄色变橙色，此溶液的 pH 值在 3.0～3.5 范围内（可用 pH 计校正）。

4. 塞有巯基棉的玻璃滴管接在分液漏斗下面，控制流速为 4～5mL/min，然后用上述 3 的处理液进行淋洗，吸附。取下玻璃管，用玻璃棒压紧巯基棉，用洗耳球将水尽量吹尽。然后加入 1mL 盐酸（1+5）洗脱一次，用洗耳球将洗脱液吹尽，收集于 10mL 具塞比色管中。

5. 另取两支 10mL 具塞比色管，各加入 2mL 0.1μg/mL 的甲基汞标准溶液。向含有试样及甲基汞标准溶液的管中各加入 1mL 苯，振摇提取 2min，分层后吸出苯液，加少许无水硫酸钠（0.001g），进气相色谱测定，记录峰高，与标准系列比较定量。

6. 计算

$$X = \frac{m_1 \times h_1 \times V_1 \times 1000}{V_2 \times h_2 \times m_2 \times 1000}$$

式中　X——试样中甲基汞的含量，mg/kg；

$\quad$ m_1——甲基汞标准量，μg；

$\quad$ h_1——试样峰高，mm；

$\quad$ V_1——试样苯萃取溶剂的总体积，μL；

$\quad$ V_2——测定用试样的体积，μL；

$\quad$ h_2——甲基汞标准峰高，mm；

$\quad$ m_2——试样质量，g。

计算结果保留两位有效数字。

在重复条件下获得的两次独立测定结果的绝对差值不得超过算术平均值的 20%。

备注：巯基棉的制作——全部操作在通风橱中进行。

所需试剂：乙酸酐、冰乙酸、硫代乙醇酸、硫酸。

所需仪器：烘箱、250mL 具塞锥形瓶（1 个）、脱脂棉（14g）、玻璃棒、磁盘、棕色瓶、一次性手套、口罩。

步骤：在锥形瓶中加入 35mL 乙酸酐、16mL 冰乙酸、50mL 硫代乙醇酸、0.15mL 硫酸、5mL 水，混匀，冷却后，加入 14g 脱脂棉，不断翻压，使棉花完全浸透，将塞盖好，置于恒温培养箱中，在 37℃±0.5℃保温 4 天（注意切勿超过 40℃）。取出后用水洗至近中性，除去水分后平铺于瓷盘中，再在 37℃±0.5℃恒温箱中烘干，成品放入棕色瓶中保存，放置冰箱保存备用（使用前，应先测定巯基棉对甲基汞的吸附效率在 95% 以上方可使用）。

第四节 食品中氧化指标及其他
非食用化学物质的检测

实验一 脂肪氧化、过氧化值及酸价的测定（滴定法）

一、实验原理

脂肪氧化的初级产物是氢过氧化物 ROOH，因此通过测定脂肪中氢过氧化物的量，可以评价脂肪的氧化程度。同时脂肪氧化的初级产物 ROOH 可进一步分解，产生小分子的醛、酮、酸等，因此酸价也是评价脂肪变质程度的一个重要指标。本实验通过油脂在不同条件下贮藏，并定期测定其过氧化值和酸价，了解影响油脂氧化的主要因素。与空白和添加抗氧化剂的油样品进行比较，观察抗氧化剂的性能。

过氧化值的测定：碘量法。在酸性条件下，脂肪中的过氧化物与过量的 KI 反应生成 I_2，析出的 I_2 用硫代硫酸钠（$Na_2S_2O_3$）溶液滴定，根据硫代硫酸钠的用量来计算油脂的过氧化值。求出每千克油中所含过氧化物的量（mmol），即为脂肪的过氧化值（POV）。

酸价的测定：滴定法。利用酸碱中和反应，测出脂肪中游离酸的含量。油脂的酸价以中和 1g 脂肪中游离酸所需消耗的氢氧化钾的质量（mg）表示。

二、材料、仪器与试剂

1. 材料

油脂。

2. 仪器

（1）小广口瓶（40mL）6 个，保证规格一致，并干燥。（2）恒温箱（可控 60℃ 左右）。（3）其他：碘量瓶 250mL、微量滴定管（5mL）、量筒（5mL、50mL）、移液管、容量瓶（100mL、1000mL）、滴瓶、烧瓶、碱式滴定管、锥形瓶（250mL）、试剂瓶、称量瓶、天平（感量 0.001g）。

3. 试剂

（1）0.01mol/L $Na_2S_2O_3$：用标定的 0.1mol/L $Na_2S_2O_3$ 稀释而成。

（2）氯仿-冰乙酸混合液：取氯仿 40mL，加冰乙酸 60mL，混匀。

（3）饱和碘化钾溶液：取碘化钾 10g，加水 5mL，贮于棕色瓶中，如发现溶液变黄，应重新配制。

（4）0.5％淀粉指示剂：500mg 淀粉加少量冷水调匀，再加一定量沸水（最后体积约为 100mL）。

（5）0.1mol/L 氢氧化钾（或氢氧化钠）标准溶液。

（6）中性乙醚-95％乙醇（2：1）混合溶剂：临用前用 0.1mol/L 碱液滴定至中性。

（7）1％酚酞乙醇溶液。

所用试剂为国产分析纯。

三、操作步骤

1. 过氧化值的测定

（1）称取混合均匀的油样 2~3g（精确到 0.01g），置于干燥的碘量瓶底部，加入 30mL 氯仿-冰乙酸混合液，轻轻摇动充分混合。

（2）加入 1mL 饱和碘化钾溶液，加塞后摇匀，在暗处放置 5min。

（3）取出碘量瓶，立即加入 50mL 蒸馏水，充分混合后，立即用 0.01mol/L $Na_2S_2O_3$ 标准溶液滴定至水层呈浅黄色时，加入 1mL 淀粉指示剂，继续滴定至蓝色消失为止，记下体积 V_1，并计算 POV。

（4）同时做不加油样的空白实验，记下体积 V_2。

2. 酸价的测定

（1）称取均匀的油样 4g（精确到 0.01g），注入锥形瓶。

（2）加入中性乙醚-乙醇溶液 50mL，小心旋转摇动，使油样完全溶解。

（3）加 2~3 滴酚酞指示剂，用 0.1mol/L 碱液滴定至出现微红色并在 30s 内不消失，记下消耗碱液的体积（V），并计算酸价。

四、结果计算

1. 过氧化值（POV）的计算

（1）用过氧化物表示时，可按下式计算：

$$POV(mmol/kg\ 油) = (V_1 - V_2) \times C/W \times 1000$$

式中　V_1——油样用去的 $Na_2S_2O_3$ 溶液体积，mL；

　　　V_2——空白实验用去的 $Na_2S_2O_3$ 溶液体积，mL；

　　　C——$Na_2S_2O_3$ 溶液的浓度，mol/L；

　　　W——油样重，g。

（2）用氧化值（$I_2\%$）表示，按下式计算：

$$氧化值(I_2\%) = (V_1 - V_2) \times C \times 0.1269/W \times 100$$

式中　V_1——油样用去的 $Na_2S_2O_3$ 溶液体积，mL；

　　　V_2——空白实验用去的 $Na_2S_2O_3$ 溶液体积，mL；

　　　C——$Na_2S_2O_3$ 溶液的浓度，mol/L；

　　　W——油样重，g；

0.1269——1mmol $Na_2S_2O_3$ 相当于碘的质量，g。

以上两种表示法间的换算关系：mmol/kg=$I_2\%$×78.9。

2. 酸价的计算

（1）以酸价（AV）表示

$$AV(mg\ KOH/g\ 油) = V \times C \times 56.1/W$$

式中　V——滴定时消耗的氢氧化钾溶液体积，mL；

　　　C——氢氧化钾溶液的浓度，mol/L；

56.1——氢氧化钾的毫摩尔质量；

　　　W——油样重，g。

（2）以百分含量表示

油脂中所含游离脂肪酸（FFA）的数量除用酸价表示外，还可用游离脂肪酸的百分含量来表示，按下式计算：

$$FFA(\%) = AV \times 脂肪酸摩尔质量 / 56.1 \times 100 / 1000$$
$$= AV \times 脂肪酸摩尔质量 / 56.1 \times 1/10$$

式中　AV——油脂酸价，mg KOH/g 油；

　　　56.1——氢氧化钾的毫摩尔质量；

　　　1/10——质量百分含量的换算系数。

显然，不同脂肪酸的摩尔质量不同，由它们表示的百分含量也不同。不同脂肪酸，用酸价换算成 FFA 的百分含量公式如下：

$$油酸 \% = 0.503 \times AV (最常用的换算关系)$$
$$月桂酸 \% = 0.356 \times AV$$
$$软脂酸 \% = 0.456 \times AV$$
$$蓖麻酸 \% = 0.530 \times AV$$
$$芥酸 \% = 0.602 \times AV$$
$$亚油酸 \% = 0.499 \times AV$$

五、注意事项

1. 测定 POV

（1）加入碘化钾后，静置时间长短以及加水量多少，对测定结果均有影响。

（2）过氧化值过低时，可改用 0.005mol/L $Na_2S_2O_3$ 标准溶液进行滴定。

2. 测定酸价

（1）测定蓖麻油时，只用中性乙醇而不用混合溶剂。

（2）测定深色油的酸价，可减少试样用量，或适当增加混合溶剂的用量，以百里酚酞或麝香草酚酞作指示剂，以使测定终点的变色明显。

（3）滴定过程中如出现混浊或分层，表明由碱液带进水过多，乙醇量不足以使乙醚与碱溶液互溶。一旦出现此现象，可补加 95% 的乙醇，促使均一相体系的形成。

实验二　DPPH 自由基清除率的测定

一、实验原理

1，1-二苯基-2-苦肼基（DPPH）是一种稳定的以氮为中心的自由基，其乙醇溶液显紫色，最大吸收波长为 517nm。当 DPPH 溶液中加入自由基清除剂时，其孤对电子被配对时，吸收消失或减弱，导致溶液颜色变浅，显黄色或淡黄色，在 517nm 处的吸光度变小，其变化程度与自由基清除程度呈线性关系，故该法可用清除率表示，清除率越大，表明该物质清除能力越强。

二、试剂与仪器

0.08mmol/L DPPH 溶液的配制：精密称取 DPPH 8.0mg，用无水乙醇溶解并定容至 200mL 棕色容量瓶中，得浓度为 0.004% 的 DPPH 溶液，避光保存，备用。

可见分光光度计。

三、实验步骤

分别取不同浓度的各样品溶液（0.24mg/mL、0.48mg/mL、0.72mg/mL、0.96mg/mL、1.20mg/mL）1.0mL，置10mL离心管中，加入3.0mL的DPPH溶液，室温避光反应30min，同时以无水乙醇为空白，于517nm波长处测定吸光值。按下列公式计算DPPH自由基清除率。

$$DPPH 自由基清除率(\%) = [A_0 - (A_s - A_c)]/A_0 \times 100\%$$

式中　A_0——1.0mL蒸馏水+3.0mL DPPH溶液的吸光度值；

　　　A_s——1.0mL样品溶液+3.0mL DPPH溶液的吸光度值；

　　　A_c——1.0mL样品溶液+3.0mL无水乙醇的吸光度值。

将实验重复三次，求得清除率的平均值。

实验三　还原力的测定

一、实验原理

以普鲁士蓝 $\{Fe_4[Fe(CN)_6]_3\}$ 之生成量作为指标，将六氰合铁酸钾 $[K_3Fe(CN)_6]$ 还原成 $K_4Fe(CN)_6$，再利用 Fe^{3+} 形成 $Fe_4[Fe(CN)_6]_3$，由700nm处吸光值变化检测还原力大小。吸光值越高表示样品的还原力也就越强。

二、试剂

样品的配制：用乙醇配制浓度分别为0.24mg/mL、0.48mg/mL、0.72mg/mL、0.96mg/mL、1.20mg/mL各样品溶液，浓度分别为0.06mg/mL、0.12mg/mL、0.18mg/mL、0.24mg/mL、0.30mg/mL BHT溶液。

0.2mol/L PBS，pH=6.6：

A溶液：0.2mol/L Na_2HPO_4 溶液，称 $Na_2HPO_4 \cdot 2H_2O$ 35.63g，定容至1000mL；

B溶液：0.2mol/L NaH_2PO_4 溶液，称 $NaH_2PO_4 \cdot 2H_2O$ 31.21g，定容至1000mL；

取A溶液37.5mL，加B溶液62.5mL，即为pH=6.6的0.2mol/L PBS。

三、实验步骤

不同浓度的各样品溶液（0.24mg/mL、0.48mg/mL、0.72mg/mL、0.96mg/mL、1.20mg/mL）1.0mL，加入0.2moL/L的磷酸盐缓冲液（pH=6.6）2.5mL和1%的铁氰化钾溶液2.5mL，得混合物，于50℃水浴保温20min，然后在反应混合物中加入2.5mL 10g/100mL三氯乙酸溶液，混合溶液3000r/min离心10min，精密吸取上清液2.5mL，加入2.5mL蒸馏水和0.5mL 0.1%的三氯化铁溶液，反应10min后在700nm处测吸光度（吸光度值越大，还原力越强）。BHT作为阳性对照。将实验重复三次，求平均值。

实验四　超氧阴离子自由基清除率的测定

邻苯三酚自氧化速率（$V_{对照}$）：对照组和空白对照组加入4mL蒸馏水（去离子水）和

0.1mol/L Tris-HCl 缓冲溶液（pH8.2）4.5mL，在 25℃ 水浴 20min 后，样品组加入 0.2mL（或 0.3mL）3m mol/L 邻苯三酚溶液，空白组以相同体积蒸馏水（去离子水）代替。混匀后马上在 320nm 处测定吸光值，迅速混匀并开始计时，每隔 30s 读取吸光值，4min 后结束，以空白对照管调零。作吸光度随时间变化的回归方程，其斜率为邻苯三酚自氧化速率 $V_{对照}$（$V_{对照}$ 在 0.05～0.065A/min 之间，否则应调整邻苯三酚加入量）。

样品自氧化速率（$V_{样品}$）：样品组和空白组均加入一定浓度的样品溶液 4mL、0.1mol/L Tris-HCl 缓冲溶液（pH8.2）4.5mL，在 25℃ 水浴 20min 后，样品组加入 0.2mL（或 0.3mL）3mmol/L 邻苯三酚溶液，空白组以相同体积蒸馏水（去离子水）代替。混匀后马上在 320nm 处测定吸光值，迅速混匀并开始计时，每隔 30s 读取吸光值，4min 后结束，以空白管调零。作吸光度随时间变化的回归方程，其斜率为邻苯三酚自氧化速率 $V_{样品}$。按下式计算样品对超氧阴离子的抑制率：

$$抑制率(\%)=(V_{对照}-V_{样品})/V_{对照}\times 100$$

式中 $V_{对照}$——对照组邻苯三酚自氧化速率，$\Delta A/min$；

$V_{样品}$——样品组邻苯三酚自氧化速率，$\Delta A/min$。

实验五　水产品中挥发性盐基氮的测定

一、实验目的

了解水产品中挥发性盐基氮测定的基本原理及流程。

二、实验原理

挥发性盐基氮是指水产品在腐败过程中，由于酶和细菌的作用使蛋白质分解而产生氨以及胺类等碱性含氮物质。此类物质具有挥发性，使用高氯酸溶液浸提，在碱性溶液中蒸出后，用硼酸吸收液吸收（图 6-11），再以标准盐酸溶液滴定计算含量。

三、试剂和仪器

1. 试剂

（1）高氯酸溶液（0.6mol/L）：取 50mL 高氯酸加水定容至 1000mL。

（2）氢氧化钠溶液（30g/L）：称取 30g 氢氧化钠加水溶解后，放冷，并稀释到 1000mL。

（3）盐酸标准溶液（0.01mol/L）：吸取浓盐酸 0.85mL 定容至 1000mL，摇匀。

盐酸标准溶液的标定：准确称取 0.015g 在 270～300℃ 干燥至恒重的基准无水硫酸钠，加 50mL 水使之溶解，加 10 滴溴甲酚绿-甲基红混合指示液，用本溶液滴定至溶液由绿色转变为紫红色，煮沸

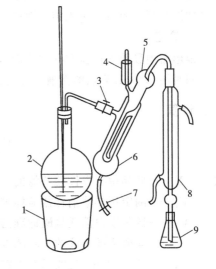

图 6-11　测定装置

1—电炉；2—水蒸气发生器（2L 平底烧瓶）；
3—螺旋夹；4—小漏斗及棒状玻塞；5—反应室；
6—反应室外层；7—橡皮管及螺旋夹；
8—冷凝管；9—蒸馏液接收瓶

2min，冷却至室温，继续滴定至溶液由绿色变为暗紫色。

（4）硼酸吸收液（30g/L）：称取硼酸30g，溶于1000mL水中。

（5）硅油消泡剂。

（6）酚酞指示剂（10g/L）：称取1g酚酞指示剂溶解于100mL的95％乙醇中。

（7）混合指示剂：将一份2g/L甲基红乙醇溶液与一份1g/L次甲基蓝乙醇溶液临用时混合。

2. 仪器

（1）均质机。（2）离心机。（3）半微量定氮器。（4）微量酸式滴定管：最小分度值为0.01mL。

四、实验步骤

1. 样品处理

鱼，去鳞、去皮，沿背脊取肌肉；虾，去头、去壳，取可食肌肉部分；蟹、甲鱼等（其他水产品），取可食部分。将样品切碎备用。

2. 样品制备

称取试样10g（精确到0.01g）于均质杯中，再加入90mL高氯酸溶液，均质2min。用滤纸过滤或离心分离，滤液于2～6℃的环境条件下贮存，可保存2天。

3. 蒸馏

吸取10mL硼酸吸收液注入锥形瓶内，再加2～3滴混合指示剂，并将锥形瓶置于半微量定氮器蒸馏冷凝管下端，使其下端插入硼酸吸收液的液面下。

准确吸取5.0mL样品滤液注入半微量定氮器反应室内，再分别加入1～2滴酚酞指示剂、1～2滴硅油防泡剂、5mL氢氧化钠溶液，然后迅速盖塞，并加水以防漏气。

通入蒸汽，蒸馏5min后将冷凝管末端移离锥形瓶中吸收液的液面，再蒸馏1min，用少量水冲洗冷凝管末端，洗入锥形瓶中。

4. 滴定

锥形瓶中吸收液用盐酸标准溶液（0.01mol/L）滴定至溶液显蓝紫色为终点。

同时用5.0mL高氯酸溶液（0.6mol/L）代替样品滤液进行空白实验。

五、计算

$$X = \frac{(V_1 - V_2) \times c \times 14}{m \times 5/100} \times 100$$

式中　X——样品中挥发性盐基氮的含量，mg/100g；

　　　V_1——测定用样液消耗盐酸标准溶液体积，mL；

　　　V_2——试剂空白消耗盐酸标准溶液体积，mL；

　　　c——盐酸标准溶液的实际浓度，mol/L；

　　　14——与1.00mL盐酸标准滴定溶液 $[c_{(HCl)} = 1.00mol/L]$ 相当的氮的质量，mg；

　　　m——样品质量，g。

六、问题讨论

水产品中挥发性盐基氮的测定原理及具体操作流程。

实验六　过氧化氢含量的测定

一、实验目的

1. 掌握用 $KMnO_4$ 法直接滴定 H_2O_2 的基本原理和方法。
2. 掌握用吸量管移取试液的操作。

二、实验原理

在强酸性条件下，$KMnO_4$ 与 H_2O_2 进行如下反应：

$$2KMnO_4 + 5H_2O_2 + 3H_2SO_4 \Longrightarrow 2MnSO_4 + K_2SO_4 + 5O_2\uparrow + 8H_2O$$

$KMnO_4$ 自身作指示剂。

三、试剂

(1) H_2SO_4（20%）：20mL 浓硫酸定容至 100mL。

(2) $KMnO_4$ 标准滴定溶液 c（1/5$KMnO_4$）=0.5mol/L。

16g $KMnO_4$ 定容至 1000mL，盖上表面皿，加热至沸并保持微沸状态 1h，冷却后，贮于棕色试剂瓶中。在室温下静置 2~3 天后过滤备用（杂质不是很多时，过滤可以省去）。

$KMnO_4$ 标定：用草酸钠。0.15~0.20g $Na_2C_2O_4$ 基准物 3 份，分别置于 250mL 的锥形瓶中，加入 60mL 水使之溶解，加入 15mL H_2SO_4，在水浴加热到 75~85℃，趁热滴定。

开始滴定时反应速率慢，待生成 Mn^{2+} 后，滴定速度可加快。

$$2MnO_4^- + 5C_2O_4^{2-} + 16H^+ \longrightarrow 2Mn^{2+} + 10CO_2 + 8H_2O$$

(3) 双氧水试样。

四、实验内容

用吸量管移取 2.00mL（约 2g）双氧水试样，放入 250mL 容量瓶中，称重 M，用水稀释至刻度，摇匀。

用移液管吸取上述试液 25.00mL，置于锥形瓶中，加 10mL 20% H_2SO_4，用 c(1/5$KMnO_4$)=0.5mol/L $KMnO_4$ 标准滴定溶液滴定至溶液呈浅粉色，保持 30s 不褪色为终点。

五、计算

$$H_2O_2\% = \frac{C \times V \times 0.01701}{M} \times 100\%$$

式中　C——$KMnO_4$ 标准滴定溶液 c（1/5$KMnO_4$）的浓度，0.5mol/L；

　　　V——滴定所用的体积，mL；

　　　M——双氧水称取的质量，g。

六、注意事项

① 只能用 H_2SO_4 来控制酸度，不能用 HNO_3 或 HCl 控制酸度。因 HNO_3 具有氧化性，

Cl^- 会与 MnO_4^- 反应。

② 不能通过加热来加速反应。因 H_2O_2 易分解。

③ Mn^{2+} 对滴定反应具有催化作用。滴定开始时反应缓慢，随着 Mn^{2+} 的生成而加速。

七、思考题

1. 用高锰酸钾法测定 H_2O_2 时，能否用 HNO_3 或 HCl 来控制酸度？

2. 用高锰酸钾法测定 H_2O_2 时，为何不能通过加热来加速反应？

实验七　原料乳中三聚氰胺的测定（高效液相色谱法）

一、实验原理

试样用三氯乙酸溶液-乙腈提取，经阳离子交换固相萃取柱净化后，用高效液相色谱测定，外标法定量。

二、试剂与材料

（1）甲醇：色谱纯。

（2）乙腈：色谱纯。

（3）氨水：含量为 25%～28%。

（4）三氯乙酸。

（5）柠檬酸。

（6）辛烷磺酸钠：色谱纯。

（7）甲醇水溶液：准确量取 50mL 甲醇和 50mL 水，混匀后备用。

（8）三氯乙酸溶液（1%）：准确称取 10g 三氯乙酸于 1L 容量瓶中，用水溶解并定容至刻度，混匀后备用。

（9）氨化甲醇溶液（5%）：准确量取 5mL 氨水和 95mL 甲醇，混匀后备用。

（10）离子对试剂缓冲液：准确称取 2.10g 柠檬酸和 2.16g 辛烷磺酸钠，加入约 980mL 水溶解，调节 pH 至 3.0 后，定容至 1L 备用。

（11）三聚氰胺标准品：CAS108-78-01，纯度大于 99.0%。

（12）三聚氰胺标准储备液：准确称取 100mg（精确到 0.1mg）三聚氰胺标准品于 100mL 容量瓶中，用甲醇水溶液溶解并定容至刻度，配制成浓度为 1mg/mL 的标准储备液，于 4℃避光保存。

（13）阳离子交换固相萃取柱：混合型阳离子交换固相萃取柱，基质为苯磺酸化的聚苯乙烯-二乙烯基苯高聚物，60mg，3mL，或相当者。使用前依次用 3mL 甲醇、5mL 水活化。

（14）定性滤纸。

（15）海砂：化学纯，粒度 0.65～0.85mm，二氧化硅（SiO_2）含量为 99%。

（16）微孔滤膜：0.2μm，有机相。

（17）氮气：纯度大于或等于 99.999%。

三、仪器和设备

（1）高效液相色谱（HPLC）仪：配有紫外检测器或二极管阵列检测器。（2）分析天平：感量为 0.0001g 和 0.01g。（3）离心机：转速不低于 4000r/min。（4）超声波水浴。（5）固相萃取装置。（6）氮气吹干仪。（7）涡旋混合器。（8）具塞塑料离心管：50mL。（9）研钵。

四、样品处理

1. 提取

（1）液态奶、奶粉、酸奶、冰淇淋和奶糖等　称取 2g（精确至 0.01g）试样于 50mL 具塞塑料离心管中，加入 15mL 三氯乙酸溶液和 5mL 乙腈，超声提取 10min，再振荡提取 10min 后，以不低于 4000r/min 离心 10min。上清液经三氯乙酸溶液润湿的滤纸过滤后，用三氯乙酸溶液定容至 25mL，移取 5mL 滤液，加入 5mL 水混匀后做待净化液。

（2）奶酪、奶油和巧克力等　称取 2g（精确至 0.01g）试样于研钵中，加入适量海砂（试样质量的 4~6 倍）研磨成干粉状，转移至 50mL 具塞塑料离心管中，用 15mL 三氯乙酸溶液分数次清洗研钵，清洗液转入离心管中，再往离心管中加入 5mL 乙腈，余下操作同上述（1）中"超声提取 10min，……加入 5mL 水混匀后做待净化液"。

注：若样品中脂肪含量较高，可以用三氯乙酸溶液饱和的正己烷液-液分配除脂后再用 SPE 柱净化。

2. 净化

将上述待净化液转移至固相萃取柱中。依次用 3mL 水和 3mL 甲醇洗涤，抽至近干后，用 6mL 氨化甲醇溶液洗脱。整个固相萃取过程流速不超过 1mL/min。洗脱液于 50℃下用氮气吹干，残留物（相当于 0.4g 样品）用 1mL 流动相定容，涡旋混合 1min，过微孔滤膜后，供 HPLC 测定。

五、高效液相色谱测定

1. HPLC 参考条件

（1）色谱柱：C_8 柱，250mm × 4.6mm（i.d.），5μm，或相当者；C_{18} 柱，250mm × 4.6mm（i.d.），5μm，或相当者。

（2）流动相：C_8 柱，离子对试剂缓冲液-乙腈（85＋15，体积比），混匀。

C_{18} 柱，离子对试剂缓冲液-乙腈（90＋10，体积比），混匀。

（3）流速：1.0mL/min。

（4）柱温：40℃。

（5）波长：240nm。

（6）进样量：20μL。

2. 标准曲线的绘制

用流动相将三聚氰胺标准储备液逐级稀释得到浓度为 0.8μg/mL、2.20μg/mL、40μg/mL、80μg/mL 的标准工作液，浓度由低到高进样检测，以峰面积-浓度作图，得到标准曲线回归方程。

3. 定量测定

待测样液中三聚氰胺的响应值应在标准曲线线性范围内，超过线性范围则应稀释后再进样分析。

六、结果计算

试样中三聚氰胺的含量由色谱数据处理软件或按下式计算获得：

$$X = \frac{A \times c \times V \times 1000}{A_s \times m \times 1000} \times f$$

式中 X——试样中三聚氰胺的含量，mg/kg；

A——样液中三聚氰胺的峰面积；

c——标准溶液中三聚氰胺的浓度，μg/mL；

V——样液最终定容体积，mL；

A_s——标准溶液中三聚氰胺的峰面积；

m——试样的质量，g；

f——稀释倍数。

七、空白实验

除不称取样品外，均按上述测定条件和步骤进行。

八、方法定量限

本方法的定量限为 2mg/kg。

九、回收率

在添加浓度 2~10mg/kg 浓度范围内，回收率在 80%~110% 之间，相对标准偏差小于 10%。

十、允许差

在重复性条件下获得的两次独立测定结果的绝对差值不得超过算术平均值的 10%。

实验八　原料乳中三聚氰胺的测定（液相色谱-质谱/质谱法）

一、实验原理

试样用三氯乙酸溶液提取，经阳离子交换固相萃取柱净化后，用液相色谱-质谱/质谱法测定和确证，外标法定量。

二、试剂与材料

除非另有说明，所有试剂均为分析纯，水为 GB/T6682 规定的一级水。

（1）乙酸。

（2）乙酸铵。

（3）乙酸铵溶液（10mmol/L）：准确称取 0.772g 乙酸铵于 1L 容量瓶中，用水溶解并定容至刻度，混匀后备用。

（4）三聚氰胺标准品 CAS108-78-01，纯度大于 99.0%。

（5）三聚氰胺标准储备液：准确称取 100mg（精确到 0.1mg）三聚氰胺标准品于 100mL 容量瓶中，用甲醇水溶液溶解并定容至刻度，配制成浓度为 1mg/mL 的标准储备液，于 4℃ 避光保存。

（6）甲醇水溶液：准确量取 50mL 甲醇和 50mL 水，混匀后备用。

三、仪器和设备

液相色谱-质谱/质谱（LC-MS/MS）仪：配有电喷雾离子源（ESI）。

四、样品处理

1. 提取

（1）液态奶、奶粉、酸奶、冰淇淋和奶糖等：称取 1g（精确至 0.01g）试样于 50mL 具塞塑料离心管中，加入 8mL 三氯乙酸溶液和 2mL 乙腈，超声提取 10min，再振荡提取 10min 后，以不低于 4000r/min 离心 10min。上清液经三氯乙酸溶液润湿的滤纸过滤后，做待净化液。

（2）奶酪、奶油和巧克力等：称取 1g（精确至 0.01g）试样于研钵中，加入适量海砂（试样质量的 4～6 倍）研磨成干粉状，转移至 50mL 具塞塑料离心管中，加入 8mL 三氯乙酸溶液分数次清洗研钵，清洗液转入离心管中，再加入 2mL 乙腈，余下操作同上述（1）中"超声提取 10min，……做待净化液"。

注：若样品中脂肪含量较高，可以用三氯乙酸溶液饱和的正己烷液-液分配除脂后再用 SPE 柱净化。

2. 净化

将上述的待净化液转移至固相萃取柱中。依次用 3mL 水和 3mL 甲醇洗涤，抽至近干后，用 6mL 氨化甲醇溶液洗脱。整个固相萃取过程流速不超过 1mL/min。洗脱液于 50℃ 下用氮气吹干，残留物（相当于 1g 试样）用 1mL 流动相定容，涡旋混合 1min，过微孔滤膜后，供 LC-MS/MS 测定。

五、液相色谱-质谱/质谱测定

1. LC 参考条件

（1）色谱柱：强阳离子交换与反相 C_{18} 混合填料，混合比例 1∶4，150mm×2.0mm（i.d.），5μm，或相当者。

（2）流动相：等体积的乙酸铵溶液和乙腈充分混合，用乙酸调节至 pH＝3.0 后备用。

（3）进样量：10μL。

（4）柱温：40℃。

（5）流速：0.2mL/min。

2. MS/MS 参考条件

（1）电离方式：电喷雾电离，正离子。

（2）离子喷雾电压：4kV。

（3）雾化气：氮气，40psi❶。

---

❶ 1psi＝6894.76Pa。

（4）干燥气：氮气，流速 10L/min，温度 350℃。

（5）碰撞气：氮气。

（6）分辨率：Q1（单位）Q3（单位）。

（7）扫描模式：多反应监测（MRM），母离子 $m/z127$，定量子离子 $m/z85$，定性子离子 $m/z68$。

（8）停留时间：0.3s。

（9）裂解电压：100V。

（10）碰撞能量：$m/z127 > 85$ 为 20V，$m/z127 > 68$ 为 35V。

3. 标准曲线的绘制

取空白样品处理后，用所得的样品溶液将三聚氰胺标准储备液逐级稀释得到浓度为 0.01μg/mL、0.05μg/mL、0.1μg/mL、0.2μg/mL、0.5μg/mL 的标准工作液，浓度由低到高进样检测，以定量子离子峰面积-浓度作图，得到标准曲线回归方程。

4. 定量测定

待测样液中三聚氰胺的响应值应在标准曲线线性范围内，超过线性范围则应稀释后再进样分析。

5. 定性判定

按照上述条件测定试样和标准工作溶液，如果试样中的质量色谱峰保留时间与标准工作溶液一致（变化范围在 ±2.5% 之内），样品中目标化合物的两个子离子的相对丰度与浓度相当的标准溶液的相对丰度一致，相对丰度偏差不超过表 6-5 的规定，则可判断样品中存在三聚氰胺。

表 6-5　定性子离子相对丰度的最大允许偏差

相对丰度	>50%	>20%至50%	>10%至20%	≤10%
允许的相对偏差	±20%	±25%	±30%	±50%

六、结果计算

$$X = \frac{A \times c \times V \times 1000}{A_s \times m \times 1000} \times f$$

式中　X——试样中三聚氰胺的含量，mg/kg；

　　A——样液中三聚氰胺的峰面积；

　　c——标准溶液中三聚氰胺的浓度，μg/mL；

　　V——样液最终定容体积，mL；

　　A_s——标准溶液中三聚氰胺的峰面积；

　　m——试样的质量，g；

　　f——稀释倍数。

七、空白实验

除不称取样品外，均按上述测定条件和步骤进行。

八、方法定量限

本方法的定量限为 0.01mg/kg。

九、回收率

在添加浓度 0.01～0.5mg/kg 浓度范围内，回收率在 80％～110％之间，相对标准偏差小于 10％。

十、允许差

在重复性条件下获得的两次独立测定结果的绝对差值不得超过算术平均值的 15％。

实验九　原料乳中三聚氰胺的测定（气相色谱-质谱联用法）

一、实验原理

试样经超声提取、固相萃取净化后，进行硅烷化衍生，衍生产物采用选择离子监测质谱扫描模式（SIM）或多反应监测质谱扫描模式（MRM），用化合物的保留时间和质谱碎片的丰度比定性，外标法定量。

二、试剂与材料

除非另有说明，所有试剂均为分析纯，水为 GB/T6682 规定的一级水。

(1) 吡啶：优级纯。

(2) 乙酸铅。

(3) 衍生化试剂：N，O-双三甲基硅基三氟乙酰胺（BSTFA）＋三甲基氯硅烷（TMCS）（99＋1），色谱纯。

(4) 乙酸铅溶液（22g/L）：取 22g 乙酸铅用约 300mL 水溶解后定容至 1L。

(5) 三聚氰胺标准品：CAS108-78-01，纯度大于 99.0％。

(6) 三聚氰胺标准储备液：准确称取 100mg（精确到 0.1mg）三聚氰胺标准品于 100mL 容量瓶中，用甲醇水溶液溶解并定容至刻度，配成浓度为 1mg/mL 的标准储备液，于 4℃避光保存。

(7) 甲醇水溶液：准确量取 50mL 甲醇和 50mL 水，混匀后备用。

(8) 三聚氰胺标准溶液：准确吸取三聚氰胺标准储备液 1mL 于 100mL 容量瓶中，用甲醇定容至刻度，此标准溶液 1mL 相当于 10μg 三聚氰胺标准品，于 4℃冰箱内储存，有效期 3 个月。

(9) 氩气：纯度大于或等于 99.999％。

(10) 氦气：纯度大于或等于 99.999％。

三、仪器和设备

(1) 气相色谱-质谱（GC-MS）仪：配有电子轰击电离离子源（EI）。

(2) 气相色谱-质谱/质谱（GC-MS/MS）仪：配有电子轰击电离离子源（EI）。

（3）电子恒温箱。

四、样品处理

1. GC-MS 法

（1）提取

① 液态奶、奶粉、酸奶和奶糖等：称取 5g（精确至 0.01g）样品于 50mL 具塞比色管中，加入 25mL 三氯乙酸溶液，涡旋振荡 30s，再加入 15mL 三氯乙酸溶液超声提取 15min，加入 2mL 乙酸铅溶液，用三氯乙酸溶液定容至刻度。充分混匀后，转移上层提取液约 30mL 至 50mL 离心管中，以不低于 4000r/min 离心 10min。上清液待净化。

② 奶酪、奶油和巧克力等：称取 5g（精确至 0.01g）样品于 50mL 具塞比色管中，用 5mL 热水溶解（必要时可适当加热），再加入 20mL 三氯乙酸溶液，涡旋振荡 30s，再加入 15mL 三氯乙酸溶液超声提取，以下操作同上述①。若样品中脂肪含量较高，可以先用乙醚脱脂后再用三氯乙酸溶液提取。

（2）净化

准确移取 5mL 待净化滤液至固相萃取柱中。再用 3mL 水、3mL 甲醇淋洗，弃淋洗液，抽近干后用 3mL 氨化甲醇溶液洗脱，收集洗脱液，50℃下氮气吹干。

2. GC-MS/MS 法

（1）奶粉、奶酪、奶油、巧克力和奶糖等：称取 0.5g（精确至 0.01g）试样，加入 5mL 甲醇水溶液，涡旋混匀 2min 后，超声提取 15～20min，以不低于 4000r/min 离心 10min，取上清液 200μL，用微孔滤膜过滤，50℃下氮气吹干。

（2）液态奶和酸奶等：称取 1g（精确至 0.01g）试样，加入 5mL 甲醇，涡旋混匀 2min 后，超声提取及以下操作同上述（1）。

3. 衍生化

取上述氮气吹干残留物，加入 600μL 的吡啶和 200μL 衍生化试剂，混匀，70℃反应 30min 后，供 GC-MS 或 GC-MS/MS 法定量检测或确证。

五、气相色谱-质谱测定

1. 仪器参考条件

（1）GC-MS 参考条件

1）色谱柱：5%苯基二甲基聚硅氧烷石英毛细管柱，30m×0.25mm（i. d.）×0.25μm，或相当者。

2）流速：1.0mL/min。

3）程序升温：70℃保持 1min，以 10℃/min 的速率升温至 200℃，保持 10min。

4）传输线温度：280℃。

5）进样口温度：250℃。

6）进样方式：不分流进样。

7）进样量：1μL。

8）电离方式：电子轰击电离（EI）。

9）电离能量：70eV。

10）离子源温度：230℃。

11）扫描模式：选择离子扫描，定性离子 m/z 99、171、327、342，定量离子 m/z 327。

（2）GC-MS/MS 参考条件

a. 色谱柱：5％苯基二甲基聚硅氧烷石英毛细管柱，30m×0.25mm（i.d.）×0.25μm，或相当者。

b. 流速：1.3mL/min。

c. 程序升温：75℃保持 1min，以 30℃/min 的速率升温至 220℃，再以 5℃/min 的速率升温至 250℃，保持 2min。

d. 进样口温度：250℃。

e. 接口温度：250℃。

f. 进样方式：不分流进样。

g. 进样量：1μL。

h. 电离方式：电子轰击电离（EI）。

i. 电离能量：70eV。

j. 离子源温度：220℃。

k. 四级杆温度：150℃。

l. 碰撞气：氩气，1.8mTorr❶。

m. 碰撞能量：15V。

n. 扫描方式：多反应监测（MRM），定量离子 m/z 342＞327，定性离子 m/z 342＞327，342＞171。

2. 标准曲线的绘制

（1）GC-MS 法

准确吸取三聚氰胺标准溶液 0、0.4mL、0.8mL、1.6mL、4.8mL、16mL 于 6 个 100mL 容量瓶中，用甲醇稀释至刻度。各取 1mL 用氮气吹干，按照"四、样品处理"中"3. 衍生化"步骤衍生化。配制成衍生产物浓度分别为 0、0.05μg/mL、0.1μg/mL、0.2μg/mL、0.5μg/mL、1.2μg/mL 的标准溶液。反应液供 GC-MS 测定。以标准工作溶液浓度为横坐标，定量离子质量色谱峰面积为纵坐标，绘制标准工作曲线。

（2）GC-MS/MS 法

准确吸取三聚氰胺标准溶液 0、0.04mL、0.08mL、0.4mL、0.8mL、4.8mL 分别于 6 个 100mL 容量瓶中，用甲醇稀释至刻度。各取 1mL 用氮气吹干，按照"四、样品处理"中"3. 衍生化"步骤衍生化。配制成衍生化产物浓度分别为 0、0.005μg/mL、0.01μg/mL、0.05μg/mL、0.1μg/mL、0.5μg/mL 的标准溶液。反应液供 GC-MS/MS 测定。以标准工作溶液浓度为横坐标，定量离子质量色谱峰面积为纵坐标，绘制标准工作曲线。

3. 定量测定

待测样液中三聚氰胺的响应值应在标准曲线线性范围内，超过线性范围则应对净化液稀释，重新衍生化后再进样分析。

4. 定性判定

（1）GC-MS 法

以标准样品的保留时间和监测离子（m/z 99、171、327 和 342）定性，待测样品中 4 个

---

❶ 1Torr=133.322Pa。

离子（m/z99、171、327 和 342）的丰度比与标准品的相同离子丰度比相差不大于 20%。

(2) GC-MS/MS 法

以标准样品的保留时间以及多反应监测离子（m/z342＞327、342＞171）定性。

六、结果计算

$$X = \frac{A \times c \times V \times 1000}{A_s \times m \times 1000} \times f$$

式中　X——试样中三聚氰胺的含量，mg/kg；

　　　A——样液中三聚氰胺的峰面积；

　　　c——标准溶液中三聚氰胺的浓度，μg/mL；

　　　V——样液最终定容体积，mL；

　　　A_s——标准溶液中三聚氰胺的峰面积；

　　　m——试样的质量，g；

　　　f——稀释倍数。

七、空白实验

除不称取样品外，均按上述测定条件和步骤进行。

八、方法定量限

本方法中，气相色谱-质谱法（GC-MS 法）的定量限为 0.05mg/kg，气相色谱-质谱/质谱法（GC-MS/MS 法）的定量限为 0.005mg/kg。

九、回收率

GC-MS 法：在添加浓度 0.05～2mg/kg 浓度范围内，回收率在 70%～110%之间，相对标准偏差小于 10%。

GC-MS/MS 法：在添加浓度 0.005～1mg/kg 浓度范围内，回收率在 90%～105%之间，相对标准偏差小于 10%。

十、允许差

在重复性条件下获得的两次独立测定结果的绝对差值不得超过算术平均值的 15%。

实验十　猪肉中 DEHP 检测（气相色谱法）

邻苯二甲酸二（2-乙基己基）酯（DEHP）作为聚氯乙烯（PVC）等塑料制品的增塑剂，可增加塑料的弹性和韧性，广泛应用于塑料工业。增塑剂与塑料高分子之间没有固定的化学键，二者靠氢键力、分子间力等相连。随着塑料制品的大量使用，塑料废弃后，越来越多的 DEHP 从塑料中游离出来，在大气、土壤、水域中存在。这一现象造成越来越多的食品加工原料的污染，并通过食物链，最终对人类的身体健康造成损害。目前的研究发现，DEHP 的毒性作用表现为生殖生长毒性、肝肾毒性及血液和生化方面的改变。随着 DEHP 产量的逐年增加，在环境中的浓度也逐渐升高，其对食品加工原料的污染也越来越受到人们的关注。

近年来，塑料包装材料异军突起，在食品包装领域占据着非常重要的地位。各种复合工艺、加工方式不断出现，尤其是塑/纸、塑/铝箔/塑料等不同类型复合包装材料的出现，使塑料能够应用在每一种食品的包装过程中。塑料材料的应用领域不断扩大，食品在贮存中来自塑料包装材料的污染日益引起越来越多的重视。

因而，研究食品中 DEHP 的检测方法，不仅是摸清食品原料中增塑剂残留量的需要，而且是检验塑料材料安全性的最重要的手段。

一、实验原理

将猪肉中的微量 DEHP 先用乙醚索氏提取，皂化蒸馏后转变为异辛醇，使用气相色谱法，FID 检测器，使用标准曲线定量。

二、材料与仪器

1. 原料
新鲜猪肉，购自农贸市场。

2. 仪器设备
气相色谱仪（FID 检测器）；全自动氢气发生器；全自动空气源；旋转蒸发仪；粗脂肪提取仪；电子分析天平；微量进样器（5μL）；电炉。

3. 试剂
邻苯二甲酸二（2-乙基己基）酯（分析纯），异辛醇（分析纯），无水硫酸钠（分析纯），无水乙醚（分析纯），二硫化碳（分析纯），氢氧化钾（分析纯），甲醇（分析纯），浓盐酸（分析纯），甘油（分析纯），碳酸钠（分析纯）。

4. 玻璃器皿
水蒸气蒸馏装置 1 套；250mL 平底烧瓶；冷凝管 1 支；容量瓶（100mL、200mL、1000mL）；烧瓶（1000mL、500mL）；烧杯（1000mL）；移液管（1mL、5mL、20mL）；量筒（1000mL、100mL、50mL）；滴管 1 只；具塞玻璃试管（5mL）等。

5. 其他
剪刀；镊子；玻璃棒；防沸玻璃球；pH 试纸；脱脂棉；普通定性滤纸；棉线；橡皮管；玻璃管等。

三、试验方法

1. 气相色谱条件
不锈钢填充柱：1MX3mm I.D、固定液 SE-30 10%、硅藻土 [Shimalite W（AW-DMCS）] 60～80 目；柱温 165℃，检测器 220℃，汽化温度 200℃；N_2 流量 25mL/min，H_2 流量 20mL/min，Air 流量 300mL/min；进样量 4μL。

FID 检测器对有机物响应值很高，而对二硫化碳等溶剂却无响应。因而选用 FID 检测器，并用二硫化碳做溶剂。在选定的色谱柱和色谱条件下，异辛醇出峰时间为 0.932min，峰形完好。因而，确定气相色谱条件为：柱温 165℃，检测器 220℃，汽化温度 200℃；N_2 流量 25mL/min，H_2 流量 20mL/min，Air 流量 300mL/min；进样量 4μL。异辛醇标准品气

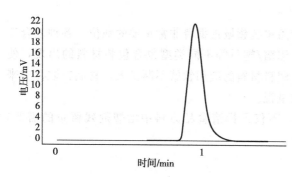

图 6-12　异辛醇标准品气相色谱图

相色谱图见图 6-12。

2. 标准曲线的制作

精密吸取 4.89mL 异辛醇，以二硫化碳定容至 100mL，配成 40mg/mL 的异辛醇标准使用液，临用时以二硫化碳稀释至一定浓度。

分别吸取异辛醇标准使用液 0、0.2mL、0.4mL、1.0mL、1.5mL 于 1～5 号具塞试管中，用二硫化碳定容至 5mL，配成异辛醇浓度分别为 0.0mg/5mL、8mg/5mL、16mg/5mL、40mg/5mL、60mg/5mL 的异辛醇标准溶液。分别吸取 4μL 注入气相色谱进样器，以保留时间定性，峰面积定量，制作异辛醇浓度-峰面积标准曲线。

3. 试验步骤

（1）新鲜猪肉绞碎。

（2）量取 50mL 溶剂，索氏提取肉中 DEHP。

（3）旋转蒸发器中，溶剂蒸发。

（4）残留物中加入过量 KOH 甲醇溶液（2mol/L，85mL），在蒸馏装置中回流冷凝皂化 3h，使 DEHP 皂化为邻苯二甲酸和异辛醇；皂化同时加入 35mL 甘油，防止脂类成分的皂化。

（5）将皂化液转移到旋转蒸发器蒸馏烧瓶中，90℃水浴，甲醇蒸发。

（6）用 1∶1 盐酸 25mL 将皂化液酸化，中和过量的碱。

（7）加入适量蒸馏水（约 35mL），水蒸气蒸馏出异辛醇，收集馏分 200mL。

（8）馏分中加入 10％的 Na_2CO_3 溶液中和酸，调溶液 pH7。

（9）用 60mL 乙醚分 3 次提取馏分。

（10）提取液中加入 25g 无水 Na_2SO_4，放置过夜，除去溶液中水分。

（11）过滤去除无水 Na_2SO_4，在旋转蒸发器中将乙醚蒸干，将残留物转移到 10mL 容量瓶中，用 CS_2 定容后，吸取 4μL 用于气相色谱测定。

上述步骤中，具体参数如下：以乙醚索氏提取鲜肉中邻苯二甲酸二（2-乙基己基）酯（DEHP）6h，挥干乙醚后，加入过量 KOH 甲醇溶液（2mol/L，85mL），蒸馏皂化 3h，使 DEHP 皂化为异辛醇。水蒸气蒸馏出异辛醇，调馏出液 pH 值为 7，乙醚提取，定容后气相色谱测定异辛醇含量，换算得到 DEHP 的含量。

DEHP 含量计算公式如下：

$$y_1 = \frac{A \times 390.57}{130.23 \times 2 \times 5} \times \frac{V}{W}$$

式中　　y_1——样品中 DEHP 含量，mg/kg；

　　　　A——由标准曲线上查出的异辛醇量，μg/5mL；

　　　　$\dfrac{390.57}{130.23 \times 2}$——异辛醇换算为 DEHP 的换算系数；

　　　　V——定容体积，mL；

　　　　W——样品质量，g。

实验十一　大米中黄曲霉毒素 B_1 检测（荧光检测法）

一、实验原理

大米中黄曲霉毒素 B_1 具有荧光特性，但在碱处理后，其内酯环结构被破坏，因而荧光特性消失。通过碱处理前后样品提取液的荧光差值来对样品中黄曲霉毒素 B_1 的含量进行定量检测。

二、仪器与试剂

1. 仪器

荧光光度计；粉碎机；分析天平；数显恒温水浴锅；超声波清洗器。

2. 试剂

甲醇、丙酮、氯仿、苯、无水硫酸钠、乙腈、蒸馏水。

三、实验步骤

1. 黄曲霉毒素 B_1 的提取

称取 10g 大米样品（已粉碎），加入 50mL 提取溶液，在超声清洗器中振荡一定时间。吸取 10mL 溶出液（含样品 2.5g），加入 10mL 氯仿使黄曲霉毒素 B_1 与水溶性物质分离，完全溶入氯仿层中。将液体转移分离，取氯仿层通过无水硫酸钠过滤至玻璃表面皿中，置于 65℃ 水浴上通风挥干，冷却。准确加入 5mL 背景溶液溶解黄曲霉毒素 B_1，该液在激发波长为 365nm 下扫描图谱，进行比较。

以甲醇/水（55∶45，体积比）为提取溶剂，提取时间为 27min，粉碎粒度为 20 目。检测分别以甲醇和氢氧化钠甲醇溶液为空白样，测得碱处理前后的荧光值，其差值可作为黄曲霉毒素 B_1 检测的依据。

2. 荧光差值标准曲线的绘制

荧光光度计开机调试预热 0.5h。已知质量浓度为 $0.617\mu g/mL$ 的黄曲霉毒素 B_1，取 0.1mL、0.2mL、…、0.8mL 分别以甲醇稀释至 10mL，测其荧光值，制定标准曲线。

3. 计算公式

$$\text{AFB}_1 \text{含量}(\mu g/kg) = C \times V \times D / M$$

式中　C——稀释后样品提取液中黄曲霉毒素 B_1 的含量，ng/mL；

　　　V——样品提取液体积，mL；

　　　D——样品稀释倍数；

　　　M——样品的质量，g。

实验十二　腐竹中吊白块的检测（分光光度法）

一、实验目的

掌握分光光度法测定水产品中次硫酸氢钠甲醛的方法。

二、实验原理

吊白块又名次硫酸氢钠甲醛，高温下可分解为甲醛、二氧化硫和硫化氢等有毒气体。近年来，吊白块被一些不法商贩作为增白剂用于食品加工，造成食品污染，危害人们的健康。在盐酸酸性条件下，样品中分解出的二氧化硫与锌以及乙酸铅试纸作用生成棕色至黑色物质，据此进行定性筛选。可疑样品再进行甲醛定量确证实验。在磷酸酸性条件下对样品进行蒸馏，用水吸收，吸收液中的甲醛与乙酰丙酮及铵离子在沸水浴条件下，反应生成黄色化合物（图6-13），该黄色化合物在414nm处有最大吸收，用分光光度法测定甲醛含量。

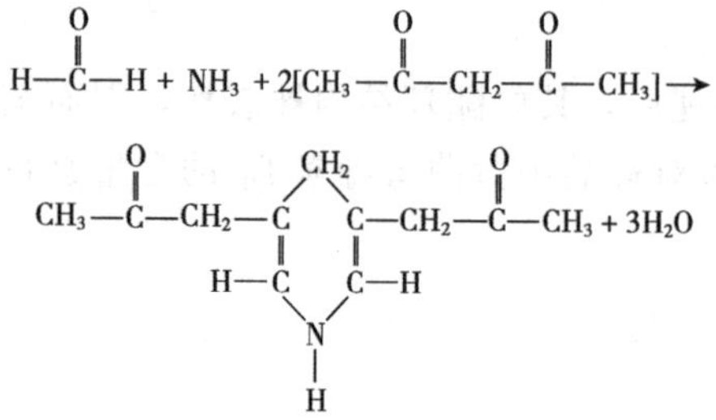

图 6-13 原理反应图

三、仪器与试剂

1. 仪器

可见分光光度计（北京瑞利分析仪器公司 V IS-723G 型），附 1cm 吸收池；水蒸气蒸馏装置。

2. 试剂

(1) 盐酸（1+1），（1+5）。

(2) 无砷金属锌。

(3) 乙酸铅试纸：将定性滤纸置于 10％乙酸铅溶液中浸泡，然后置于 40～50℃电热恒温干燥箱中烘干，冷却备用。

(4) 10％（体积分数）磷酸溶液。

(5) 液体石蜡。

(6) 乙酰丙酮溶液：称 25g 乙酸铵，加少量水溶解，加 3mL 冰乙酸及 0.40mL 新蒸馏的乙酰丙酮，混匀，再加水至 100mL，储备于棕色瓶中，此液可保存 1 个月。

(7) 0.1mol/L 碘溶液。

(8) 0.1mol/L 硫代硫酸钠标准溶液。

(9) 氢氧化钠溶液（30g/100mL）。

(10) 淀粉溶液（1g/100mL）：称 1g 淀粉，用少量水调成糊状，倒入 100mL 沸水中，呈透明溶液，临用时配制。

(11) 甲醛标准储备液：取 10mL 甲醛溶液置于 500mL 容量瓶中，用水稀释定容。

甲醛标准储备液的标定：吸取 5.0mL 甲醛标准储备液置于 250mL 碘量瓶中，加 0.1mol/L 碘溶液30.0mL，立即逐滴地加入 30g/100mL 氢氧化钠溶液至颜色褪到淡黄色为止。静置10min，加（1+5）盐酸溶液酸化（空白滴定时需多加 2mL），在暗处静置 10min，加入 100mL 新煮沸但已冷却的水，用标定好的硫代硫酸钠溶液滴定至淡黄色，加入新配制的 1g/100mL 淀粉指示剂，继续滴定至蓝色刚刚消失为终点。同时进行空白测定。按下式计算甲醛标准储备液浓度：

$$\text{甲醛(mg/mL)} = \frac{(V_1 - V_2) \times C_{Na_2S_2O_3} \times 15.0}{5.0}$$

式中　V_1——空白消耗硫代硫酸钠溶液体积的平均值，mL；

　　　V_2——标定甲醛消耗硫代硫酸钠溶液体积的平均值，mL；

$C_{Na_2S_2O_3}$——硫代硫酸钠溶液浓度，mol/L；

　15.0——$\frac{1}{2}$HCHO 的摩尔质量；

　　5.0——甲醛标准储备液取样体积，mL。

（12）甲醛标准使用液：用水将甲醛标准储备液稀释成 10mg/mL 左右，备用。

四、操作步骤

称取经粉碎的样品 5.0g 于 250mL 锥形瓶中，加入 10 倍量的水（50mL），混匀，向瓶中加入（1+1）盐酸 10mL［每 10mL 样品溶液中加入 2mL（1+1）盐酸］，再加 4g 锌粒，迅速在瓶口包一张乙酸铅试纸，放置 1h。观察其颜色的变化，如果乙酸铅试纸不变色，则说明样品中不含次硫酸氢钠甲醛；如果乙酸铅试纸变为棕色至黑色，可能含次硫酸氢钠甲醛，应再进行甲醛定量确证实验。

样品处理：取定性筛选后的可疑样品，经粉碎称取 5.00g，置于蒸馏瓶中，加入蒸馏水 20mL、液体石蜡 2.5mL 和 10％的磷酸溶液 10mL，立即通水蒸气蒸馏。冷凝管下口应事先插入盛有 10mL 蒸馏水且置于冰浴的容器中，准确收集蒸馏液至 150mL。另做空白蒸馏。

显色操作：吸取样品蒸馏液 5mL，补充蒸馏水至 10mL，加入乙酰丙酮溶液 1mL 混匀，置沸水浴中 3min，取出冷却。然后以蒸馏水调 "0"，于波长 414nm 处，以 1cm 比色杯进行比色，记录吸光度，查标准曲线计算结果。

吸取甲醛标准使用液 0、0.50mL、1.00mL、3.00mL、5.00mL、7.00mL，补充蒸馏水至 10mL，以下按上述从 "加入乙酰丙酮溶液……" 起同样操作。减去 0 管吸光度后，绘制标准曲线。

五、结果分析

$$X = \frac{(A_1 - A_2) \times V_2 \times 1000}{W \times V_1 \times 1000} \times 5.133$$

式中　X——样品中吊白块含量，mg/kg；

　　　A_1——样品中甲醛的含量，μg；

　　　A_2——空白液中甲醛含量，μg；

　　　V_1——显色操作取蒸馏液体积，mL；

　　　V_2——蒸馏液总体积，mL；

　　　W——样品质量，g；

　5.133——甲醛换算为吊白块系数。

实验十三　棉籽粕中游离棉酚的测定（高效液相色谱法）

一、实验目的

了解并掌握高效液相色谱法测定游离棉酚的基本原理及操作过程。

二、实验原理

样品经提取后，将提取液过滤，经反相高效液相色谱分离测定，根据保留时间定性，外标峰面积定量。

三、仪器与试剂

高效液相色谱仪，检测器。

棉酚标准品；乙腈、甲醇，色谱纯；超纯水；乙醇、磷酸等。棉籽粕购自饲料市场。

棉酚标准溶液：准确称取醋酸棉酚标准品 10mg，用 85％甲醇溶解，定容至 10mL。取 1mL 转移至 10mL 容量瓶，稀释至刻度，按实验需求用 85％甲醇配制成不同质量浓度的棉酚溶液，备用。

混合溶剂：V（95％甲醇）∶V（水）∶V（乙醚）∶V（冰乙酸）＝71.5∶28.5∶20∶0.2。

四、实验步骤

1. 游离棉酚（FG）样品溶液制备

准确称取 5.0g 棉籽粕各 3 份，置于 100mL 具塞瓶中，分别加入 80mL 混合溶剂，室温振摇萃取 30min。分离，再将固相用混合溶剂洗涤数次，合并几次提取液至 100mL 容量瓶，定容至刻度。临用前用微孔滤膜过滤，自动进样器进样 20μL 进行 HPLC 分析测定。

2. 棉酚标准曲线绘制

实验选择最佳流动相系统作为游离棉酚测定的流动相系统，按照最佳色谱条件，在 235.5nm 波长处测得不同质量浓度醋酸棉酚标准品的吸收峰面积，将峰面积（y）与标准品质量浓度（x）进行线性回归。

第五节　食品包装材料安全性指标检测

实验一　食品包装用聚乙烯（聚丙烯、聚苯乙烯）成型品蒸发残渣的测定

一、目的与要求

1. 实验目的

学习塑料包装材料蒸发残渣指标的测定。

2. 实验要求

了解测定塑料包装材料蒸发残渣指标的意义。

了解不同塑料包装材料中，关于蒸发残渣指标的相关限量标准。

二、实验原理

试样经用各种溶液（蒸馏水、4％乙酸、65％乙醇溶液、正己烷）浸泡后，蒸发残渣即表示在不同浸泡液中的溶出量。四种溶液为模拟包装材料接触水、酸、酒、油不同性质食品时的安全情况。

三、仪器与试剂

烘箱、天平（0.001 个）、水浴锅、干燥器。

玻璃蒸发皿（50mL）（8 个）、小瓶浓缩器（2 个）、具塞三角瓶（500mL）（8 个）、量筒（100mL）（1 只）、玻璃棒（10cm，1 根）、200mL 容量瓶（8 个）、一次性吸管（2 个）。

直尺（1 把）、剪刀（1 把）、镊子（1 把）、普通定性滤纸 1 包、温度计（1）。

食品包装用塑料袋或塑料膜（聚乙烯、聚丙烯、聚苯乙烯）。

36％乙酸、65％乙醇溶液、正己烷、蒸馏水。

四、测定步骤

1. 样品处理

将试样用洗涤剂洗净，用自来水冲净，再用水淋洗三遍后晾干，备用。

2. 浸泡

取适量塑料膜 4 份，用直尺测量估计其面积，分别置于具塞三角瓶（500mL）中，加入浸泡液浸泡。

浸泡条件：水，60℃，浸泡 2h。乙酸（4％），60℃，浸泡 2h。乙醇（65％），室温，浸泡 2h。正己烷，室温，浸泡 2h。

以上浸泡液按接触面积每平方厘米加 2mL，在容器中则加入浸泡液至 2/3～4/5 溶剂为准，浸泡液总量不得少于 200mL。4％乙酸浸泡时，应先将需要量的水加热至所需温度，再加入计算量的 36％乙酸，使其浓度达到 4％。

将水浸泡液、乙酸浸泡液置于 60℃烘箱中保温。正己烷、乙醇室温放置。

浸泡同时做空白实验。

3. 分析

取各浸泡液 200mL（用容量瓶），分次置于预先在 100℃±5℃干燥至恒重的 50mL 玻璃蒸发皿中，在水浴上蒸干，于 100℃±5℃干燥 2h，在干燥器中冷却 0.5h 后称量，再于 100℃±5℃干燥 1h，在干燥器中冷却 0.5h 后称量。

同时进行空白实验。

五、结果计算

计算公式为：

$$X = \frac{(m_1 - m_2) \times 1000}{200}$$

式中　X——试样浸泡液（不同浸泡液）蒸发残渣，mg/L；

　　　m_1——试样浸泡液蒸发残渣质量，mg；

　　　m_2——空白浸泡液的质量，mg。

六、注意事项

计算结果保留三位有效数字。

在重复性条件下获得的两次独立测定结果的绝对差值不得超过算术平均值的10％。

七、思考题

1. 蒸发残渣指标的意义是什么？

2. 怎样能加快溶液的挥发速度，从而节省实验时间？

实验二　食品包装用复合食品包装袋蒸发残渣的测定

一、目的与要求

1. 实验目的

学习复合食品包装材料蒸发残渣的测定方法。

2. 实验要求

了解测定复合食品包装材料蒸发残渣指标的意义。

了解复合食品包装材料中，关于蒸发残渣指标的相关限量标准。

二、实验原理

试样经用各种溶液（4％乙酸、65％乙醇溶液、正己烷）浸泡后，蒸发残渣即表示在不同浸泡液中的溶出量。三种溶液为模拟包装材料接触酸、酒、油不同性质食品的情况。

三、仪器与试剂

烘箱、天平（0.001g）、水浴锅、干燥器。

玻璃蒸发皿（50mL）（6个）、小瓶浓缩器（2个）、具塞三角瓶（500mL）（6个）、量筒（100mL）（1只）、玻璃棒（10cm，1根）、200mL容量瓶（6个）、吸管（2个）。

直尺（1把）、剪刀（1把）、镊子（1把）、普通定性滤纸1包、温度计（1）。

食品包装用复合食品包装袋。

36％乙酸、65％乙醇溶液、正己烷。

四、测定步骤

1. 浸泡

样品处理：将试样用洗涤剂洗净，用自来水冲净，再用水淋洗三遍后晾干，备用。

取适量塑料膜3份，用直尺测量估计其面积，分别置于具塞三角瓶（500mL）中，加入浸泡液浸泡。

浸泡条件：乙酸（4％），使用温度（包括杀菌）低于60℃的复合袋为60℃，浸泡2h；

高于 60℃的复合袋为 120℃，浸泡 40min。乙醇（65%），室温，浸泡 2h。正己烷，室温，浸泡 2h。

以上浸泡液按接触面积每平方厘米加 2mL，在容器中则加入浸泡液至 2/3～4/5 溶剂为准，浸泡液总量不得少于 200mL。4%乙酸浸泡时，应先将需要量的水加热至所需温度，再加入计算量的 36%乙酸，使其浓度达到 4%。

将乙酸浸泡液置于烘箱中保温。正己烷、乙醇室温放置。

浸泡同时做空白实验。

2. 分析

取各浸泡液 200mL，分次置于预先在 100℃±5℃ 干燥至恒重的 50mL 玻璃蒸发皿中，在水浴上蒸干，于 100℃±5℃ 干燥 2h，在干燥器中冷却 0.5h 后称量，再于 100℃±5℃ 干燥 1h，在干燥器中冷却 0.5h 后称量。

同时进行空白实验。

五、结果计算

$$X = \frac{(m_1 - m_2) \times 1000}{200}$$

式中　X——试样浸泡液（不同浸泡液）蒸发残渣，mg/L；

m_1——试样浸泡液蒸发残渣质量，mg；

m_2——空白浸泡液的质量，mg。

六、注意事项

在重复性条件下获得的两次独立测定结果的绝对差值不得超过算术平均值的 10%。

计算结果保留三位有效数字。

七、思考题

玻璃蒸发皿能否用普通培养皿代替？为什么？

实验三　食品包装用聚氯乙烯成型品蒸发残渣的测定

一、目的与要求

1. 实验目的

学习聚氯乙烯成型品蒸发残渣的测定方法。

2. 实验要求

了解聚氯乙烯成型品蒸发残渣的测定意义。

了解聚氯乙烯成型品中，关于蒸发残渣指标的相关限量标准。

二、实验原理

试样经用各种溶液（蒸馏水、4%乙酸、20%乙醇溶液、正己烷）浸泡后，蒸发残渣即表示在不同浸泡液中的溶出量。四种溶液为模拟包装材料接触水、酸、酒、油不同性质食品的情况。

三、仪器与试剂

烘箱、天平（0.001 个）、水浴锅、干燥器。

玻璃蒸发皿（50mL）（8 个）、小瓶浓缩器（2 个）、具塞三角瓶（500mL）（8 个）、量筒（100mL）（1 只）、玻璃棒（10cm1 根）、200mL 容量瓶（8 个）、吸管（2 个）。

直尺（1 把）、剪刀（1 把）、镊子（1 把）、普通定性滤纸 1 包、温度计（1）。

食品包装用 PVC 成型品及塑料膜。

36％乙酸、20％乙醇溶液、正己烷、蒸馏水。

四、测定步骤

1. 浸泡

样品处理：将试样用洗涤剂洗净，用自来水冲净，再用水淋洗三遍后晾干，备用。

取适量塑料膜 4 份，用直尺测量估计其面积，分别置于具塞三角瓶（500mL）中，加入浸泡液浸泡。

浸泡条件：水，60℃，浸泡 0.5h。乙酸（4％），60℃，浸泡 0.5h。乙醇（20％），60℃，浸泡 0.5h。正己烷，室温，浸泡 0.5h。

以上浸泡液按接触面积每平方厘米加 2mL，在容器中则加入浸泡液至 2/3～4/5 溶剂为准，浸泡液总量不得少于 200mL。4％乙酸浸泡时，应先将需要量的水加热至所需温度，再加入计算量的 36％乙酸，使其浓度达到 4％。

将水、乙酸、乙醇浸泡液置于烘箱中保温。正己烷室温放置。

浸泡同时做空白实验。

2. 分析

取各浸泡液 200mL，分次置于预先在 100℃±5℃干燥至恒重的 50mL 玻璃蒸发皿中，在水浴上蒸干，于 100℃±5℃干燥 2h，在干燥器中冷却 0.5h 后称量，再于 100℃±5℃干燥 1h，在干燥器中冷却 0.5h 后称量。

同时进行空白实验。

五、结果计算

$$X = \frac{(m_1 - m_2) \times 1000}{200}$$

式中　X——试样浸泡液（不同浸泡液）蒸发残渣，mg/L；

m_1——试样浸泡液蒸发残渣质量，mg；

m_2——空白浸泡液的质量，mg。

六、注意事项

在重复性条件下获得的两次独立测定结果的绝对差值不得超过算术平均值的 10％。

计算结果保留三位有效数字。

实验四 食品塑料包装材料中邻苯二甲酸酯的测定

一、目的与要求

1. 实验目的

学习食品包装材料中邻苯二甲酸酯的测定。

2. 实验要求

了解食品包装材料中邻苯二甲酸酯的使用目的。

了解测定食品包装材料中邻苯二甲酸酯的意义。

二、实验原理

食品塑料包装材料提取、净化后经气相色谱-质谱联用仪进行测定。采用特征选择离子监测扫描模式（SIM），以碎片的丰度比定性，标准样品定量离子外标法定量。

三、仪器与试剂

1. 仪器

(1) 气相色谱-质谱联用仪（GC-MS）。(2) 分析天平：感量0.1mg和0.01g。(3) 超声波发生器。(4) 玻璃器皿。

注：所用玻璃器皿洗净后，用重蒸水淋洗三次，丙酮浸泡1h，在200℃下烘烤2h，冷却至室温备用。

2. 试剂

本法所用水均为全玻璃重蒸馏水，试剂均为色谱纯（或重蒸馏分析纯），储存于玻璃瓶中。

(1) 正己烷。

(2) 丙酮。

(3) 16种邻苯二甲酸酯标准品：邻苯二甲酸二甲酯（DMP）、邻苯二甲酸二乙酯（DEP）、邻苯二甲酸二异丁酯（DIBP）、邻苯二甲酸二丁酯（DBP）、邻苯二甲酸二（2-甲氧基）乙酯（DMEP）、邻苯二甲酸二（4-甲基-2-戊基）酯（BMPP）、邻苯二甲酸二（2-乙氧基）乙酯（DEEP）、邻苯二甲酸二戊酯（DPP）、邻苯二甲酸二己酯（DHXP）、邻苯二甲酸丁基苄基酯（BBP）、邻苯二甲酸二（2-丁氧基）乙酯（DBEP）、邻苯二甲酸二环己酯（DCHP）、邻苯二甲酸二（2-乙基）己酯（DEHP）、邻苯二甲酸二苯酯、邻苯二甲酸二正辛酯（DNOP）、邻苯二甲酸二壬酯（DNP）。

(4) 标准储备液：称取上述各种标准品（精确至0.1mg），用正己烷配制成1000mg/L的储备液，于4℃冰箱中避光保存。

(5) 标准使用液：将标准储备液用正己烷稀释至浓度为0.5mg/L、1.0mg/L、2.0mg/L、4.0mg/L、8.0mg/L的标准系列溶液待用。

四、测定步骤

1. 试样处理

将试样粉碎至单个颗粒（≤0.02g的细小颗粒，混合均匀），准确称取0.2g试样（精确至 0.1mg）于具塞三角瓶中，加入 20mL 正己烷，超声提取 30min，滤纸过滤，再用正己烷重复上述提取三次，每次 10mL，合并提取液用正己烷定容至 50.0mL。再视试样中邻苯二甲酸酯含量作相应的稀释后，进行 GC-MS 分析。

2. 空白实验

实验中使用的试剂按上述 1. 的处理，进行 GC-MS 分析。

3. 测定

（1）色谱条件

色谱柱：HP-5MS 石英毛细管柱［30m×0.25mm（内径）×0.25μm］或相当型号色谱柱。

进样口温度：250℃。

升温程序：初始柱温 60℃，保持 1min，以 20℃/min 升温至 220℃，保持 1min，再以 5℃/min 升温至 280℃，保持 4min。

载气：氦气（纯度≥99.999%），流速 1mL/min。

进样方式：不分流进样。

进样量：1μL。

（2）质谱条件

色谱与质谱接口温度：280℃。

电离方式：电子轰击源（EI）。

监测方式：选择离子扫描模式（SIM）。

电离能量：70eV。

溶剂延迟：5min。

4. 定性确证

仪器条件下，试样待测液和标准品的选择离子色谱峰在相同保留时间处（±0.5%）出现，并且对应质谱碎片离子的质荷比与标准品一致，其丰度比与标准品相比应符合：相对丰度>50% 时，允许±10% 偏差；相对丰度 20%～50% 时，允许±15% 偏差；相对丰度 10%～20% 时，允许±20% 偏差；相对丰度≤10% 时，允许±50% 偏差，此时可定性确证目标分析物。

5. 定量分析

本法采用外标校准曲线法定量测定。以各邻苯二甲酸酯化合物的标准溶液浓度为横坐标、各自的定量离子的峰面积为纵坐标，作标准曲线线性回归方程，以试样的峰面积与标准曲线比较定量。

五、结果计算

邻苯二甲酸酯化合物的含量（mg/kg）按下式进行计算：

$$X = \frac{(c_i - c_0) \times V \times K}{m}$$

式中　X——试样中某种邻苯二甲酸酯含量，mg/kg；

c_i——试样中某种邻苯二甲酸酯峰面积对应的浓度，mg/L；

c_0——空白试样中某种邻苯二甲酸酯的浓度，mg/L；

V——试样定容体积，mL；

K——稀释倍数；

m——试样质量，g。

计算结果保留三位有效数字。

六、注意事项

本方法适用于食品塑料包装材料中邻苯二甲酸酯类物质含量的测定。本标准中各邻苯二甲酸酯化合物的检出限为 0.05mg/kg。

食品塑料包装材料中邻苯二甲酸酯的含量在 0.05～0.2mg/kg 范围时，本标准在重复性条件下获得的两次独立测定结果的绝对差值不得超过算术平均值的 30%；在 0.2～20mg/kg 范围时，本标准在重复性条件下获得的两次独立测定结果的绝对差值不得超过算术平均值的 15%。

实验五　食品包装材料中增塑剂 DEHA（DEHP）的测定

一、目的与要求

1. 实验目的
学习食品包装材料中增塑剂 DEHA（DEHP）的测定。

2. 实验要求
了解食品包装材料中 DEHA（DEHP）的测定意义。

二、实验原理

食品包装材料中的增塑剂多为小分子的酯类物质，用索氏装置提取后气相色谱测定。

三、仪器与试剂

1. 仪器
（1）气相色谱仪（FID 检测器）；（2）氢气发生器；（3）空气源；（4）旋转蒸发仪；（5）粗脂肪提取仪；（6）电热恒温水浴锅；（7）电热鼓风干燥箱；（8）微量进样器；（9）天平（精度 0.0001g）。

2. 试剂
（1）己二酸二（2-乙基己基）酯（AR）；（2）邻苯二甲酸二（2-乙基己基）酯（AR）；（3）乙醚（30mL）；（4）甲醇（20mL）。

3. 其他
含增塑剂 DEHA（DEHP）的食品塑料袋，蒸馏水，容量瓶（10mL）（1 只），量筒（50mL）（1 只），烧杯（50mL）（2 只），脱脂棉（适量），剪刀（1 把），脱脂绳，定性滤纸 1 包。

四、测定步骤

1. 气相色谱分析条件
不锈钢填充柱：1M×3mm I. D，固定液 SE-30 10%，Shimalite W（AW-DMCS）60～

80 目。程序升温：250℃（0min），20℃/min 升温至 290℃（保持 7min）。检测器温度：270℃。汽化温度：260℃。N_2 流速：32mL/min，H_2 流速：20mL/min，Air 流速：300mL/min。进样量：3μL。

2. 标准曲线的制作

精密量取 DEHA（DEHP）4.06mL 于 100mL 容量瓶中，用甲醇定容，配成 DEHA（DEHP）含量 40000μg/mL 的 DEHA（DEHP）使用液。

分别吸取 0.0、0.1mL、0.2mL、0.5mL、1.0mL、1.5mL、3.0mL DEHA（DEHP）使用液于 1～7 号试管中，用甲醇定容至 5mL，配成浓度分别为 0.0、800μg/mL、1600μg/mL、4000μg/mL、8000μg/mL、16000μg/mL、24000μg/mL 的标准系列溶液备用。以保留时间定性，峰面积定量，制作 DEHA（DEHP）峰面积-浓度标准曲线。

3. 样品处理与测定

（1）将样品依次用脱脂棉蘸取蒸馏水、乙醚擦洗干净，剪成 2mm×2mm 大小的细小碎片备用。

（2）索氏提取：称取 2.0000g 样品，置于 SZF-06 粗脂肪提取仪的抽提筒中，加入乙醚 30mL 抽提 4h。挥干溶剂后，用甲醇将残留物转移至 10mL 容量瓶中并定容。进样量 3μL，按上述标准曲线得出样品中 DEHA（DEHP）含量。

五、结果计算

$$y = \frac{A \times 10}{W}$$

式中　y——塑料中 DEHA（DEHP）的含量，mg/kg；

　　　A——由标准曲线上查出的 DEHA（DEHP）含量，μg/mL；

　　　W——塑料质量，g。

六、注意事项

在重复性条件下获得的两次独立测定结果的绝对差值不得超过算术平均值的 10％。

七、思考题

1. 塑料中 DEHA（DEHP）为什么能用索氏提取方法提取？
2. 实验用乙醚应该满足什么要求？挥干溶剂时应该注意什么？

实验六　高锰酸钾消耗量的测定

一、目的与要求

1. 实验目的
学习塑料包装材料高锰酸钾消耗量的测定。

2. 实验要求
了解测定塑料包装材料高锰酸钾消耗量指标的意义。

了解不同塑料包装材料中，关于高锰酸钾消耗量的相关限量标准。

二、实验原理

试样经用浸泡液浸泡后，测定其高锰酸钾消耗量，表示可溶出有机物质的含量。

三、仪器与试剂

烘箱、水浴锅、干燥器、电炉。

具塞三角瓶（500mL）（4个）、量筒（100mL）（1只）、玻璃棒（10cm，1根）、100mL容量瓶（1个）、250mL锥形瓶（2个）、移液管25mL（2个）、移液管10mL（2个）、移液管5mL（1个）、玻璃珠。

直尺（1把）、剪刀（1把）、镊子（1把）、普通定性滤纸1包。

食品包装用塑料袋或塑料膜（聚乙烯、聚丙烯、聚苯乙烯）。

36%乙酸、65%乙醇溶液、正己烷、蒸馏水、硫酸（1+2）（10mL）、高锰酸钾标准滴定溶液 $[c(1/5KMnO_4)=0.01mol/L]$（40.0mL）、草酸钠标准滴定溶液（0.01mol/L）（30mL）。

高锰酸钾标准滴定溶液 $c(1/5KMnO_4)=0.01mol/L$ 的配制：

① 高锰酸钾标准贮备液（$1/5KMnO_4≈0.1mol/L$）：称取3.2g $KMnO_4$ 溶于水并稀释至1000mL。于90~95℃水浴加热2h，冷却。存放两天，倾出清液，贮于棕色瓶中。

② 高锰酸钾标准溶液（$1/5KMnO_4=0.01mol/L$）：吸取上述 $KMnO_4$ 标准贮备液100mL于1000mL容量瓶中，用水稀释至刻线，混匀。此溶液在暗处可保存几个月，使用当天标定其浓度。

草酸钠标准滴定溶液（0.01mol/L）的配制：

① 草酸钠标准贮备液（$1/2Na_2C_2O_4=0.10000mol/L$）：称取0.6705g（经120℃烘干2h后放于干燥器）$Na_2C_2O_4$ 溶于去离子水中，转至100mL容量瓶中，用水稀释至标线，摇匀，置4℃保存。

② 草酸钠标准溶液（$1/2Na_2C_2O_4≈0.0100mol/L$）：吸取10.00mL上述草酸钠标准贮备液于100mL容量瓶中，加水稀释至标线，混匀。

四、测定步骤

1. 样品处理

将试样用洗涤剂洗净，用自来水冲净，再用水淋洗三遍后晾干，备用。

2. 浸泡

取适量塑料膜4份，用直尺测量估计其面积，分别置于具塞三角瓶（500mL）中，加入浸泡液浸泡。

浸泡条件：水，60℃，浸泡2h。乙酸（4%），60℃，浸泡2h。乙醇（65%），室温，浸泡2h。正己烷，室温，浸泡2h。

以上浸泡液按接触面积每平方厘米加2mL，在容器中则加入浸泡液至2/3~4/5溶剂为准，浸泡液总量不得少于100mL。4%乙酸浸泡时，应先将需要量的水加热至所需温度，再加入计算量的36%乙酸，使其浓度达到4%。

将水浸泡液、乙酸浸泡液置于60℃烘箱中保温。正己烷、乙醇室温放置。

3. 分析步骤

（1）锥形瓶的处理：取 100mL 水，放入 250mL 锥形瓶中，加入 5mL 硫酸（1+2）、5mL 高锰酸钾溶液，煮沸 5min，倒去，用水冲洗备用。

（2）滴定：准确吸取 100mL 水浸泡液（有残渣则需过滤）于上述处理的 250mL 锥形瓶中，加 5mL 硫酸（1+2）及 10.0mL 高锰酸钾标准滴定溶液（0.01mol/L），再加玻璃珠 2 粒，准确煮沸 5min 后，趁热加入 10mL 草酸钠标准滴定溶液（0.01mol/L），再以高锰酸钾标准滴定溶液滴定至微红色，记取高锰酸钾消耗体积。

另取 100mL 水，按上述方法同样做试剂空白实验。

五、结果计算

计算公式为：

$$X = \frac{(V_1 - V_2) \times c \times 31.6 \times 1000}{100}$$

式中　X——试样中高锰酸钾消耗量，mg/L；

　　　V_1——试样浸泡液滴定时消耗高锰酸钾溶液的体积，mL；

　　　V_2——空白浸泡液滴定时消耗高锰酸钾溶液的体积，mL；

　　　c——高锰酸钾标准滴定溶液的实际浓度，mol/L；

　　31.6——与 1.0mL 的高锰酸钾标准滴定溶液 $[c(1/5KMnO_4) = 0.001mol/L]$ 相当的高锰酸钾的质量，mg。

六、注意事项

计算结果保留三位有效数字。

七、思考题

1. 高锰酸钾消耗量指标代表了什么？
2. 实验滴定过程中发生了什么样的反应？

附　录

附录一　食品中部分常见营养成分的测定

附录二　理化检验常用装置的组装及常用试剂配制

参 考 文 献

[1] 张双灵等．英汉对照食品安全学［M］．北京：化学工业出版社，2017.

[2] 王世平等．食品安全检测技术［M］．北京：中国农业大学出版社，2015.

[3] 吴澎，赵丽芹，张淼．食品法律法规与标准［M］．北京：化学工业出版社，2015.

[4] 董金狮．最新食品包装标准解析［J］．食品安全导刊，2009，(07)：44-45.

[5] Fangkai Hanab, Xingyi Huangb, Gustav Komla Mahunubc. Exploratory review on safety of edible raw fish per the hazardfactors and their detection methods［J］. Trends in Food Science and Technology, 2017：37-48.

[6] Bastaki Maria, Farrell Thomas, Bhusari Sachin, Bi Xiaoyu, Scrafford Carolyn. Estimated daily intake and safety of FD& C food-colour additives in the US population［J］. Food Additives & Contaminants. Part A：Chemistry, Analysis, Control, Exposure & Risk Assessment, 2017, Vol. 34（No. 6）：891-904.

[7] Stavanja M S. Safety assessment of food additives［J］. Toxicology Letters, 2016, 259（Suppl）：S66-69.

[8] Masi Ana, Suarez-Varela, Maria Morales, Llopis-Gonzalez, Agustin, Picó, Yolanda. Determination of pesticides and veterinary drug residues in food by liquid chromatography-mass spectrometry：A review［J］. Anal Chim Acta, 2016, 936（1）：40-61.

[9] Shakouri A, Yazdanpanah H, Shojaee M H, Kobarfard F. Method development for simultaneous determination of 41 pesticides in rice using LC-MS/MS technique and its application for the analysis of 60 rice samples collected from Tehran market, Iran［J］. J Pharm Res, 2014, 13（2）：927-935.

[10] Xi-Lin Xua, Yu Shanga, Jian-Guo Jiang. Plant species forbidden in health food and their toxic constituents, toxicology and detoxification［J］. Food & Function, 2016, 7（2）：643-664.

[11] Chih-Hui Lin, Tzu-Ming Pan. Perspectives on genetically modified crops and food detection［J］. Journal ofFood and Drug Analysis, 2016, 24（1）：1-8.

[12] Skovgaard Niels. Safety evaluation of certain food additives［J］. International Journal of Food Microbiology, 2007, Vol. 119（No. 3）：359-360.

[13] Bayer F L. Polyethylene terephthalate recycling for food-contact applications：testing, safety and technologies：a global perspective［J］. Food Additives and Contaminants, 2002, (3)：111-134.

[14] Akinyelea I O, Shokunbib O S. Comparative analysis of dry ashing and wet digestion methods for the determination of trace and heavy metals in food samples［J］. Food Chemistry, 2015：682-684.

[15] GB 2760—2014 食品安全国家标准　食品添加剂使用标准［S］.

[16] GB 4806.1—2016 食品安全国家标准　食品接触材料及制品通用安全要求［S］.

[17] GB 2763—2016 食品安全国家标准　食品中农药最大残留限量［S］.

[18] GB 2762—2017 食品安全国家标准　食品中污染物限量［S］.

[19] GB 4789.15—2016 食品安全国家标准　食品微生物学检验　霉菌和酵母计数［S］.

[20] GB 29921—2017 食品安全国家标准　食品中致病菌限量［S］.